U0256389

SiFive经典 RISC-V FE310 微控制器原理与实践

陈宏铭 ◎编著

电子工业出版社

Publishing House of Electronics Industry

北京·BEIJING

内 容 简 介

本书以让读者快速掌握 FE310 嵌入式微控制器为目的，由浅入深地带领读者进入 RISC-V 的世界。本书共分为 7 章，系统地介绍了 SiFive E 系列 32 位 RISC-V 微控制器的体系结构、SiFive E31 内核、片内存储系统、系统控制模块、外围设备接口的特点与性能；还介绍了 SiFive Freedom Studio 集成开发环境，Freedom E-SDK 驱动库开发及 SiFive Learn Inventor 开发系统，开发系统连接外部红外与超声波模块的拓展应用开发实例，有初步 C 语言基础的读者可轻松上手；还利用最后两章辅以大量的例程，讲解了 FreeRTOS 与 RT-Thread 等实时多任务操作系统的原理与应用。本书以最常见的 UART 接口驱动结构进行分析、移植及代码解说，对于想要初步学习 RTOS 系统原理的人来说是一个不错的选择。附录 C 给出了自制竞赛用智能车实例，达到软件开发结合硬件系统设计的效果。

本书内容丰富实用、层次清晰、叙述详尽，书中穿插的实例程序全部使用 C 语言编写，且在 Freedom Studio 集成开发环境上编译通过，方便读者教学与自学，非常适合 RISC-V 嵌入式微控制器的初学者；还可以作为高等院校计算机科学与技术、电子信息工程、通信工程、自动控制、电气自动化、嵌入式、物联网等相关专业本科生或研究生，进行 RISC-V 微控制器系统与 RTOS 教学的嵌入式相关课程辅助教材；本书着重培养学生实践应用能力，因此还可以作为全国大学生电子设计竞赛 RISC-V 子赛题的培训教材，尤其适合参加智能车竞赛的同学参考；同时，还可以作为具有一定 C 语言知识和硬件基础的嵌入式系统开发工程师和研究人员进行 RISC-V 微控制器系统开发与应用的参考书。

图书在版编目（CIP）数据

SiFive 经典 RISC-V FE310 微控制器原理与实践 / 陈宏铭编著. —北京：电子工业出版社，2020.12
（RISC-V 芯片系列）

ISBN 978-7-121-40203-6

Ⅰ. ①S… Ⅱ. ①陈… Ⅲ. ①微控制器 Ⅳ. ①TP368.1

中国版本图书馆 CIP 数据核字（2020）第 247986 号

责任编辑：刘志红　　文字编辑：王凌燕
印　　刷：北京捷迅佳彩印刷有限公司
装　　订：北京捷迅佳彩印刷有限公司
出版发行：电子工业出版社
　　　　　北京市海淀区万寿路 173 信箱　邮编：100036
开　　本：787×980　1/16　印张：21　字数：510.7 千字
版　　次：2020 年 12 月第 1 版
印　　次：2023 年 12 月第 2 次印刷
定　　价：128.00 元

凡所购买电子工业出版社图书有缺损问题，请向购买书店调换。若书店售缺，请与本社发行部联系，联系及邮购电话：（010）88254888，88258888。

质量投诉请发邮件至 zlts@phei.com.cn，盗版侵权举报请发邮件至 dbqq@phei.com.cn。

本书咨询联系方式：（010）88254479，lzhmails@phei.com.cn。

推 荐 语 （按反馈时间排序）

来自业界与学界的推荐

微控制器广泛运用在玩具、工业控制、医疗设备和家用电器等嵌入式系统中，通过处理器、存储器和 I/O 器件完成智能硬件。联华电子通过工艺和研发技术的不断优化，将嵌入式芯片的尺寸、功耗、成本各方面做到极致，为系统级的产品提供了丰富和稳定的功能。我观察到国内很多知名的设计公司已经研发并生产基于 RISC-V 处理器的微控制器，依托联华电子的支持开发出一系列具有高可靠性、高性价比的工业级通用和专用内置闪存的产品。我的学弟陈宏铭博士在此时出版基于 RISC-V 处理器的微控制器应用书籍，可与设计微控制器芯片的同业互相借鉴，截长补短，让中国的芯片业做大做强，这也是联华电子立足中国的初心。

——联华电子/和舰芯片副总经理　林伟圣

以 RISC-V 为代表的开源指令集处理器及其相应的开源 SoC 芯片体系结构设计已经成为公认的热点。在过去的一年，我们看到学术界和工业界都推出了多款基于 RISC-V 指令集的 AIoT MCU、高性能 CPU 等解决方案，给 CPU 体系结构设计带来了勃勃生机，而且更重要的是进一步推动了开源芯片设计、开源 EDA 等新生态的茁壮成长。SiFive 是 RISC-V 的典型代表，也是 RISC-V IP 的领先供应商，使用 SiFive MCU 来搭建嵌入式硬件和移植操作系统将进一步普及 RISC-V 在教育界和工业界的应用。在本书中，陈宏铭教授深入浅出地介绍了 RISC-V 的历史和 SiFive MCU 的体系结构，并且充分利用了 SiFive 开发板的特点和优势，展示了蓝牙、WiFi、小车、FreeRTOS 与 RT-Thread 移植等案例，学生通过这些生动的案例可以逐步熟悉 RISC-V 处理器，最终熟练掌握 RISC-V 处理器的开发。本书是初学者了解和熟悉 RISC-V 处理器开发的好教材，期待基于 RISC-V 处理器的嵌入式设计在高校课程体系中生根发芽。

——西南交通大学信息科学与技术学院电子工程系副系主任　邱志雄教授

随着物联网在人们生活、工作中的大规模应用，被采集到的各种各样的模拟信号要送到 MCU 去处理、分析，拥有高稳定、低功耗、低成本的微处理单元就变得越来越重要了。在信息技术日新月异的今天，新竹清华校友陈宏铭博士积极在高校进行 RISC－V 技术的免费推广，此次又出版了与 RISC－V 相关的技术书籍，精神可嘉，相信会给国内 CPU 技术的发展起到非常好的推动作用。

——北京久好电子科技有限公司　董事长/清华校友半导体行业协会　秘书长　刘卫东

当我拿到这本书的书稿时，作为多年的朋友，我由衷地为陈宏铭博士开心，更为广大读者开心。RISC－V 作为至今为止最具备革命性意义的开放处理器架构已经在工业界大放异彩，但是在高等教育界却缺乏相关专业教材。陈博士在半导体工业相关行业具有丰富的经验，也是武汉大学客座教授，一直为我校电子信息学院"卓工工程师"班讲授"基于 RISC－V 的 SOC 设计与开发"课程，具有丰富的教学经验。此次出书，能将他多年的实战和教学经验融合并分享出来，是广大高校师生、RISC－V 爱好者、微控制器设计者的福音。这是一本极具实战性的指导书，值得大家学习参考！

——武汉大学电子信息学院　范赐恩

从 2015 年 RISC－V 基金会成立至今的 5 年时间，RISC－V 在产业化、商业化方向已经取得了长足的进步，吸引了超过 200 家世界主流科技公司加入 RISC－V 阵营。RISC－V 在教育界和工业界的普及教育也变得日益重要。我们非常欣慰地看到陈宏铭博士的新著《SiFive 经典 RISC－V　FE310 微控制器原理与实践》很好地填补了这一领域的空白。尤其是书中关于 SiFive 开发板的应用案例，能帮助读者快速入门，掌握 RISC－V 处理器应用开发的实战技能。

陈宏铭博士一直以来致力于 RISC－V 的推广与普及，在"全国大学生集成电路创新创业大赛"中率先推出 RISC－V　MCU 应用的挑战杯赛，为有兴趣进入这一领域的行业新锐提供了一个绝佳的学习机会和竞技平台。结合本书的出版，我们相信会掀起 RISC－V 学习的新一轮热潮。

——北京智芯国信科技有限公司总经理　陈黎

当前，培养计算机专业学生，使其具备从整体角度看待计算机系统并进行硬件设计及软件开发的"系统能力"，已经成为越来越多的高校的共识。高校计算机类专业的实验教学也正尝试从"条块分割、各自为战"转向贯通式实验。RISC-V作为一种开源开放的指令集系统，已经撬动了从开源处理器到完整基础软件工具链的整个生态系统。围绕RISC-V的实验内容，也成为高校培养计算机系统能力的贯通式实验的最佳选择。SiFive作为全球范围内RISC-V技术的领导者，为生态系统的建设做出了卓越的贡献。陈宏铭博士作为SiFive China的大学计划负责人，为RISC-V技术的推广投注了全部的精力，曾受邀到江南大学为本科生讲课。此次，陈博士推出的大作《SiFive经典RISC-V FE310微控制器原理与实践》，涵盖了从处理器内核、嵌入式软件开发到RTOS的丰富内容，相信一定会为读者学习RISC-V相关技术提供更大的便利。

——江南大学人工智能与计算机学院　柴志雷教授

拜读了陈宏铭博士的新著《SiFive经典RISC-V FE310微控制器原理与实践》，深感当今国内芯片设计行业的确需要一本书将RISC-V指令集架构与RISC-V核做出完整而清晰的解释，让国内业界对RISC-V有更清楚的了解，从而知道它的优点，之后在选择CPU核的过程中，能认知到哪种CPU核才最适合自己的需要，而不是只从最基本的性能、功耗、面积等指标中挑出最高或最低的来配合项目的基本需求。

本书的内容有两层意义。第一层意义是阐述了RISC-V指令集架构的优点。RISC-V刚推出的时候，许多工程师共同的疑问是"目前各种指令集架构，如ARM、x86、MIPS等，应该足够了吧？为什么还要推出RISC-V"。当时最简单的回答是"RISC-V是免费的"，这样的回答其实是令人混淆的。首先，RISC-V指令集架构是否开放免费，除非你们自己是要license此架构设计CPU核，否则没有直接的关系。再者，目前国内绝大多数设计公司并不需要自己从指令集设计CPU核，而是license基于某种指令集而已经完成的核。所以RISC-V的优点，不仅仅是指令集架构是开放的，我们应该先了解RISC-V与其他指令集的差别，再选择最适合的CPU核。

第二层意义是SiFive目前的RISC-V核能为业界提供的价值。如前所述，绝大部分设计业者需要的是RISC-V核，而不是RISC-V指令集架构，而SiFive E系列是RISC-V核中非常完善的一系列产品，不但保证相容性，让设计者没有碎片化的忧虑，而且在许多实践过程中，本书都提出了不少建议，大幅减少了第一次使用SiFive E系列的设计者的进入障碍。所以国内业界的确需要一本这样详尽而且深入的书，来帮助大家进入 RISC-V 世界。

非常高兴陈博士的大作在期盼之中顺利推出，也希望读者们能从书里了解 RISC-V 对自己系统设计的帮助。

——上海华力微电子市场部部长　杨展悌博士

随着物联网技术发展的日益成熟，物联网设备逐渐覆盖人类生活的每个角落。物联网设备数量的快速增长给物联网端侧及边缘侧设备的低功耗、低成本设计带来了压力。而 RISC-V 作为一种开源的精简指令集架构，能通过开发者的设计需求进行适配设计，非常适合物联网端侧及边缘侧设备的设计与运用。

物联网和 RISC-V 的发展也使熟练掌握 RISC-V 架构设计技能的人才需求急剧增加。很多国内外高校已经开展 RISC-V 架构设计的相关课程。但是，国内对于相关课程的指导书籍不多，当得知陈宏铭教授要推出新著《SiFive 经典 RISC-V FE310 微控制器原理与实践》，我的内心十分激动。陈宏铭教授拥有丰富的相关业界与学界经验，推出此新著再适合不过。本书对 SiFive 公司推出的 RISC-V FE310 微控制器的软硬件架构设计进行了深入浅出的介绍，并对 RTOS 实时多任务操作系统的原理与应用进行了详细讲解。本书的亮点是针对 RISC-V FE310 微控制器精心设计了多个应用开发实例，能有效培养读者的动手实践能力。我站在曾经的数字电路设计工程师，以及现在高校教师的角度，相信本书是一本非常适合计算机与电子工程相关专业的学生深入学习 RISC-V 微控制器设计的参考书籍，相信读者能从此书中获得扎实的基础知识和实用的应用技巧。

——北京师范大学-香港浸会大学 联合国际学院理工科技部　陈东龙博士

RISC-V 是一种新兴、开源的指令集架构，近年来发展特别迅猛，得到了产业界的广泛支持。RISC-V 架构和相关的设计技能很可能成为一种普遍需要的通用技能，将催生出更多的人才需求，许多高校已经开始将 RISC-V 用于教学和创新。另外，开源的 RISC-V 内核基本来自国外，且技术书籍匮乏，学习者只能将其当作"黑盒"处理。陈宏铭博士携手赛昉科技积极推广 RISC-V 技术，出版了基于 SiFive FE310 微处理器的 RISC-V 相关技术书籍。本书通过具体实例详细介绍了基于 RISC-V 架构的开发，是微处理器设计工程师、高校教师及相关专业学生深入学习 RISC-V 架构的一本非常适合的参考书籍。

——南京信息工程大学滨江学院　宋莹

RISC-V 指令系统由伯克利研究团队在 2010 年设计，并由计算机体系结构的行业领导者 David Patterson 倡导。目前，RISC-V 在业界已经形成广泛的行业联盟和开源生态，并通过丰富的扩展和工具链在边缘和终端应用中开花结果，正在积极向云端拓展。开源的生态、可扩展的指令集和架构、丰富工具链的选择等，使 RISC-V 成为目前炙手可热的处理器生态选择。陈博士的这本《SiFive 经典 RISC-V FE310 微控制器原理与实践》以理论与实践相结合的方式，深入浅出地介绍了 RISC-V FE310 微控制器，呈现了从架构、开发、移植及用例的全视角。相信这本书能给读者带来 RISC-V 理论和实践相结合的丰富体验，也感谢陈博士为中国处理器的自主发展做出的可贵贡献。

——燧原科技创始人兼 COO　张亚林

RISC-V 自 2016 年问世以来，以其高起点、零版权、全开源、灵活异构等诸多优异特点而备受集成芯片行业众多大师、企业乃至大国政府的关注与青睐。赛昉科技大学计划负责人陈宏铭博士，就其参与的 SiFive E 系列低功耗 RISC-V 微处理器，在原理与使用实践上给出了自己精准的阐释。从指令集架构、软件设计、内核资源、片内外设和 RTOS 实时多任务操作系统等多方面展开了精彩而深入的介绍，并引导读者从有趣的智能小车入手，逐步迈入 RISC-V 应用软件开发的典雅大堂。更为难得的是，陈博士在书末的若干章节里，通过由浅入深的实例开发，把 RISC-V 架构的应用佳作精彩纷呈地奉献给读者。相信作为集成设计未来生力军接班人的年轻读者们，必定能够从中吸取强大的 RISC-V 设计智慧与创意灵感。

——深圳大学电子与信息工程学院微电子系　潘志铭副教授

我和陈宏铭博士认识两年多，目睹很多 RISC-V 的论坛和活动都有他积极参与搭建 RISC-V 生态的身影。陈博士对 RISC-V 技术有着高度的热忱，是在中国培育 RISC-V 生态的合适人选。在物联网和工业控制越来越高精度化的时代，实时操作系统特别是本土的实时操作系统，如果能在不同的平台上完美嵌合，实在是中国半导体产业、电子产业工程师的福音。陈博士本着推动国内 RISC-V 的教育、科研、应用落地，这一路一定会开疆拓土，引入各个环节的合作伙伴，建成从 IP、芯片设计、应用端方案、高校教学到工程师培育等方面的完整体系。

RISC-V 作为后起之秀，可以站在前人的肩膀上，避免前人走过的弯路，理应走得更快。作为一个嵌入式的老兵，我也很开心地看到，除了 ARM 还有 RISC-Ⅴ，可以给许多 Fabless 公司多一个选择、多一条路径来发展自己公司的产品。同时，RISC-Ⅴ以一种新的架构和生态，孕育半导体行业新的知识成果，造福产业，提高人们的生活品质，也是人类社会良性发展的动力。

——融创芯城创始人　陈阳新

RISC-Ⅴ开创性地引领了指令集架构的开放，并正在推动着硬件领域的开源创新，以 RISC-Ⅴ为基石的开源硬件极有可能创造硬件领域的"Linux"。目前，RISC-Ⅴ在国内正在快速普及和发展中，无论是高校还是应用开发者都需要一本具有实际操作指导作用的书籍，帮助他们进一步了解 RISC-Ⅴ，并且快速地基于 RISC-Ⅴ指令架构进行系统应用开发。陈宏铭博士在此时带来了这本《SiFive 经典 RISC-Ⅴ　FE310 微控制器原理与实践》，在本书中，陈博士从硬件的微处理器到软件的嵌入式操作系统娓娓道来，此外还融入了陈博士在大学竞赛里作为出题者的独到视角，诠释竞赛用智能车的设计方案。相信这是一本不可多得的指导高校学生和开发者进行 RISC-Ⅴ嵌入式开发的教材。

——清华大学微电子学研究所　刘雷波教授

RISC-Ⅴ处理器技术因其先进的技术架构和独特的开源模式，得到了产业界和学术界的广泛支持，发展越来越快，在 5G、AIoT 等领域不断涌现量产案例。一个技术要走得更远，极为重要和深远的一环是：业界有识之士总结产业界的实践经验，然后体系化、学术化，让广大初学者在前人的基础上，多快好省地学习和消化，少走弯路。宏铭同学在业界知名半导体公司有 20 多年的芯片设计和市场规划经验，又有多年的重点大学教书育人经验，最能知道大学生及广大初学者缺什么、需要什么。这样的一本专业书籍一定能为推动 RISC-Ⅴ处理器技术的产业化起到很好的作用。

——紫光展锐科技有限公司副总裁　刘志农博士

RISC，即"精简指令集计算机"，RISC-Ⅴ是 RISC 的第五个版本。RISC-Ⅴ也是一种开源技术，可能会成为首个广泛使用的开源指令集设计，许多研究 RISC-Ⅴ的人将这个圈子的能量比作 20 世纪 90 年代的 Linux 开源运动。RISC-Ⅴ还具有模块化功能，所谓模块化是指支持芯片设计公司在核心架构之上添加额外功能，这使企业可以根据自己的需求定制芯片，因此其还具备产业化应用的优势。同时，其适用范围广，RISC－V设计也在逐渐进入设备的底层芯片。在上述大背景下，陈宏铭博士携手赛昉科技积极推广 RISC－V技术，出版了基于 SiFive FE310 微处理器的 RISC－V相关技术书籍，通过列举丰富的实验案例，详细介绍了基于 RISC－V架构的开发，学生通过这些生动的案例可以快速上手 RISC－V处理器，最终熟练掌握 RISC－V处理器的项目研发方法，积极助力该领域的人才培养工作。

——浙江大学电气工程学院　陆玲霞

在摩尔定律减缓的"后摩尔时代"，集成电路行业的发展将更少地由工艺缩小来驱动，而更多地由新架构、新器件等因素来驱动。正如图灵奖得主 John L. Hennessy 和 David A. Patterson 所说的那样，计算机体系架构领域将迎来"黄金十年"。RISC－V处理器由于具有模块化、可裁剪、指令集可扩展等灵活而高效的特性，十分有利于实现物联网、人工智能等新兴领域的架构创新；而拥有自己对特定领域深入理解和独特算法的创新企业也对 RISC－V技术的成熟和生态的壮大翘首以盼。宏铭校友此书的出版，细致展示了采用 RISC－V内核在微控制器上的设计实践，对于芯片设计从业者学习和应用 RISC－V，在 RISC－V的大潮中及时发展自己的创新产品极富意义。

——RISC-V爱好者、推广者、先风创投合伙人　滕岭

RISC－V开源架构无疑将会为微控制器行业带来新一轮巨大发展机遇，但是国内 RISC－V生态建设亟待加强，高校教材不多，特别缺乏实战性教材或参考书。陈博士长期在集成电路行业工作，积累了丰富的行业发展经验。同时，他还在高校担任兼职教授，坚持为学生上课。这些经历使陈博士的这本书既能为读者提供 RISC－V微控制器的基础知识，又能指导读者快速上手实践，还能辅导学生完成电子竞赛的作品创作，是一本不可多得的学习资料。

——国防科技大学系统工程学院　张茂军教授

我国正处于大力发展国产化芯片的黄金时期，CPU 作为芯片的核心，对产业发展至关重要。一直以来，CPU 的主流指令集架构被国外公司垄断，芯片公司必须支付高昂的专利使用费用且受制于人，RISC－V架构诞生之后，其开放性、灵活性备受关注，给中国 CPU 芯片产业的发展带来了巨大的机遇。我有幸与陈宏铭博士合作过多个项目，为其知识面广

博所叹服，最令人印象深刻的是他常年专注于教学与人才培养。本书以理论和实例相结合的方式，系统介绍了基于 SiFive RISC-V 架构的处理器开发所需的知识点与开发工具，不但对高等院校学生有用，对集成电路设计的从业人员也是一本难得的参考书。

——国家电网北京智芯微电子科技有限公司技术总监　张海峰

从 PC 时代的 x86 到智能手机时代的 ARM，指令集架构（ISA）始终处于核心地位，所有的处理器设计、软硬件生态围绕 ISA 层层展开。那么接下来 AIoT 时代的主角又是谁呢？或许 RISC-V 准备好了。

从一个 ISA 的角度来说，RISC-V 在技术上是先进的。因为 RISC-V 站在前人的肩膀上，汲取了几十年来计算机体系结构发展的精华，相当于从一张白纸开始轻装上阵而又没有诸如向前兼容的负担。除此之外，RISC-V 的发展潜力，更是源于它兼有通用和开放的特点，谁以开放的心态拥抱新时代，谁就能够站在时代舞台的中心而称霸。研发周期短、成本低、个性化是 AIoT 时代处理器的特点，RISC-V 架构凭借其模块化的 ISA 和可扩展的指令集特性很好地满足了 AIoT 时代的需求，同时开源的 RISC-V 让众多特色小型初创公司能以更低的成本进入 AIoT 领域。

目前，RISC-V 基金会已发展了 300 多个会员，除了 Google 和高通等大公司外，还有不少围绕 RISC-V 生态而生存的初创公司，SiFive 等公司都是十分活跃的 RISC-V 推动者。西部数据已经将 RISC-V 应用于自家存储设备之中，Microsemi 发布了嵌入 RISC-V 处理器的 FPGA 开发板，SEGGER、劳特巴赫、IAR 等著名嵌入式软件和工具公司都开始支持 RISC-V。种种迹象表明，RISC-V 是一颗正在冉冉升起的新星。

随着 RISC-V 的发展，越来越多的业界工程师、教师、学者、爱好者前赴后继，RISC-V 的芯片、开发板、调试器、OS、培训、教材和社区等一系列生态环境都是不可缺少的。在目前国内 RISC-V 的热潮之下，赛昉科技及陈宏铭博士一直致力于 RISC-V 架构和 RISC-V 知识的普及，陈博士的《SiFive 经典 RISC-V FE310 微控制器原理与实践》一书详细阐述了 RISC-V 指令集的发展历程、FE310-G003 微控制器、FreeRTOS 与 RT-Thread RTOS 设计及 SiFive Learn Inventor 应用开发实例等方面的知识，为系统软硬件设计人员提供了丰富的资料。本书为读者提供了 RISC-Ⅴ嵌入式开发的相关内容，书中以 FE310 MCU 为基础，从构件化的软件设计思想到嵌入式操作系统的应用，定能成为 RISC-Ⅴ软件开发人员的"红宝书"。

我相信 RISC-Ⅴ这个年轻而又充满朝气的新兴架构能在国内枝繁叶茂，感谢陈博士为 RISC-Ⅴ的普及所做出的贡献，希望本书能够为广大 RISC-Ⅴ爱好者带去知识的源泉，为推动国内 RISC-Ⅴ领域的发展和中国集成电路行业的发展贡献一分力量。

——复旦大学微电子学院院长　张卫

　　"芯片架构的未来是什么？"经过几十年的纷争，全球芯片架构似乎格局已定：美国英特尔公司的 x86 架构称霸个人计算机和服务器两大市场，在企业级市场把 IBM 等竞争对手逼到死角；英国 ARM 公司的架构通行于智能手机和物联网市场，特别是在 2016 年英特尔公司放弃为移动市场开发下一代处理器之后，几乎无敌手。在两者牢牢把控住芯片架构格局的同时，高昂的专利使用费和冗余的指令集架构进一步阻碍了技术创新和发展。

　　此时，一个大胆的假设跳出：行业能不能打破一两家公司的垄断，一起推广一种开源的芯片架构，让所有人免费取用？由此 RISC-V 架构诞生了，随即在全球掀起一场芯片设计革命。与开源软件 Linux 一样，RISC-V 指令集由一家非营利基金会所有，所有企业都可以加入基金会，免费使用 RISC-V 架构，并在其基础上进行改动。这不仅对于高校与研究机构是个好消息；也为前期资金缺乏的创业公司、成本极其敏感的产品、对现有软件生态依赖不大的领域，提供了另外一种选择。RISC-V 具有很多优点：一是简洁性，RISC-V 相较于其他商用指令集而言小很多；二是采用全新的设计，在吸取了前辈的经验和教训后，对用户和特权指令集明确分离，将其架构与微架构/工艺技术脱钩；三是稳定性，基本及标准扩展 ISA 不会轻易改变，通过可选扩展而非更新 ISA 的方式来增加指令，稳定性得到极大保障；四是模块化 ISA，其短小精悍的基本指令集+标准扩展（1+N），为将来预留了足够空间。

　　随着物联网时代的到来，RISC-V 将呈现出井喷式的发展，据预测 2017 年至 2035 年，全球将增加约 1 万亿台物联网设备，这对 RISC-V 的发展起到了极大的推动作用。此时，人才问题成了制约 RISC-V 发展的最大挑战，RISC-V 的普及与发展需要更多的人才及更多的教学资源。《SiFive 经典 RISC-V FE310 微控制器原理与实践》一书的出版，正好可以及时地建立起广大读者与 RISC-V 嵌入式技术的桥梁，帮助读者快速地了解 RISC-V 的方方面面。本书也是赛昉科技大学校园计划的一个重要环节，我们希望整合教材、开发板、专家资源，能在国内 500 所院校开展 RISC-V 课程，推出更多的教学资源，提供给大学生、开发者和爱好者学习使用。本书非常全面地介绍了 RISC-V 架构的基础知识，内容丰富，实用性非常强，此外还详尽地介绍了微控制器系统软硬件设计方面的知识，对于此专业的学生也有极大的帮助。感谢陈宏铭博士的辛勤付出，将多年从事集成电路领域的从业经历和教育经验凝聚在本书中，希望本书能够为推动国内 RISC-V 架构的发展和人才培养出一份力。

——上海赛昉科技 CEO

本书的写作背景与意义

近年来，微处理器的性能呈爆炸式成长，特别是在 ARM 公司发布了 Cortex-M 内核后，全球许多大型半导体厂商相继推出基于 Cortex-M 内核的微控制器。以 ST 公司为例，先后推出了 STM32F1、STM32F4、STM32F7 和 STM32H7，其性能已经超过了大多数早期带 ARM9 处理器的芯片。

ARM 几乎长期垄断中国处理器 IP 市场，所以 ARM 对中国本土芯片公司的影响力巨大，任何一个本土芯片公司都难以承受 ARM 断供的冲击。有望给中国处理器带来自主可控的 RISC-V 开放指令集架构，获得了芯片设计业界更多的关注。RISC-V 的发展势不可挡，有人担心碎片化和专利问题，SiFive 和赛昉科技的首席执行官认为这些不重要，重要的是人才。在 RISC-V 系统设计方面，包括处理器、操作系统和编译软件等技术方面，确实呈现人才紧缺的情况，导致我国在各类芯片设计中所使用的核心器件、高端芯片、基础软件长期依赖进口，受制于人，不利于实施"自主可控"国家信息化发展战略与国家安全，也阻碍了我国芯片设计领域的自主创新。为了改善这一问题，目前的电子信息教育需要对学生进行软硬件的系统能力培养。

目前，嵌入式系统正在成为高等院校计算机科学与技术、电子信息工程、通信工程、自动控制、电气自动化等专业的本科学生必修课程，而嵌入式系统与应用开发涉及软硬件及实时操作系统等多方面的知识。因此，选择一个合适的 RISC-V 嵌入式微控制器，建立一个面向实际开发应用的实验体系进行教学，是一个非常重要的过程。为满足高等院校相关专业进行 RISC-V 嵌入式系统的需要，笔者针对嵌入式系统的特点，以 SiFive E 系列 32 位 RISC-V FE310 微控制器为核心编写了本书，让学生或系统设计爱好者能够自己动手"设计功能齐备的微控制器，内置可支持实时操作系统的 RISC-V 处理器"，有助于培养学生的系统能力，降低学生对从事嵌入式系统设计工作的陌生感与距离感。本书的教学目标是用较少的学时使学生掌握 RISC-V 嵌入式系统的基础知识，结合实验教学进入嵌入式系统领域，为学生进一步研究、开发和应用 RISC-V 嵌入式系统打下良好的基础。

笔者编写了基于"如何使用 RISC-V 处理器"的系列书籍。这套书籍分别专注于使用主流 RISC-V 处理器的 FPGA 设计与实时操作系统的移植，以及使用 RISC-V 处理器内核结合总线和常见外设的微控制器，开发各种与微控制器或物联网相关的常见应用，让学生在一个完整的 RISC-V 微控制器平台上继续解决各种有挑战性的工程问题，培养基于 RISC-V 处理器的系统能力。本书以"第四届全国大学生集成电路创新创业大赛"的 RISC-V 挑战杯子赛题 1 的内容为基础，以培养学生系统能力为目标，基于 SiFive 公司所提供的 SiFive Learn Inventor 开发系统，配合 Seeed 公司 BitCar 小车套件或自制竞赛用智能车的方式，利用软硬件协同设计的方法，以培养工程师的教学方法解决智能车竞赛的问题。

本书的内容安排

本书以引导读者快速全面掌握 SiFive E 系列嵌入式处理器为目的，详细介绍了涉及编程的 SiFive E 系列嵌入式处理器的内部结构和外围接口的特点与性能。对基于 RISC-V 处理器的微控制器实践环节涉及的实验内容进行了优化，以更好地适应微控制器能力培养的需求。本书内容由浅入深，先硬件后软件，重在实践培养学习兴趣。本书共分为 7 章，具体如下：

第 1 章 RISC-V 的历史和机遇。本章介绍 RISC-V 发明团队与历史，让读者了解发明团队的初心与将指令集开源的情怀。分析各种商业公司的指令集架构，如何才能经营一个好的生态，让指令集有更强的生命力，是发明团队在开发出全新的 RISC-V 指令集后最为关心的问题。这里也说明 RISC-V 与其他指令集的不同点或者优点在哪里，因为这些优点，RISC-V 慢慢发展成一个体系，以及在时间轴上的标志性事件。为了让 RISC-V 茁壮成长，发明团队将 RISC-V 指令集捐赠给 RISC-V 基金会并由其维护。RISC-V 基金会推动 20 个重点领域的技术，负责标准制定过程及工作群组的讨论机制，坚持开放自由、坚持为全世界服务的 RISC-V 国际协会在近期诞生了。RISC-V 的生态系统关系到处理器架构的影响力，FE310 是第一款开源的商用 RISC-V SoC 平台，SiFive 公司将 FE310 RTL 原始代码贡献给开源社区，大幅降低了研发定制原型芯片的门槛。除 SiFive 公司外还有许多知名软硬件供应商加入，这让 RISC-V 生态更加丰富。在此基础上，业界的 RISC-V 芯片产品进展迅速，包含通用微控制器、物联网芯片、家用电器控制器、网络通信芯片和高性能服务器芯片等。谈 RISC－V 技术绕不开的是需要了解 SiFive 研发团队及技术沿革。什么是 Rockets chip SoC 生成器？它能生成什么？为什么要用 Chisel 语言编写 SoC 生成器呢？什么是 Chisel 语言呢？这些问题都是 RISC－V 爱好者特别关注的。SiFive 研发团队所成立的 SiFive 公司强力推动 RISC－V 生态发展，以此来开启 RISC－V 指令集架构的"芯"时代。

第 2 章 RISC－V 指令集架构介绍。本章简要地介绍 RISC－V 指令集架构，对 RISC－V 架构特性、指令格式、寄存器列表、地址空间与寻址模式、中断和异常、调试规范、RISC－V 未来的扩展子集及 RISC－V 指令列表等方面做了说明。

第 3 章 SiFive FE310-G003 微控制器。本章介绍了 SiFive E 系列 32 位 RISC－V 嵌入式微控制器的主要技术特性，SiFive E31 处理器内核的体系结构、内存映射、内核本地中断器（CLINT）、平台级中断控制器（PLIC）、JTAG 调试接口电路及 BootLoader。FE310 微控制器包含运行速度达 320MHz 以上的 SiFive E31 内核、内置 16 KB 一级指令高速缓存和 64 KB 一级 DTIM、外置 SPI 闪存。上电复位功能的始终上电（AON）模块，在芯片其余部分处于低功耗模式时仍保持工作状态。常用的外设接口电路如 GPIO、看门狗、RTC、UART、I^2C、SPI，运动控制用的 PWM 在智能小车实例上会用得到。

第 4 章使用 Freedom E-SDK 进行软件开发。嵌入式软件越来越复杂，对开发人员的要求也越来越高。本章介绍 SiFive Freedom Studio 的 Windows 集成开发调试环境，说明编译代码所需要的软件和工具链的组织结构。介绍编译器创建工程与工程设置的方法和 SEGGER J-Link OB 调试器的安装方法。对于 SiFive Learn Inventor 开发系统，基于 Freedom E-SDK 的 Hello World 实例学习简单的软件开发和调试，运行 Dhrystone 与 CoreMark 基准程序以确认 E31 处理器的性能指标。

第 5 章 FreeRTOS 实时多任务操作系统原理与应用。提起操作系统，大多数人的反应是 Windows、Android 和 IOS 等常见的大型操作系统，对于微控制器来讲，这些系统都用不了，它们有自己专用的实时操作系统（RTOS）。本书选择 FreeRTOS 的主要原因在于它是免费的，而且全球用量很大，很多第三方厂商都选择 FreeRTOS 作为默认操作系统，整合了许多 WiFi 和蓝牙的协议栈。笔者由浅入深让读者对 FreeRTOS 先有基本概念，再对 FreeRTOS 的功能模块进行讲解。对 FreeRTOS 的 RISC－V 平台移植进行了源码级的分析，包括串行通信接口 UART 驱动，保证移植过程合理。

第 6 章 RT-Thread 实时操作系统原理与应用。本章先对 RT-Thread 进行总体介绍，再介绍 RT-Thread Nano 的内核实现、CPU 架构移植与板级支持移植、应用内核中主要的组件 FinSH 控制台、串行通信接口 UART 驱动移植，均有配套示例方便读者动手实践和参考。书中按照 RT-Thread 官方的移植标准和移植原理介绍，使其可以完整运行在 SiFive E31 内核上，配合 Freedom Studio 和 Freedom E SDK 开发 RT-Thread 应用。依照本章学习时，一定会惊讶原来 RTOS 的学习并不复杂，反而很有趣，自己写 RTOS 的成就感油然而生。

第 7 章 SiFive Learn Inventor 开发系统应用开发实例。初学者必然缺乏项目经验，本章整理一些 SiFive Learn Inventor 开发系统的使用实例，以及分享智能车的项目经验，让初学者增加学习开发技巧的机会。首先说明 SiFive Learn Inventor 开发系统组成，项目开发中最常用的是简单的 GPIO 控制。例如点亮 RGB LED 显示屏的编程步骤与 RTC 定时器的使用，以及 GPIO 按键输入控制 LED 灯，了解中断服务程序设计。接着以微控制器外围传感器模块为主，对传感器模块所涉及的理论知识进行讲解。本章引入两个智能小车的系统设计项目实例，红外循迹小车带有脉冲宽度调制控速功能。由于惯性的影响，小车的速度不能太快，否则很容易跑飞，笔者也详细说明用于改进性能的比例-积分-微分（PID）控制算法。项目实例基于寄存器开发，给出实施的具体步骤与实例程序，注重学生工程实践能力的培养。

附录 A Amazon FreeRTOS 认证。本章定义了使用 Amazon FreeRTOS 端口的开发者必须遵循的过程及端口必须通过的一组测试。指导读者设置 Amazon FreeRTOS 项目，使用 Amazon FreeRTOS Qualification 测试端口，移植 Amazon FreeRTOS 功能库。

附录 B Amazon FreeRTOS 移植。本章介绍移植 Amazon FreeRTOS 的系统要求，指导读者下载 Amazon FreeRTOS，配置其中的文件和文件夹并移植 Amazon FreeRTOS 库。

附录 C 自制竞赛用智能车。本章分别从机械结构设计、电子电路设计与控制程序设计等三方面，来完成智能车所需要的完整系统硬件设计与软件开发方法。

附录 D SiFive Learn Inventor 开发系统常见问题解答。本章说明了在 Ubuntu 上的例程，J-Link OB 调试器未接入、恢复开发系统出厂设置、无法刻录程序、恢复开发系统出厂设置后仍无法刻录程序等问题在这里都能找到答案。

致谢

人生就是一个不断探索的过程，对学生和老师是一样的，对学校和企业也是一样的。笔者自诩有二十年半导体行业经验，参与大学竞赛的出题与评委还是头一回。2019 年 9 月初，北京智芯国信的王延鑫和陈黎来到上海赛昉科技，双方对于全国大学生集成电路大赛的 RISC-V 杯赛有了初步的交流，而后面竞赛的事主要都由陈黎协助处理。

赛题的方向刚开始还在 FPGA 与 MCU 之间纠结，后来决定为 MCU 方向。在决定采用 SiFive Learn Inventor 开发系统之前，我们还花了许多精力评估其他方案。后来，伴随着 SiFive Learn Inventor 开发系统在市场上推出，我们确定以 SiFive Learn Inventor 开发系统作为 RISC-V 挑战杯的赛题 1 专用主板。接着是赛题内容，SiFive Learn Inventor 开发系统能做哪些应用呢？上海赛防科技陆吉年和叶小波协助调研，叶小波先前就与 Seeed 公司有长期合作，Seeed 公司旗下的柴火公司有现成的 Micro:bit 小车套件，而 SiFive Learn Inventor 开发系统也是 Micro:bit 的金手指接口，虽然开发系统比较大，需要卸掉小车左右两边的车壳，但这不妨碍主控板与小车间的工作，我们就定了赛题的内容是避障小车。

接着是提出初版的赛题，集成电路大赛着重在芯片内部的数字或模拟的电路设计，MCU 应用的竞赛可能是第一次，连赛题都没法参考，只能摸着石头过河。笔者认为 MCU 的竞赛比较合适本科生，所以这个赛题只对本科生开放。在交流过程中，王延鑫强调了赛题严整性的重要，陈黎提出题目需要有具体指标，都是为了防止后面有争议及投诉，这些建议对笔者有很大的启发。确定了避障小车后，王延鑫对赛题的初步设想给予了很大的帮助，他认为这个题目有参考，学生只要做些变化调整即可，还给出了赛题的初步方案供参考。笔者后续再和几位教授讨论可行性，包含赛道的规划，此时单纯地认为学生可以购置 Seeed 小车或自己设计小车，只要使用 SiFive Learn Inventor 开发系统来做控制和信号处理就行了。2020 年 1 月初，上海赛防科技马健从美国带回一大箱 50 块 SiFive Learn Inventor 开发系统，后来又从美国快递两大箱共 100 块开发系统。遗憾的是最后数量还是不够，部分参赛队伍因买不到开发系统，只能换赛题。

竞赛期间，因为对开发版不熟悉，有些队伍认为 SiFive Learn Inventor 开发系统坏了而选择放弃。后来心有不甘，在长时间的努力之下把开发系统给"救"回来了。有关红外循迹小车与超声波避障小车两个子项目，因为 SiFive Learn Inventor 开发系统与小车车体的引脚不一致还需要飞线。但是即便有重重困难，同学们还是逐一克服。最后，同学们的避障小车不但动起来，还能在小赛道上绕圈，笔者和同学们共同度过了一段辛苦且快乐的实验之旅。笔者也特别在附录里加上"自制竞赛用智能车"，让读者尝试自己动手做竞赛用车，达到寓教于乐的效果。

除了感谢上述提到在"第四届全国大学生集成电路创新创业大赛——RISC-V 挑战杯赛题 1"一起奋斗过的"战友"们，笔者还要感谢上海大学微电子中心陆斌，西南交通大学陈春晖、马晓宝、徐新权，西北工业大学仲宇超，合肥工业大学周攀，武汉大学电信院卓工班张诗化、万崇蕙、曹萱晴、贺杨鹏、郑北辰、陈薇、程云柯、冷浩东、张妍，以及上海赛昉科技高级现场应用经理胡进等，是他们让书的内容更加丰富。

在本书撰写过程中，广泛参考了许多国内外相关经典教材与文献资料，在此对所参考资料的作者表示诚挚的感谢。本书在编写过程中还引用了互联网上最新资讯及报道，在此向原作者和刊发机构表示真挚的谢意，并对不能一一注明参考文献的作者深表歉意。对于收集到没有标明出处或找不到出处的共享资料，以及对有些进行加工、修改后纳入本书的资料，笔者在此郑重声明，本书内容仅用于教学，其著作权属于原作者，并向他们表示致敬和感谢。

在本书的编写过程中得到了家人的理解和支持，并且一直得到电子工业出版社刘志红老师的关心和大力支持，电子工业出版社的其他编辑也付出了辛勤的劳动。在此谨向支持和关心本书编写的家人、同人和朋友一并表示感谢。

结束语

我们都知道万事开头难，笔者先将能整理出来的实验介绍给读者，随着后续笔者担任其他大学竞赛的出题与评委工作，还会再补充新的 RISC-V 实验项目。让读者能从 RISC-V 技术里学到更多有用的知识，不仅学校里的实验课能用得到，在微控制器系统设计的职场上也能派上用场，共同为中国的集成电路产业做出贡献。

本书尽力在内容的组织与说明上做到准确无误，实验过程力求循序渐进。由于嵌入式技术的发展日新月异，内容涉及的知识面广，存在很多只能靠自己实践才能获得的知识。由于个人水平和经验有限，书中难免存在疏漏和不足之处，敬请广大读者批评指教，并将宝贵意见反馈到笔者邮箱（3052010036@qq.com）进行交流，笔者会持续改进完善内容。

陈家铭

2020 年 5 月

目　录

第 1 章

RISC-V 的历史和机遇

1.1 RISC-V 发明团队与历史

中央处理器（Central Processing Unit，CPU）相当于电子产品的大脑，在通信领域中，几乎所有的重要信息都由这个"大脑"掌控，处理器芯片和操作系统是网络信息领域最为基础的核心技术。对手机领域而言，市场上几乎所有的手机处理器芯片都采用处理器行业的一家知名企业——ARM（Advanced RISC Machine）公司的架构，很多芯片设计厂商在自研处理器时多少都会触及 ARM 的技术。操作系统面对的挑战在于生态圈是否成熟。在市场份额上，手机上的安卓系统和个人计算机上的微软系统都是操作系统行业的龙头，主要原因在于它们有完整且丰富的生态圈，有无数的软件开发者支持，使大多数用户都习惯于使用微软和安卓的操作系统。

RISC-V 为非营利性组织 RISC-V 基金会（RISC-V Foundation）推动的开源指令集体系架构（Instruction Set Architecture，ISA）。由于 RISC-V 具备精简、模块化及可扩充等优点，近期在全球各地及各种重要应用领域快速崛起。除了基本的运算功能，RISC-V 规格里预留了客制指令集的空间，以便于加入领域特定体系架构（Domain-Specific Architecture，DSA）的扩充指令，支持如新世代存储、网络互联、AR/VR、ADAS 及人工智能等应用。要了解什么是 RISC-V 指令集，就要先谈 RISC 指令集的历史。从 1979 年开始，美国旧金山湾区的知名大学——加州大学伯克利分校的计算机科学教授 David Patterson 提出了精简指令集计算机（Reduced Instruction Set Computer，RISC）的设计概念，创造了 RISC 这一术语，并且长期领导加州大学伯克利分校的 RISC 研发项目。由于在 RISC 领域的开创性贡献，Patterson 教授在 2017 年获得被誉为计算机界诺贝尔奖的图灵奖。

1981 年，在 David Patterson 的领导下，加州大学伯克利分校的一个研究团队开发了 RISC-Ⅰ 处理器，这是今天 RISC 架构的鼻祖。RISC-Ⅰ 原型芯片总共有 44 500 个晶体管，具有 31 条指令，包含 78 个 32 位寄存器，分为 6 个窗口，每个窗口包含 14 个寄存器，还有 18 个全局变量。寄存器占据了绝大部分芯片面积，控制和指令只占用了芯片面积的 6%。1983 年发布的 RISC-Ⅱ原型芯片只有 39 000 个晶体管，包含 138 个寄存器，分为 8 个窗口，每个窗口有 16 个寄存器，另外还有 10 个全局变量。在 1984 年和 1988 年分别发布了 RISC-Ⅲ 和 RISC-Ⅳ，而 RISC 的设计概念也催生出了许多我们熟知的处理器架构，如 DEC 的 Alpha、MIPS、SUN SPARC，IBM 的 Power，以及现在占据绝大部分嵌入式市场的 ARM 指令集架构。这些指令集架构的市场较分散，操作系统常常是各做各的，或者在开源代码上做优化。如图 1-1 所示为加州大学伯克利分校研发的五代 RISC 架构处理器。

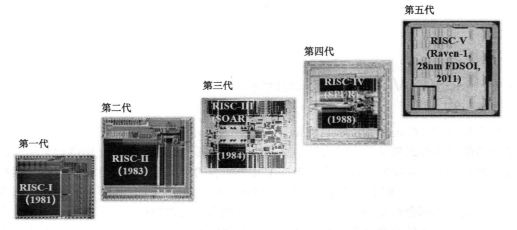

图 1-1　加州大学伯克利分校研发的五代 RISC 架构处理器

　　RISC-Ⅴ指令集始于 2010 年，是由加州大学伯克利分校设计并发布的一种开源指令集体系架构。加州大学伯克利分校从 20 世纪 80 年代就开始研究 RISC 精简指令集，架构小组的研究项目多年来使用 MIPS、SPARC 和 x86 等不同指令集的处理器，具有丰富的处理器开发与使用经验。计算机架构研究者 Andrew Waterman 和 Yunsup Lee 作为博士研究生，在 2010 年与他们的指导教授 Kreste Asanović 一同开始尝试为下一个硬件设计的项目选择指令集架构，并且最终要制造出有特殊功能的芯片。这三位科研人员被认为是 RISC-Ⅴ 的发明者与主要推动者。他们初期需要一个简单的处理器来支持为新项目所设计的矢量引擎，他们有很多商业指令集可以选择，如英特尔 x86 和 ARM，因为这两种 ISA 都很受业界欢迎。

　　经过细致的评估，开发团队认为 x86 指令集太复杂了，打开厚重的 x86 指令集手册就知道这显然不是一个好的选择。x86 指令集的第一条指令叫作 AAA，用于加法的 ASCII 码调整，将存放在 AL 中的二进制数调整为用 ASCII 码表示的结果，其中 AL 寄存器是默认的源和目标。1971 年推出的 Intel 4004 是一个计算器芯片，当时的 AAA 指令实际上是用来实现二进制编码的十进制（Binary-coded decimal，BCD）算法，是 BCD 指令集中的一个指令，用于在两个未打包的 BCD 值相加后，调整 AL 和 AH 寄存器的内容，虽然它是单字节指令，但仍然使用了很大一部分编码空间。事实上 x86 还有很多这类因为一些历史的原因导致现在看起来不太好的设计，也导致它的设计很复杂。还有 IP 知识产权问题导致它背后有一大堆法律问题，所以开发团队认为 x86 处理器不合适学术界使用。

另一个选择是 2010 年在低功耗片上系统（System on a Chip，SoC）设计中已经很流行的 ARM 架构处理器。当时，ARM v7 还是 ARM 最新的指令集架构，大家通常都认为 ARM 是一个相当简单的 ISA，但是如果读者坐下来试着读它的用户手册，还是有许多非常复杂的指令。笔者经常提到的例子是 LDMIAEQ，这是一个非常复杂的指令。不选择 ARM 的原因，除了 ISA 比较复杂，还有一个原因是 2010 年的 ARM v7 只有 32 位而没有 64 位的处理器 IP，而且 IP 授权费用太高，不合适选这个架构来做学术项目，既不能开源也不能分享。于是他们选择自己开发新的指令集，设计一个可以扩展的简单指令集体系架构，用于教学和研究。这个新指令集的目标是能满足从微控制器到超级计算机等各种性能需求的处理器，能支持从 FPGA 到 ASIC 等各种硬件实现，能快速地实现各种处理器的微架构，能支持多种定制与扩展加速功能，能很好地适配现有软件栈与编程语言。最重要的一点就是要稳定，即不会频繁改变版本，未来也不会被芯片开发者所弃用。

此外，RISC-V 指令集开发团队在 2011 年思考的一个问题启发他们想做开源处理器，如表 1-1 所示，开发团队看到，在互联、操作系统、编译器、数据库与图像等领域，业界都有开放的标准或开源的代码。指令集标准是计算机系统连接软硬件最重要的环节，为何在处理器指令集领域没有免费的、开放的标准体系架构，不像其他领域有许多开源架构可以供爱好者使用。RISC-V 指令集规范可以类比为操作系统领域的 POSIX 系统调用标准，而开源的 RISC-V 处理器核则可以类比为 Linux 操作系统。如同开源软件涵盖的内容要远远超过 Linux 操作系统，还包含 GCC/LLVM 等编译器、MySQL 数据库等软件、GitHub 托管平台等，RISC-V 的目标是成为指令集架构领域的 Linux，应用覆盖物联网、桌面计算、高性能计算、机器学习与人工智能等众多领域。

表1-1 开放的软件及标准化运作

领 域	开放的标准	免费及开放的实现方式	私有化的实现方式
互联	Ethernet, TCP/IP	Many	Many
操作系统	POSIX	Linux, FreeBSD	M/S Windows
编译器	C	GCC, LLVM	Intel icc, ARMCC
数据库	SQL	MySQL, PostgresSQL	Oracle 12C, M/S DB2
图像	OpenGL	Mesa3D	M/S DirectX
指令集架构	??????	—	x86, ARM, IBM System-360

加州大学伯克利分校的 Kreste Asanović 教授、Andrew Waterman 和 Yunsup Lee 三人在 2010 年夏季开始了"三个月的项目"以开发简洁而且开放的指令集架构,"三个月的项目"也让 RISC-V 处理器诞生了。他们完成了 RISC-V 指令集的初始设计,这是一种不断成长的指令集架构。在 2011 年完成了 RISC-V 中被称为 Raven-1 处理器的部分,接着在 2011 年 5 月发布第一次公开标准。2014 年,RISC-V 的第一版标准定型。原本计划只需三个月的暑期项目做了四年,后来这个项目越做越好。随着标准的发布和演进,期间有许多次芯片流片测试来验证设计思路,以及一些研究论文的发表。RISC-V 是指令集不断发展和成熟的全新指令。RISC-V 指令集完全开源、设计简单、易于移植 Linux 系统,采用模块化设计,拥有完整的软件开发工具链。

Krste Asanović 教授认为矢量扩展(Vector Extension)指令集的设计宗旨是具有超强扩展能力,可以支持从微控制器到超级计算机使用相同的二进制代码,帮助从开发边缘到云端数据中心的人工智能应用,所以 V 也表示开发团队对于矢量扩展指令集的爱护。而他本人也在 RISC-V 基金会中领导矢量扩展定义(用来实现数据并行执行,有利于机器学习和推理),以及 DSP、加密、图形等高性能计算。

RISC-V 在学术领域也正在成为热门,早在 2016 年,MIT 的研究人员在 Sanctum 项目中使用 RISC-V 实现了 Intel SGX 类似功能的基础概念验证程序(Proof of Concept,PoC)。密歇根大学、康奈尔大学、华盛顿大学及加州大学圣迭戈分校等几个大学也迅速开发出 500 多个 RISC-V 核的 SoC,甚至还有的采用了先进的 16nm FinFET 工艺。作为 RISC-V 大本营的加州大学伯克利分校,联合能够模拟 Rocket Chip 的基于云平台的 FireSim 软硬件协同设计环境和仿真平台,在云中开展建模 1024 个四核 RISC-V 的服务;剑桥大学开发出信息安全领域的 RISC-V 芯片。

⊙ 1.1.1 商业公司的指令集架构

计算机处理器主要有两大体系结构:一个是复杂指令集计算机(Complex Instruction Set Computer,CISC),其架构的主流是 x86;另一个是精简指令集计算机 RISC,其架构的主流是 ARM、MIPS 和 RISC-V。在半导体的历史上,x86 与 ARM 作为主流处理器架构一直都占有很大的市场份额。

指令集的生态一旦形成便是坚不可摧的。1961 年年底,在 IBM 的 System-360 项目中,IBM 凭一己之力攻克了指令集、集成电路、可兼容操作系统与数据库等软硬件多道难关,获得了 300 多项专利。在高度垂直整合的 20 世纪 60 年代,IBM 为开发 System-360,在 3 年多的时间里投入了 52.5 亿美元,甚至超过造出原子弹的曼哈顿计划,其他小厂家更难以参与到电子产业内。

1968 年,英特尔的成立催生了半导体设计从计算机中分化,也产生了一批做芯片设计、制造、封装测试的公司。到 20 世纪 70 年代,随着硬件技术的进步,市场对软件的需求提高了，软件成为单独的行业。1975 年微软公司成立。在 20 世纪 70 年代开始萌发的个人计算机（Personal Computer，PC）市场上，英特尔与微软的 Wintel 联盟逐渐形成。前者做 x86 指令集架构的 CPU，成为传统 PC 市场的主流；后者做 Windows 操作系统，最终获得垄断地位。

英特尔的高性能 CPU 特性善于处理大量数据，在传统 PC 与服务器领域处于霸主地位，在笔记本电脑、桌面与服务器市场获得 90%的占有率，设计的专利掌握在英特尔和 AMD 手中。这带来了半导体产业的一个特殊的"指令集壁垒"生态现象，而英特尔是第一个建立"指令集壁垒"的半导体公司。在 2000 年之后，英特尔进一步利用自己在 PC 市场出货量大、成本低的优势，向更高端的"服务器市场"进军，以价格战打败了 Power、SPARC、Alpha 等公司的传统指令集，改写了整个服务器市场的生态。英特尔连续 25 年（1991—2017年）获得全球半导体第一厂商的荣誉，关键就在于其掌握了 x86 指令集这个电子产业基础标准。

1981 年，ARM 的前身 Acorn 计算机公司主要生产一款供英国中小学校使用的计算机，Acorn 基于当时学界提出的 RISC 精简指令集概念研发了 32 位、6MHz、使用自研指令集的处理器，命名为 ARM。到 1990 年，已更名为 ARM 的新公司专注于芯片业务。但英特尔等厂商已占据了大量 PC 市场，卖芯片的 ARM 生意不佳，只能将 IP 核授权给其他公司。随着 20 世纪 90 年代垂直分工的开始，台积电的代工模式加上 ARM 的 IP 授权模式兴起，ARM 和台积电承担了产业链的头尾，芯片设计厂商逐渐发展成不做工厂生产或做底层基于处理器研发 SoC 的无工厂（Fabless）厂商。

在手机带来的科技革命趋势下，需要快速处理数据。ARM 架构主要以快速处理数据为主，在手机处理器 IP 领域一统江湖，也有少量使用在便携式笔记本电脑中，IP 被牢牢掌握在 ARM 公司手中。ARM 已经占领手机的生态，超过 95%的移动手机及平板电脑市场的芯片都基于 ARM v7/v8 指令集架构。目前，全球排名前 20 的半导体厂商中，近一半是 1990年后成立的无工厂厂商，而这些新公司多是 ARM 和台积电的客户。软银集团以 40%的溢价收购 ARM，再将 25%的股权卖给了 Abu Dhabi 基金。ARM 也把中国子公司 51%的股份出售给中国投资者，作价 7.75 亿美元。ARM 以开放的 IP 授权模式与服务器端 CPU 的霸主英特尔屹立两头，形成了当下全球半导体处理器的两大标准。

自 2010 年 RISC-V 诞生以后，处理器架构隐约呈现出三足鼎立的趋势。相较于 x86 与 ARM 指令集架构，RISC-V 指令集架构相对弱小。RISC-V 的基本生态圈已经建立起来，试图挑战现行主流的指令集架构面临着种种困难。例如，在桌面、服务器和高端嵌入式领域已经形成了技术、专利和生态环境壁垒，RISC-V 想进入这些领域甚至替代之前的技术还是需要时间的。但是随着物联网时代的来临，其在新型的物联网等市场似乎有更多进入的机会。因为物联网领域对人工智能芯片既要求高计算能力又需要低延迟，所以物联网芯片设计的速度要快、成本要低，且能量身定制。同时，嵌入式市场具备少量多样的特点，在各细分应用场景并未形成真正的壁垒，架构的选择也是五花八门，这正是 RISC-V 的绝佳突破口。RISC-V 作为新兴的架构，以其精简的设计初衷还有很大的机会在未来的无线物联网领域取得绝对的优势。

其实，在 RISC-V 到来之前，业内已存在几种开源指令级架构，包括 SPARC V8 和 OpenRISC，其中 SUN 公司发布的开源多核多线程处理器 OpenSparc T1 和 T2。欧洲航天总局的 LEON3 都采用 SPARC V8 指令集，OpenRISC 也有同名的开源处理器。既然已经有开源指令集架构，为何还要研发 RISC-V？RISC-V 能够在短短几年内快速发展并得到多家商业公司的支持，主要凭借两点优势。首先，RISC-V 吸收了各开源指令集的优点，其功能更加丰富。其次，OpenRISC 的许可证为 GPL，意味着所有指令集改动后都必须开源，而 RISC-V 的许可证为 BSD License 授权，即修改也无须再开源。这一点吸引了很多机构和公司使用 RISC-V 开发商用处理器。此外，RISC-V 支持压缩指令与 128 位寻址空间，这也是 SPARC V8 和 OpenRISC 所没有的。

根据过往的经验，用商业公司运营来维护指令集的存续会有很大的风险，因为指令集的存亡与公司的经营息息相关。如何经营一个好的生态，才能让指令集有更好的生命力，是开发团队在开发出全新的 RISC-V 指令集后最为关心的问题。

➣ 1.1.2 RISC-V指令集架构与其他指令集架构的不同点

RISC-V 最大的特性就在于精简。虽然与 ARM 同属于精简指令集架构，但因 RISC-V 是近年来才推出的，没有背负向后兼容的历史包袱，RISC-V 远比其他商业指令集架构短小精干。相比于 x86 和 ARM 架构的文档长达数千页且版本众多的不足，RISC-V 的规范文档仅有 145 页，且"特权架构文档"也只有 91 页，熟悉体系架构的工程师仅需一两天便可读懂。RISC-V 的开源能降低成本，也能让用户按需定制、自由修改，RISC-V 生态与敏捷设计同源。目前，国内外已有多家芯片企业投入大量资金研发 RISC-V 在物联网领域的应用。SiFive 是 RISC-V 商业化的探索者，未来可能成为领导者。

从技术角度来看，SiFive 利用加州大学伯克利分校过去三十年指令集设计的经验来开发一个全新而且与工艺节点无关的指令集，以社区的方式来设计与维护指令集标准。RISC-V 与其他指令集的不同点有以下几个。

（1）模块化：RISC-V 架构可以让用户灵活选用不同的模块组合，以软件模块化的思维来定义硬件标准，将不同的部分以模块化的方式整合在一起，并通过一套统一的架构来满足各种不同的应用场景。例如，针对小面积、低功耗嵌入式场景，用户可以选择 RV32IC 组合指令集，仅使用机器模式（Machine Mode）；而高性能应用操作系统场景下可以选择 RV32MFDC 指令集，使用机器模式和用户模式（User Mode），而且它们之间的共同部分可以兼容。模块化是 x86 与 ARM 架构所不具备的。

（2）指令数目少：受益于短小精干的架构及模块化的特性，RISC-V 架构的指令非常简洁。基本的 RISC-V 指令数目仅有 40 多条，加上其他的模块化扩展指令总共只有几十条。

（3）全面开源：RISC-V 具有全套开源免费的编译器、开发工具和软件开发环境（IDE），其开源的特性允许任何用户自由修改、扩展，从而能满足量身定制的需求，大大降低了指令集修改的门槛。

相较于其他商用的指令集，RISC-V 指令集架构简洁很多。RISC-V 指令集全新的设计吸取了前辈指令集的经验和教训，对用户和特权指令集可以做到明确分离，以及处理器基于指令集的具体微架构硬件实现，甚至与代工厂的工艺技术脱钩。模块化指令集架构精简的基本指令集加上标准扩展指令集，为将来的应用升级预留了足够的空间。其稳定性要求在于基本及标准扩展指令集不会再改变，通过可选扩展而非更新指令集的方式来增加指令。由领先的行业或学术专家及软件开发者组成社区，通过社区进行设计。

可以用一个生动的例子来形容传统处理器增量指令集架构和 21 世纪 RISC-V 指令集架构。顾客到餐厅可以点选想吃的比萨、牛肉面、青菜豆腐汤、海鲜、牛排或日料等不同菜品，而一个大而全的自助餐就能满足顾客所有的需求，但是吃不吃都要花费 300 元。RISC-V 提供的菜单是基础的 RV32I 指令集，可以编译与运行简单软件。另外，还有可选的 RV32M 乘法、RV32F 单精度浮点数、RV32D 双精度浮点数、RV32C 压缩指令和 RV32V 矢量扩展等，这些都是模块化的标准扩展，可依照应用来选择是否采用，不需要多付额外的费用来选择不需要的功能，这里的费用还包括了芯片面积所导致的成本上升。

⟩ 1.1.3 RISC-V发展史及其标志性事件

如图 1-2 所示是 RISC-V 发展史，自全新指令集项目开始到 2011 年 5 月发布了第一个被称为 RISC-V 基本用户指令集 v1.0 规范，代表加州大学伯克利分校开发了第五代 RISC 指令集。2011 年，开发团队所设计的 Raven-1 芯片采用了 28nm FD-SOI 工艺流片，以验证 RISC-V 架构的可行性。2012 年首个 Rocket Chip 采用 45nm 工艺流片，2013 年首次移植 Linux 操作系统，2014 年发布冻结的基本用户指令集 v2.0 IMAFD。

开发团队在开发处理器的同时，将 RISC-V 指令集架构从学校带到外界。后来陆续开始有人询问有关于 RISC-V 指令集架构的问题，并且想使用它来设计芯片，RISC-V 才变成了一个真正为世人所接受的项目，也促成了 RISC-V 基金会的成立。开发团队在 2015 年想要成立非营利性组织（RISC-V 基金会）来维护指令集架构，Krste Asanović 教授是现任 RISC-V 基金会董事会主席。大公司如英伟达（NVIDIA）等加入了 RISC-V 基金会，接着有了几份出版物、许多研讨会视频、还有许多 RISC-V 软件的支持，同时成立 SiFive 公司，从事商业化处理器 IP 的运营，为商业客户提供所需的处理器内核及芯片物理实现的设计服务。

最先采用 RISC-V 作为工业标准架构的公司是英伟达公司，2016 年，英伟达公司发布了首个商业软核，这也是第一个 RISC-V 商业 SoC，公开宣布他们未来所有的 CPU 都会使用 RISC-V 架构。2017 年，西部数据发布了特权架构 v1.10，这也是商业 RISC-V 应用的另一款 SoC。他们宣布计划一年出货十亿个以上的 RISC-V 内核，并逐步取代其他商业内核。

印度是第一个采用 RISC-V 作为国家指令集标准的国家，美国的国防高级研究计划局（DARPA）在向国会发出的安全呼吁提案中建议使用授权 RISC-V。以色列创新管理局创建了 RISC-V GenPro 孵化器，欧洲、俄罗斯等国家开始全国推行。2019 年 8 月，RedHat 也宣布加入 RISC-V 基金会，未来在 RISC-V 针对服务器领域开展合作，Fedora 已经投入很多人力，以在 RISC-V 处理器上开发操作系统。

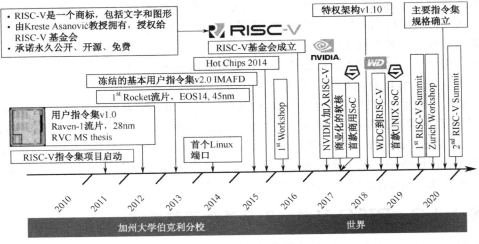

图 1-2 RISC-V 发展史

SiFive 公司在 2019 年 12 月举办的 RISC-V Summit 2019 发表了几场重要的演讲，分别是 The Open Secure Platform Architecture of SiFive Shield、SiFive Intelligence Cores for Vector Processing、Introducing Scalable New Core IP for Mission Critical Use，以及 Building RISC-V IoT Applications Using AWS FreeRTOS，持续引领了 RISC-V 业界的领先技术，成为业界关注的焦点。笔者也以中文网课的形式在上海赛昉科技的公众号介绍了相关的技术信息。

1.2 RISC-V 基金会成长的历史

RISC-V 是通过开放合作实现的一个自由、开放的处理器指令集。Kreste Asanović 教授等人将 RISC-V 指令集捐赠给 2015 年成立的非营利性组织 RISC-V 基金会并由其维护。RISC-V 基金会是一个大联盟，不是 SiFive 或任何一家公司所独有的，很多公司都加入了该基金会并扮演重要的角色，致力于开发和推动 RISC-V 指令集的发展。RISC-V 是一个开放的标准化指令集架构，这也是为什么大家对它感兴趣的原因。RISC-V 基金会主要着力 RISC-V 指令集和相关的软硬件生态系统开发，帮助扩展 RISC-V 技术的影响力，招募吸引了包括英伟达、恩智浦、三星、Microsemi 等知名企业作为第一批会员。同时，其也吸引了大量业内领先的研究机构、硬件厂商、软件厂商，如谷歌、高通、Rambus、美光、IBM、格罗方德半导体和西门子等行业巨头。

⊘ 1.2.1　RISC-V基金会的成员介绍

RISC-V 基金会负责维护 RISC-V 指令集标准手册与架构文档，RISC-V 基金会每年都会举办各种专题讨论会和全球活动。如图 1-3 所示，据 RISC-V 基金会的会员数统计，从 2015 年 9 月基金会成立到 2019 年 12 月底，RISC-V 基金会成员已经超过 435 个，从成长的趋势看出，增长的速度相当快，而且会员的数量还在不断增加中。按不同领域来区分，会员包括 24 家行业企业、32 所学校与研究机构、25 家软件公司、9 家存储公司、31 家代工厂与设计服务公司、44 家芯片设计公司，此外还有 200 多个个人开发者与支持者。这些会员来自全球 33 个国家和地区，而且使用的人数不断增长，代表 RISC-V 处理器有广泛的市场需求，在全球各地推动其发展的动力也很大。

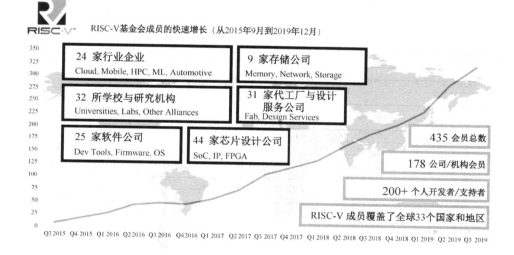

来源：RISC-V Foundation Report

图 1-3　RISC-V基金会会员发展情况

在成员管理上，RISC-V 基金会会员分为白金会员、金牌会员、银牌会员及其他组织和个人。目前，RISC-V 基金会拥有白金会员 21 家、金牌会员 25 家、银牌会员 119 家，不需要交纳任何费用的组织 25 家。金牌会员可以进入技术或市场委员会（Committee）和技术任务组（Task Group）。白金会员除了覆盖金牌会员的所有权利，还可以参选董事会席位。成为会员就可以融入这个生态系统，在生态系统里有发声的渠道，在技术方向上有发言权，可以主动推动技术革新，为了达到这个目的，需要有很强的技术实力。

指令集规范和处理器实现是两个不同层次的概念，需要区分开来。指令集是规范标准，往往用几页纸就可以描述，而处理器实现是基于指令集规范完成的源代码。RISC-V指令集适用于所有类型的计算系统，代码兼容从低端微控制器到高端超级计算机，让所有应用都能够使用相同的指令集。RISC-V不是一家公司，也不是一个具体实现好的CPU，RISC-V是一套基于BSD协议的许可开源、开放和免费的指令集架构，这与x86和ARM指令集有本质不同。而根据许可免费获得后创建的衍生作品，可以将其保留为专有，不必分享任何人。

RISC-V不仅可以用来做开源处理器，也可以做商用处理器，也就是具体的处理器实现不都是开源免费的，像SiFive的同类公司都开发并实现了自己的商用处理器设计。就像是做饼干的食谱，一般人制作可口的饼干，需要知道饼干配方。业界诸多RISC-V处理器公司所提供的商业IP，就像是既知道制作美味饼干的专有配方，又提供已经做好的饼干给大众。

到2019年8月10日，RISC-V基金会里的公司与研究机构分类如图1-4所示，这里的部分信息来自RISC-V基金会报告。左上是IP/芯片/芯片代工厂/设计服务公司，中上是咨询及研究机构，中下是开发工具链与云端平台，右下是使用RISC-V技术的用户与公司，包括美光、联发科、高通、三星、Marvel等。几乎全球所有的主要半导体公司都已经是RISC-V的成员，国外有谷歌、Amazon、微软、西数，国内有华为、ZTE、阿里巴巴。RISC-V的生态系统很强大，说明开源、可拓展指令集能够应用于所有计算设备的应用，而且RISC-V的生态不断壮大及成熟，还需要更多公司和研究单位加入RISC-V的生态并一起成长。

图1-4　RISC-V基金会里的公司与研究机构分类（由上海赛昉科技整理）

如图 1-5 所示是部分 RISC-V 基金会机构型成员，RISC-V 基金会的资料中来自中国的企业、研究机构及高校的数量为 36 家，占整体同类数量的 20%。如阿里巴巴、全志科技、华米科技、中科院计算所、中科院软件研究所与清华大学等单位正在进行 RISC-V 的技术研究，也有开发车载 ADAS 和人工智能等应用的企业。笔者每天都看到有新的企业或学术单位参与 RISC-V 的开发，他们从不同的角度来参与 RISC-V 社区，不只是利用开源内核来设计自己的芯片，未来还能够贡献智慧到 RISC-V 的生态里。

图 1-5　部分 RISC-V 基金会机构型成员

⊙ 1.2.2　RISC-V 基金会推动 20 个重点领域的技术

RISC-V 基金会在组织架构上有程序委员会、市场委员会、董事会（内设一个中国顾问委员会处理中国相关事务）、特别委员会等，还有各种技术任务组。基金会批准的 3 个委员会如安全标准委员会（Security Standing Committee）负责推动 RISC-V 成为安全社区的理想方案，软件标准委员会（Software Standing Committee）致力于构建 RISC-V 软件生态、标准化软件接口。17 个技术任务组则囊括了基本指令集、扩展指令集、调试标准、快速中断、形式定义、存储器模型、Trace 标准与特权等级等各种技术方向。

RISC-V 目前关注的 20 个重点领域如图 1-6 所示，任何公司或个人都可以自荐作为里面某个任务组的主席，或者成为其中的一员。RISC-V 基金会全职员工只有 3 人，所有的工作都是会员的无偿奉献。RISC-V 基金会已经完成很多工作，把 RISC-V 的热度提升到一个新的水平，但是未来还需要更多国内的公司加入 RISC-V 基金会，成为会员并参与制定新的标准。要参与到 RISC-V 的生态建设，首先要成为会员，还要投入相当大的精力和研发力度，才能进入委员会或技术任务组，为 RISC-V 技术贡献力量，推动 RISC-V 的生态建设。

操作码空间管理常设委员会　　　　　V扩展（矢量操作）任务组
软件常务委员会　　　　　　　　　　加密扩展任务组
安全委员会　　　　　　　　　　　　调试规范任务组
基础ISA批准任务组　　　　　　　　快速中断规范任务组
特权ISA规范任务组　　　　　　　　内存模型规范任务组
形式规范任务组　　　　　　　　　　处理器跟踪规范任务组
可信执行环境规范任务组　　　　　　Sv128规格任务组
B扩展（位操作）任务组　　　　　　合规任务组
J扩展（动态翻译语言）任务组　　　UNIX类平台规范任务组
P扩展（封装的单指令多数据指令）任务组　安全任务组（拟议）

图 1-6　RISC-V目前关注的 20 个重点领域

⊙ 1.2.3　RISC-V基金会标准制定过程及工作群组机制

指令集扩展的规则是利用社区的方式来讨论，由 RISC-V基金会成员提案，董事会公开讨论后制定标准。现在 RISC-V基金会董事会由 Bluespec、Google、Microsemi、NVIDIA、NXP、UC Berkeley、Western Digital 7 家单位代表组成。现任董事会主席是伯克利教授 Krste Asanović。

每个技术任务组都由业界知名人士来主导，任何人都可以成为任务组里面的一员。笔者从 17 个任务组里挑出重点的 8 个任务组，如图 1-7 所示，SiFive 公司在各个任务组里面具有重要的地位。任务组里的某个成员提出有用的建议并说明该建议的好处后，由任务组里的公司或个人参与讨论，随后在 RISC-V正式会议上公开讨论，依据社区讨论情况，可能需要 2～4 年来完善和形成最终标准。

图 1-7　8 个任务组的主要参与公司

⊙ 1.2.4 RISC-V国际协会的诞生

RISC-V基金会总部从美国迁往瑞士，2020年3月9日完成在瑞士的注册。这个行动正是向全世界传达 RISC-V坚持开放自由、为全球半导体行业服务的理念。同时，RISC-V基金会更名为 RISC-V国际协会（RISC-V International Association）。RISC-V国际协会希望通过总部的搬迁更好地满足 RISC-V发展的需求，以及为全球不同地区的会员提供多元服务并维护权益。

RISC-V国际协会迁到瑞士后，在组织管理上有所改变，会员主要包括首要成员（Premier Member）、战略成员（Strategic Member）和社区成员（Community Member）三种。首要成员对应白金会员，可以有董事会席位及技术委员会席位。上海赛昉科技公司作为首要成员之一，发挥着举足轻重的作用。战略成员对应基金会金牌和银牌两类会员，所拥有的权利包括选举董事会代表、领导工作组和委员会。社区成员对应此前不需要缴费的两类会员。前两种成员有资格深入参与到 RISC-V国际协会中。

1.3　RISC−V的生态系统

处理器架构的影响力主要依赖一整套的生态系统，如基于 x86 的 Windows 操作系统或基于 ARM 的 Android 操作系统。RISC-V现在还需要增强生态系统，特别是因为物联网碎片化的性质，还没有一个统一的软件栈生态。RISC-V国际协会其实对此并没有做任何定义，生态系统的搭建由使用者自行发挥。生态系统并非一蹴而就，唯有基于 RISC-V的微控制器大规模量产，让一般软硬件开发者真正随手可得，相应的软件生态才能大规模形成。用国际协会的方式来运作形成标准是否合适呢？RISC-V国际协会全职员工只有 3 人，工作内容包括维护指令集的标准、建立黄金参考模型（Golden Model）及维护合规性以避免碎片化的问题，如图 1-8 所示。

RISC-V指令集架构是整个生态系统的基础，由 RISC-V国际协会构建。在此基础上，RISC-V国际协会还需要支撑两大社区：一个是 RISC-V处理器内核与 SoC 系统的硬件社区，有开源 RTL 级源码供大家下载，商用授权给芯片设计公司使用，公司内部自研不对外开放 IP 或源代码等；另一个是与用户应用有关的软件社区，开源的软件有开源 GCC 和 LLVM 软件，也有公司将软件开源出来，如国内的初创公司 RT-Thread 也加入了开源的行列。商用的软件供应商有编译器大厂 IAR 等公司,这些公司的软件过去都支持 ARM 或 MIPS 的 IP 或芯片，现在也参与到兼容 RISC-V指令集架构的设计中。

目前，RISC-V指令集主要包括 4 个可以在 RISC-V官网下载的文件。指令集分为非特权指令集和特权架构，非特权指令集几乎包括所有指令的定义，除了基本的指令集，还有扩展指令集。RISC-V是在基本指令集之上做扩展的指令集架构，基本指令集中包括定点指令、存储一致性（RVWMO）、乘法、原子、单精度/双精度/128 位浮点等，而扩展指令集则包括 32E、128 位指令、计数器、LBJTPV 扩展等。特权架构说明的是 RISC-V 特权架构的定义，有用户模式、监督模式和机器模式三种特权级别，另外有一个调试接口处于可用的状态和一个刚起步的 Trace。

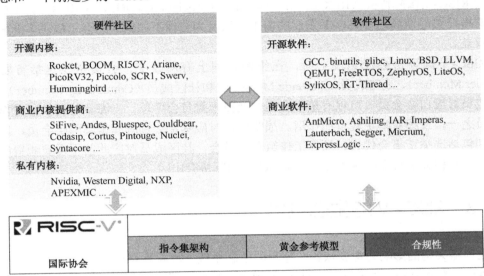

图 1-8 RISC-V 的生态系统

SiFive 联合创始人和首席构架师 Krste Asanović 提道："RISC-V 是一个高质量的、无使用许可证的、无版权费的 RISC 指令集，它最初是来自伯克利的规范，由非营利性组织 RISC-V 基金会做标准维护，适合各种类型的计算机系统。从微处理器到超级计算机系统，众多的私有和开源内核可为工业界和学术界快速体验和采用，而且还有不断增长的共享软件生态系统支持。"

⊙ 1.3.1 RISC-V 的开发板和生态系统

RISC-V 出自学校，很多研究机构也加入其中，发展势头越来越猛，在产业界的接受程度也越来越高。SiFive 有两类产品，一类是处理器内核 IP，另一类是 Freedom SoC 平台。2016 年 11 月，SiFive 推出为微控制器、嵌入式产品、物联网和可穿戴等应用而设计的 Freedom Everywhere FE310 SoC 及 HiFive1 低功耗开发板（见图 1-9）；适合机器学习、存储和网络应用的高性能 Freedom Unleashed 平台；还有人工智能的 Freedom Revolution 平台，作为软件和应用开发工具使用，产品全面覆盖大中小规模的客户。

HiFive1 低功耗开发板基于集成 32 位 E31 处理器内核的 FE310 微控制器，FE310 运行速度达 320MHz 以上，是市场上速度最快的微控制器之一。FE310 平台的架构设计如图 1-10 所示，内核是单发射、顺序执行处理器 E31，支持 RV32IMAC 指令集，具有 16KB 的指令缓存，16KB 的数据 SRAM。FE310 有多个外设，通过 TileLink 互连总线将多个外设连接到处理器。其主要外设如下：

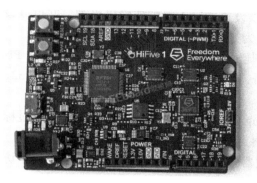

图 1-9　HiFive1 低功耗开发板

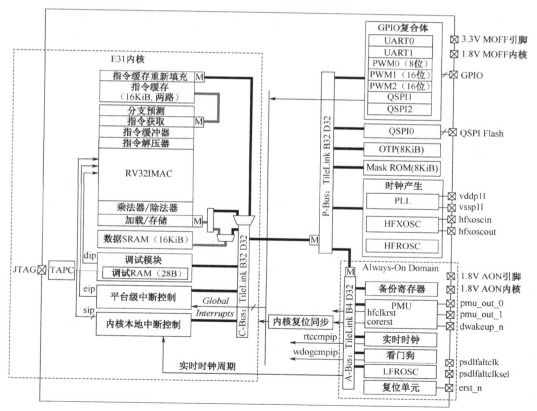

图 1-10　FE310 平台的架构设计

（1）始终上电域（Always-on Domain，AoD）。始终上电域的意思是不受处理器核心电源管理的影响，包括实时计数器、看门狗、复位与电源管理等子模块。

（2）通用输入输出端口（General Purpose Input/Output，GPIO）控制器。通用输入输出端口的每一个引脚都可以设置成输入引脚或输出引脚，并可以设置是否能够引发中断。FE310的GPIO可以复用为UART、I²C、SPI、PWM等模块。

（3）平台级中断控制器（Platform-Level Interrupt Control，PLIC）。平台级中断控制器用于接收外部的中断信号，然后按照优先级送给处理器，支持52个外部中断源、7个中断优先级。

（4）调试单元（Debug Unit）。调试单元支持外部调试器通过标准JTAG接口进行调试，支持两个硬件断点、观察点。

（5）QSPI闪存控制器（Quad-SPI）。QSPI闪存控制器用于访问SPI闪存，可以支持eXecute-In-Place模式。

FE310为全球第一款开源的商用RISC-V SoC平台，SoC基于RISC-V开放式架构，允许开发人员根据其特定的设计需求创建定制的解决方案。Freedom平台使任何公司、发明者或制造商能够利用定制芯片的力量，并将专业等级的处理器IP纳入其产品。HiFive1低功耗开发套件可接受Arduino式盾板，从而大幅提升了其对嵌入式设计快速原型开发的可行性。

开源处理器项目的重要性是毋庸置疑的，SiFive公司已将FE310 RTL原始代码贡献给开源社区。芯片内部功能的规格定义是可见的。可以看到芯片内部的架构，了解硬件的工作原理与RTL代码的在线状态，让企业或工程师在FE310的基础上开发自己的定制芯片。

商用芯片源代码的免费开源特性在芯片设计行业中非常罕见，这大幅降低了研发定制原型芯片的门槛，使大家可以专注于增量创新，不用从头去探索如何构建一块芯片，加快了迭代周期并重新诠释了芯片定制化产业。此项措施无疑鼓励了小型系统公司或芯片设计人员能够在FE310芯片的基础之上定制自己的SoC设计方案，借助RISC-V的软件生态，在没有芯片的情况下就可以在RISC-V上撰写并运行自己开发的软件，或者基于RISC-V硬件的开源在FPGA平台上开发，极大地降低了芯片开发的门槛。读者可以通过网址https://github.com/sifive/freedom下载FE310微控制器芯片的RTL代码文件。

如图1-11所示，HiFive1 Rev B开发板是HiFive1开发板的升级版本，开发板搭载的SoC从第一代的FE310-G000升级到FE310-G002，HiFive1 Rev B开发板与HiFive1开发板最大的区别在于增加了一个ESP32模块。ESP32模块可以说是最受全球创客、DIY爱好者欢迎的无线通信模块之一，价格比较实惠。ESP32模块作为FE310-G002微处理器的无线调制解调器，具备WiFi和蓝牙的无线连接功能。

图 1-11　HiFive1 Rev B 低功耗开发板

　　升级的 FE310-G002 增加了对应最新 RISC-V 调试规范的 0.13 版，内置硬件 I^{2}C，有两个 UART 的支持，可在低功耗睡眠模式下对核心电源轨进行电源门控。与原版 FE310 一样，FE310-G002 采用 SiFive 的高性能 E31 内核处理器，支持 32 位 RV32IMAC 指令集，维持 16KB 指令缓存与 16KB 数据 SRAM、寄存器和硬件乘法/除法器。FE310 芯片第二代版本为了连接更多的第三方传感器，具有更多外围设备，内置硬件 I^{2}C 外设和额外的两个 UART。此外，USB 调试接口也已升级为 SEGGER J-Link，支持拖放代码下载。FE310-G002 具有一个由 3.3V 供电的始终上电域。由始终上电域控制，1.8V 处理器内核电源轨可以在低功耗睡眠模式下关闭，并在检测到唤醒事件时打开。

　　SiFive 的嵌入式开发板驱动多个 RTOS 实时操作系统移植，SiFive 公司最近宣布的 SiFive Learn Inventor 开发系统承载了一个新版本运行 150MHz 的 FE310-G003 芯片，板上还整合一个带有 WiFi 和蓝牙功能的 ESP32 模块，如图 1-12 所示。这是一个很好的物联网开发平台，开发者可以用它来和外界交流。利用开源 FE310 所设计的三代微控制器的比较如表 1-2 所示。SiFive Learn Inventor 开发系统的数据紧密集成内存（DTIM）容量比之前的版本大了许多，当处理器调用大量数据时，可以直接从 DTIM 中调用，从而加快读取速度，方便软件工程师开发应用程序。如果要为 SiFive Learn Inventor 开发系统获取免费操作系统，只需到 Amazon 免费操作系统控制台下载用于 SiFive Learn Inventor 开发系统的免费操作系统。

图 1–12　SiFive Learn Inventor 开发系统

表 1–2　利用开源 FE310 所设计的三代微控制器的比较

项　目	HiFive1	HiFive1 Rev B	Learn Inventor Board
微控制器	FE310–G000	FE310–G002	FE310–G003
数据紧密集成存储器（DTIM）	16 KB	16 KB	64 KB
RISC–V 调试规格	版本 0.11	版本 0.13	版本 0.13
低功耗睡眠模式（域）	无	有	有
始终上电域	1.8V	3.3V	3.3V
硬件 I²C	无	1 个	1 个
UART	1 个	2 个	2 个
USB 调试	FTDI FT2232	SEGGER J–Link	SEGGER J–Link
无线网络	无	WiFi & 蓝牙	WiFi & 蓝牙
I/O 电压	3.3V, 电平转换 5.0V	3.3V	3.3V

⊙ 1.3.2　部分 RISC-V 社区生态的支持厂商

经过了 50 多年发展的 IBM 360 是现存最老的指令集架构之一，凭借良好的软件生态控制着银行市场，也说明唯有良好的生态才能让指令集持之以恒。在短短几年时间，RISC-V 社区的演进有很大的变化。如图 1-13 所示为部分 RISC-V 社区生态的支持厂商，SiFive 在里面起到了很大的作用，包括 SiFive Freedom SDK 和 SiFive Freedom Studio 开发环境，让很多相关企业有了前进的方向与依据，不需要从头摸索。

图 1-13　部分 RISC-Ⅴ社区生态的支持厂商

　　如图 1-14 所示，SiFive 提供的调试软件栈称为 Freedom Studio，这一个完全集成的开发环境，可以在 SiFive RISC-Ⅴ平台和内核 IP 上进行裸机（Bare Metal）嵌入式开发和调试。它基于 Eclipse CDT 并包含许多 SiFive 扩展，可为捆绑的命令行工具提供用户友好的界面。SiFive 公司所推出的产品 Freedom 因为崇尚自由的精神，开源了许多内部开发的软硬件，让爱好者能下载。UltraSoC、Lauterbach、Imperas、SEGGER 及 IAR 都是嵌入式领域知名的工具链提供商。嵌入式操作系统有 FreeRTOS、Zephyr OS，还有国内初创企业的 RT-Thread。

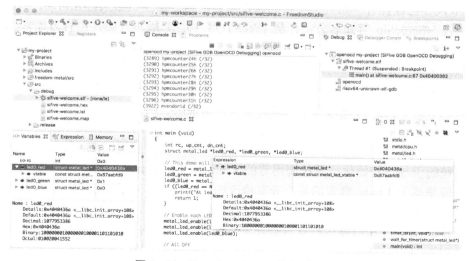

图 1-14　Freedom Studio 的调试界面

出自 Linux 基金会的 Zephyr 实时操作系统，是一个可用于资源受限和嵌入式系统的小型内核。其应用场景从简单的嵌入式环境传感器、可穿戴设备到复杂的嵌入式控制器、智能手表和无线物联网应用程序。Zephyr 对 RISC-V 技术的演进做了很多早期的工作，程序移植且运行了将近两年，Zephyr 支持的平台包括 SiFive HiFive1。Zephyr 实时操作系统已经在包括 RISC-V 在内的 8 个指令集体系架构上有 160 多个受支持的开发板配置。读者可以在网上找到 Zephyr SDK，它还附带了基于 RISC-V GCC 的工具链。如图 1-15 所示是市面上第一个基于 RISC-V 的扬声器徽章产品，也是第一个实际的 RISC-V 上量产品。

图 1-15　市面上第一个基于 RISC-V 的扬声器徽章产品

流行的 FreeRTOS 内核是一个基于微控制器的物联网操作系统，使边缘设备能够安全地连接到亚马逊公司云计算服务平台（Amazon Web Services，AWS），同时使它们易于管理、部署和更新。FreeRTOS 由 MIT 开源许可证提供，可以在多种不同的指令集架构上运行。FreeRTOS 已经拥有一系列受支持的微控制器，这些微控制器来自 SiFive、TI、NXP、STMicro 及 Microchip 等知名公司。从 FreeRTOS 10.2.1 版本开始，由官方加入 RISC-V Demo，现在已经能够在 FreeRTOS 的主要目录树里找到。FreeRTOS 进一步增加了一系列面向物联网的库，提供额外的联网和安全性功能，包括对低功耗蓝牙、无线更新和 WiFi 的支持。最近有很多产品用户宣布使用了 FreeRTOS。该内核支持的 RISC-V 包括 RV32I 和 RV64I 两种，供用户构建具成本效益的智能型设备。

拿到一块开发板，上面搭载的通常都是芯片原厂开发的用于嵌入式系统的引导加载程序（U-Boot），或者用于存储管理、CPU 和进程管理、文件系统、设备管理和驱动、网络通信及系统的引导与初始化、系统调用等的 Linux 内核（kernel），称为供应商内核。供应商内核一般是基于 Linux 官方的某个分支修改的，芯片原厂为了系统的稳定和易于维护，会在这个特定的版本上做长期开发，不会轻易升级内核版本。而 Linux 官方内核会以固定的节奏不停地演进，我们称这种目前最新的稳定内核版本为 upstream Linux 内核。至于 RISC-V Linux 内核移植的情况,在一年多前发布了移植到 RISC-V 的 upstream Linux 内核，这是一个非常重要的时刻，意味着 Linux 终于真正开始认真对待基于 RISC-V 指令集的软件开发了。

很多操作系统都是在 SiFive 公司提供的开源硬件上运行的。SiFive 公司发布的高性能 HiFive Unleashed 开发板是一个面向 RISC-V 开源社区的开发板，以帮助推进 RISC-V 软件生态系统，如图 1-16 所示。板上功能强大的 Freedom U540 是世界上第一款支持 Linux 的多核 RISC-V 处理器，是一个 1 500MHz 的四核处理器。它是第一个带有 RISC-V 内核芯片的开发板，能运行复杂的 Linux 操作系统，如 Debian Linux、Fedora Linux。许多方案商已经移植了完整的 Linux 应用程序，它非常适合通信、工业、国防、医疗和航空电子市场中的各种应用，其中 Fedora 是最早出现的 RISC-V 发行版之一，开创了 RISC-V 软件开发的全新时代。

图 1-16　高性能 HiFive Unleashed 开发板

RISC-V 开源硬件让我们可以观察软件开发过程，SiFive 公司向开源生态系统提供了 FPGA 开发套件，读者可能在 GitHub 上见过或下载过。如今，Debian 和 Fedora 操作系统软件包都可以基于 SiFive 公司的开源硬件设计在 FPGA 上运行。在 2018 年举办的 FOSDEM 大会上展示了 SiFive Freedom U540 四核 RV64GC SoC 和相应的 HiFive Unleashed 开发板，Debian 操作系统也可以在上面正常运行。因此，我们知道不仅是 RISC-V 处理器 IP，基于 RISC-V 的软件生态也在不断地完善。RISC-V 软件技术快速发展，是因为有一大群人在贡献他们的智慧，这也是 RISC-V 发展的真正原因。

⊗ 1.3.3　芯片设计界的 RISC-V 产品进展

RISC-V 是第一个可以根据具体应用来选择的指令集架构。基于 RISC-V 指令集架构可以设计通用微控制器、物联网芯片、家用电器控制器、网络通信芯片和高性能服务器芯片等。根据 Semico Research 最新市场调研报告，RISC-V 内核的增长趋势及主要应用市场预测如

图 1-17 所示，预计到 2025 年，采用 RISC-V 架构的芯片数量将达到 624 亿个，2018—2025年的年复合增长率（CAGR）将高达 146.2%，主要应用市场包括计算机、消费电子、通信、交通和工业，其中物联网应用市场占比最高，约为 167 亿个内核。

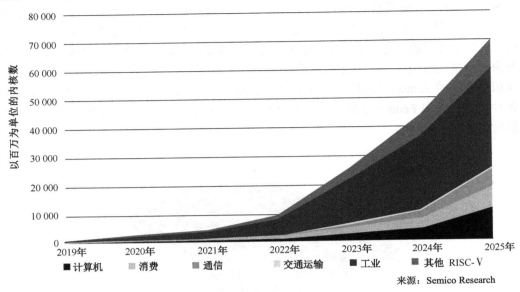

图 1-17　RISC-V 内核的增长趋势及主要应用市场预测

　　作为一个开源的指令集架构，RISC-V 让芯片设计公司有机会避开 Intel x86 知识产权的壁垒和 ARM 高昂的芯片授权费用，使全球芯片行业的企业都对 RISC-V 报以极大的关注和兴趣。开源 RISC-V 指令集代表的开源硬件产业生态，成为打破当前处理器垄断局面的一股潜在的重要力量，变成了人们在 2020 年关注和讨论的焦点。

　　在当前的智能移动时代，AIoT 是 RISC-V 的一个很好的切入点，未来市场将会非常庞大，基于 RISC-V 的微处理器内核加上 AI 运算协处理器 IP，会在 AIoT 各个细分领域觅得良机。以智能硬件产品为例，其对 CPU 应用生态和性能的依赖低于计算机、手机等产品，但它对 CPU 的功耗、体积和成本有着极高的敏感度，部分 RISC-V 架构嵌入式 CPU 具备比同类 ARM、x86 架构 CPU 更低的功耗、更小的面积及更低的价格。

　　关于业界 RISC-V 芯片产品进展，西部数据和 SiFive 合作，将把每年高达 20 亿个芯片的潜能转向基于 RISC-V，逐步完成全线产品向 RISC-V 定制架构的转变，西部数据也推出开源 RISC-V 核 SweRV。Microsemi 推出基于 SiFive 核的 PolarFire FPGA 产品及 PolarFire SoC FPGA 开发板产品，提供了基于开放式 RISC-V 架构的软 IP 核。FPGA 相关的软件工具链可以使用 RISC-V 处理器内核移植到所有芯片。Microsemi 的 PolarFire FPGA 非常适合于低功耗、低成本的应用，与 RISC-V 架构相结合可被应用于嵌入式和边缘计算，实现实时快速目标检测。

FADU 推出了基于 SiFive 64 位 E51 多核 RISC-V 核心 IP 的 FADU Bravo 系列企业级 SSD 控制器芯片解决方案和系统，推出了全球首款基于 RISC-V 的 SSD 控制器，可提供市场上最高的 IOPS/Watt 指标。华米公司推出了基于 SiFive 内核的边缘人工智能计算芯片——黄山一号，其手表和手环已经大批量出货。华米公司的黄山一号芯片，数据可在设备内运行，避免云端计算带来的通信延迟。芯片采用的 AlwaysOn 模块能够自动把传感器数据搬运到 SRAM 中，并通过神经网络系统分别进行运算整合，及时反馈运算结果，大幅降低功耗；可以让智能设备有更长的待机时间、更快的处理速度、更长的使用寿命。

珠海普林芯驰科技所开发的 SPV20XX 系列智能语音识别芯片，以出色的语音识别能力、前端降噪能力、丰富的系统外设、高性价比为特色，提供在语音控制领域极具竞争力的芯片方案，方便客户实现单芯片的语音加触控应用场景。SPV20XX 系列芯片采用 RISC-V CPU + DSP + NPU 三核架构，内置基于人工智能语音识别算法的 NPU 硬件加速核，通过神经网络对音频信号进行训练学习，提高语音信号的识别能力。RISC-V CPU 与 DSP 的代码存储于片上闪存，通过 XIP 执行方式及四路缓存机制保证程序的高效执行。芯片内置两路模拟麦克风 CODEC，扩展 I^2S/DMIC 最多支持四路音频信号输入，支持一路模拟 AEC 专用输入，用于远场拾音的麦克风阵列方案。其内部集成 PMU，优化待机功耗，通过语音 VAD 唤醒。

南京中科微电子开发的 CSM32RV20 是一款采用 RISC-V 处理器内核的超低功耗微控制器芯片，内核支持 RV32IMC 指令集。芯片内置多种存储器，如 4KB 的 SRAM、40KB 的闪存、512B 的 EEPROM 等，还集成了 SPI、I^2C、UART、TIMER 与多通道 ADC 等丰富的外设。芯片支持 C-JTAG、串口、无线等程序下载方式，可以快速方便地下载应用程序，其中二线 CJTAG 调试接口方便用户在线调试程序。该芯片是专门为低功耗物联网应用而设计的，支持多种低功耗模式。在只剩看门狗和 RTC 工作的条件下，其最低待机电流小于 1μA，可保证电池供电的物联网设备长期可靠地工作。

1.4 SiFive 研发团队技术沿革

SiFive 公司位于旧金山，是由 RISC-V 开创者 Krste Asanović、Yunsup Lee 和 Andrew Waterman 所创建的 RISC-V 处理器公司，其创始人即发明并开发 RISC-V 的美国加州大学伯克利分校团队。目前，该公司三分之一的员工为 RISC-V 研发团队的成员，可谓是百分之百继承了 RISC-V 血统的公司。Andrew Waterman 在伯克利参与 RISC-V 的研发，是现任 SiFive 联合创始人与首席工程师。Yunsup Lee 是 SiFive 联合创始人与首席技术官，Krste Asanović 教授还是 SiFive 联合创始人与首席架构师。Krste Asanović 教授认为"指令集架构是计算机系统中最重要的交互接口，RISC-V 作为开源指令集，以其操作简便、没有历史包袱、模块性强、稳定性强等优势迅速被业界认可。基准检测证明，RISC-V 在性能和功耗比上具有优势"。

⊚ 1.4.1 Rocket Chip SoC 生成器

近来，开源处理器项目 RISC-V 在半导体界掀起一股新的浪潮。这股浪潮同时带来了敏捷芯片开发的设计概念。对于"敏捷开发"，芯片设计工程师较少提及，但是它在软件开发中占有重要地位。它主要是指开发团队在面对客户多变的需求时，能快速实现版本迭代，在短时间内快速提交高质量的代码。加州大学伯克利分校在开发 RISC-V 标准和设计处理器内核的过程中，引入并改进用 Scala 嵌入式语言构造硬件的 Chisel 语言，同时开源了一款兼容 RISC-V 指令集的 Rocket Chip 处理器，这个项目在 GitHub 上作为标志性的 Chisel 项目，包含一个可定制性强的处理器内核、缓存和总线互联等 IP 的模块库，以此为基础构成一个完整的 SoC 设计，并可以生成可综合的 Verilog RTL 代码。

什么是 Rockets Chip SoC 生成器？它能生成什么？Rocket Chip SoC 生成器是一个用 Chisel 写的参数化 SoC 生成器，它产生了一些多核块（Tile），多核块是用于缓存一致性的生成器模板，这些多核块可以包含一个 Rocket 内核和一些缓存，以及与 Rocket 内核共同组成多核块的组件，如 FPU 和 RoCC 协处理器。多核块和加速器的数量和类型是可配置的，私有缓存的组织也是如此。它还产生了 Uncore，Uncore 是除多核块外的外部逻辑代码，包括外部存储系统，包括一个一致性代理（Coherence Agent）、共享缓存、DMA 引擎和内存控制器。Rockets Chip SoC 生成器也把所有的碎片设计黏合在一起。

这里以早期的 Rocket Chip SoC 生成器为例进行说明，Rocket Chip 可以看作一个处理器组件库。最初为 Rocket Chip 设计的几个模块被其他设计重复使用，包括功能单元、缓存、TLB、页表遍历器和特权体系架构实现，也就是控制和状态寄存器文件（Register File）。如图 1-18 所示是 Rocket Chip SoC 生成器框图，它生成任意数量的多核块，多核块由 Rocket 内核组成，是可选的浮点单元。RoCC 是 Rocket 自定义协处理器接口，用于特定应用程序的协处理器的模板，它可以公开自己的参数，有助于 Rocket 处理器和附加协处理器之间的解耦通信。RoCC 加速器代表 Rocket 自定义协处理器，读者可以在这里实例化自己的加速器。读者也可以生成一个 L1 指令缓存和一个非阻塞的 L1 数据缓存。Rocket Chip SoC 生成器还生成了主机目标接口（HTIF）模块，在 Rocket Chip SoC 生成器中，HTIF 模块是一个宿主 DMA 引擎，在该引擎中，主机可以在没有任何处理器干预的情况下，在目标内存中进行读写操作。另外，它还生成了 Uncore，实现了需要与 Rocket 紧密连接的功能单元，包括 L1 网络和一致性管理器（Coherence Manager），并添加了一些转换器，使复杂的内存 IO 转换成为一个更简单的 MemIO。

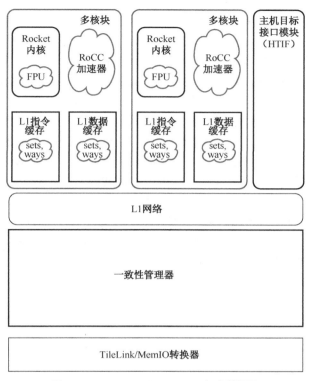

图 1-18　Rocket Chip SoC 生成器框图

为什么需要写这些SoC生成器？因为当芯片开发人员试图将RTL移植到不同的工艺节点上时，在不同的性能、功耗与面积的约束条件下，SoC生成器确实有助于快速调整设计，特别是很容易改变设计上的缓存大小和流水线的级数，甚至面对不同应用的处理器微架构。所以能调整的参数包括处理器内核的数量、是否要实例化浮点单元或矢量单元、可以改变缓存的大小、缓存的关联方式、设置 TLB 条目的数量，甚至还可以设置缓存一致性协议；另外，还能改变浮点单元的流水线数量及片外 IO 的宽度等。

⊙ 1.4.2　使用 Chisel 语言编写 Rocket Chip SoC 生成器

读者知道了为什么需要写 SoC 生成器，那为什么要用 Chisel 语言编写 SoC 生成器呢？什么是 Chisel 语言呢？Chisel 语言是加州大学伯克利分校开发的一种硬件描述语言，正如 Chisel 的英文全称所示，这是一种用 Scala 嵌入式语言来描述硬件的方式，现在已有 Chisel 3 了。选择基于 Scala 的 Chisel 语言来写 SoC 生成器，是因为 Scala 是一种非常强大的语言，它依靠面向对象编程、函数式编程等现代软件工程技术，使硬件设计者的工作变得更有效率而且编码变得更轻松，以至于现在伯克利的硬件设计工程师不会再去写 Verilog 程序。

Scala 是一门多范式、函数式和面向对象的编程语言。读者只要记住 Scala 很适合领域特定语言（Domain-Specific Language，DSL）就行了。当然，函数式编程语言往往和硬件模块存在一些等价转换关系，DSL 意味着它可以像积木或橡皮泥一样被组合或塑造为新的语言。因为 Chisel RTL（Rocket Chip 源代码）是一个 Scala 程序，所以需要在机器上安装 Java 来执行，并且确保 Rocket Chip 环境变量指向 rocket-chip 存储库。

那么用 Chisel 语言做什么呢？如图 1-19 所示，Chisel 可以为三个目标生成代码：一是高性能的循环精度验证程序，二是 FPGA 优化的 Verilog，三是为 VLSI 优化的 Verilog。一旦读者用 Chisel 编写了 Rocket Chip 生成器，它就可以瞄准三个后端，分别是 C++代码后端、FPGA 后端及 ASIC 后端。因此，读者可以生成 C++代码，编译并运行，它会给一个周期精确的软件模拟器，速度比 Synopsis VCS 仿真器快 10 倍。而且，更重要的是，使用软件模拟器不需要 License 文件，这个软件模拟器甚至可以转储（Dump）波形。读者可以用波形文件查看工具 GTKWave 打开值变转储（Value Change Dump，VCD）文件，所以读者可以在没有 License 文件的情况下开发硬件和进行 RTL 仿真。

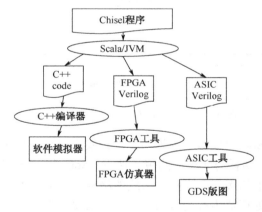

图 1-19　Chisel 程序的最终目标

开发人员使用 Chisel 编写的代码，可以生成可综合、可参数化的 Verilog 电路。Chisel 可以生成通用的 Verilog，也可以生成为 FPGA 优化的 Verilog。读者可以把它映射到 FPGA 上，运行长时间的软件工作负荷。一旦读者在 FPGA 调试完成 Verilog 源代码，还可以把它转成 ASIC Verilog。使用芯片流片的代工厂所提供的标准单元库，配合 Synopsys DC 工具进行综合，接着后端工具生成一个 GDS 布局，将其上传代工厂，准备流片。

⊙ 1.4.3　Rocket 标量处理器

参考 Yunsup Lee 博士在 ESSCIRC 所发表的论文（*A 45nm 1.3GHz 16.7 double-precision GFLOPS/W RISC-V processor with vector accelerators*）中介绍的 Rocket 标量处理器。

如图 1-20 所示，这是一个执行 64 位标量 RISC-V 指令集的 5 级流水线，采用单发射顺序处理器，实现了 RV32G 和 RV64G 的指令集。读者可以在计算机组成的教科书上看到 5 级流水线，分别是产生程序计数器（PC）值、指令读取、指令译码、执行、访问内存和写回。Rocket 标量内核经过精心设计，以尽量减少过长时钟对高速缓存使用编译器生成 SRAM 的输出延迟影响，设计团队将分支解析移到访问内存阶段以减少关键的数据缓存旁路路径。实际上这增大了分支解析延迟，但是可以通过分支预测来缓解问题。

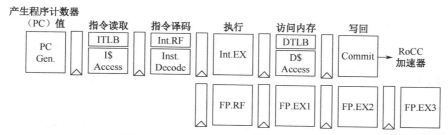

图 1-20　Rocket 标量处理器的流水线

处理器部署了一个具有分支预测的前端，带有一个 64 个条目的分支目标缓冲器（BTB），在两个条目中有 256 个条目分支历史表（BHT）、两级分支预测器和一个返回地址堆栈（RAS）。分支预测是可配置的，所有设计的数量在生成器内都是可调整的。Rocket 标量内核实现了一个基于页面的虚拟内存 MMU，能够引导包括 Linux 在内的现代操作系统。所有的指令缓存和非阻塞数据缓存实际上都是有索引的，物理上都用并行 TLB 查找进行标记。Rocket 标量内核使用了 Chisel 实现的浮点单元，支持一个可选且符合 IEEE 754—2008 标准的 FPU 实例。它可以执行单精度和双精度浮点运算，包括融合乘法加法（FMA），硬件支持次正规值和其他异常值。全流水线双精度 FMA 单元具有三个时钟周期的延迟。所有进入加速器的 Rocket 指令都被送进提交（Commit）阶段，然后被发送到 Rocket 加速器。

Rocket 标量内核还支持 RISC-V 机器特权模式、监督特权模式和用户特权模式。内核公开许多参数，包括支持一些可选的 M、A、F、D ISA 扩展，浮点流水线的级数及缓存和 TLB 大小。如图 1-21 所示为加州大学伯克利分校几款 RISC-V 处理器的流片时间轴，这些处理器是使用早期版本的 Rocket Chip SoC 生成器创建的。轴上方的 28nm Raven 芯片结合了 64 位 RISC-V 矢量处理器、片内开关电容 DC-DC 转换器和自适应时钟，已经有 4 个芯片在 STMicro 28nm FD-SOI 工艺上流片。轴下方的 45nm EOS 芯片采用 64 位双核 RISC-V 矢量处理器，具有单集成硅光子链，已经有 6 个芯片在 IBM 45nm SOI 工艺上流片。时间轴的末端是 SWERVE 芯片在台积电 28nm 工艺上流片。Rocket Chip SoC 生成器成功地成为这 11 个不同 SoC 的共享代码库；每个芯片的设计思路都被合并到代码库中，确保了最大限度的设计复用。

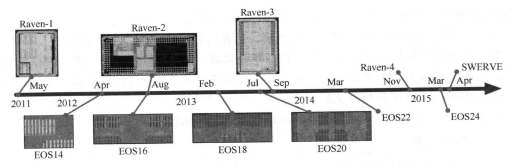

图1-21 加州大学伯克利分校几款RISC-V处理器的流片时间轴

⊚ 1.4.4 SiFive 强力推动 RISC-V 生态发展

从 2015 年开始，SiFive 公司基于 Rocket Chip SoC 生成器发布了许多基于 RISC-V 的处理器内核，针对不同级别开发需求。2017 年，SiFive 公司发布了 U54-MC 内核，这是第一款基于 RISC-V 的芯片，可以支持 Linux、UNIX 和 FreeBSD。2019 年，SiFive 公司通过推出用于嵌入式架构的 64 位微控制器 S2 Core IP 系列扩展了其产品组合。SiFive 公司的 S2 系列目标是处理越来越多连接设备的处理需求，处理实时工作负载，并在不同程度上用于人工智能和机器学习应用。

2019 年 6 月，SiFive 公司宣布完成 101 个 RISC-V 设计采用订单，包括高通和 SK 海力士在内，全球排名前 10 的半导体公司中有 6 家成为 SiFive 的客户，说明大型芯片设计公司也能接受 RISC-V 技术。基于 SiFive 设计的芯片已被用于商业发行的产品中，包括中国可穿戴设备公司华米科技（Huami）生产的智能手表和韩国初创企业 FADU 生产的存储设备。高通作为 ARM 最大的客户之一也投资了 SiFive，这预示着高通未来将开发基于 RISC-V 架构的处理器，摆脱对 ARM 的完全依赖。SiFive 的开源为芯片设计界带来了活水，SiFive、Google、西部数据等公司成立了 CHIPS 联盟，继续耕耘 RISC-V 的生态圈。

如图 1-22 所示为 SiFive RISC-V 2/3/5/7 系列核及可提供的特性。目前，SiFive 已经完成了 RISC-V 领域最为完整的商业品质 CPU 产品线，包含 32 位嵌入式 E 内核、64 位嵌入式 S 内核和 64 位应用 U 内核。64 位 S 内核相较 32 位 E 内核将用于更大的系统。U 内核是应用处理器，可以用来运行大型操作系统，如 Linux 操作系统。希望其将来支持 Android 和 Windows 等操作系统，让我们可以设计基于 RISC-V 的计算机应用程序。

针对性能、功耗、面积不同的需求，提供了超小面积 2 系列超低功耗内核、能效比领先的 3/5 系列内核、高性能的 7 系列内核和超高性能的 8/9 系列内核。在功能方面，全系列产品将支持多核与异构多核、浮点运算、矢量运算、安全方案与 Trace 调试功能，支持客户云端定制。为了客户评估使用，SiFive 创建了许多预先配置的标准内核。建议开发人员先使用预配置的标准内核，然后根据需要添加或删除功能。

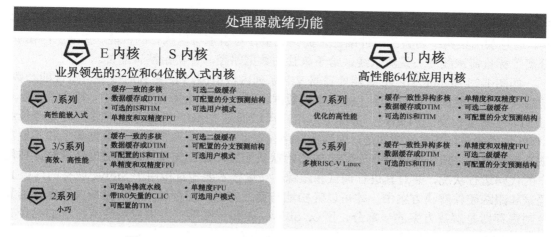

图1-22　SiFive RISC–V 2/3/5/7系列核及可提供的特性

芯片设计公司可以要求 SiFive 授权一个配置和验证好的标准内核，也可以使用 SiFive 在云端的 Core Designer 来定制需要客制的处理器，所产生并交付的开发包可以提供源代码、FPGA 参考代码和配套软件。SiFive 产品的特点是在每个季度都能推出新的特性，客户可以享受到更新的特性，像手机应用软件更新一样方便。SiFive 有一些现成配置的标准核，大部分都有对标 ARM 的内核，但嵌入式 64 位的 S 内核还没有 ARM 的对标产品。E31 内核是全球部署最为广泛的 RISC-V 内核，专为低功耗、高性能的 32 位嵌入式应用所设计，如边缘运算、智能物联网或可穿戴设备等。其性能与 ARM Cortex M3 或 M4 处理器大致相当，达到 1.61 DMIPS/MHz。其在 28nm 工艺可以达到 1.5GHz，内核面积只有 0.026mm²，适用于物联网、可穿戴设备与嵌入式微控制器等领域，有很强的竞争力。

SiFive 一直参与 RISC-V 社区，致力于独特的矢量扩展和矢量技术。RISC-V 的发明者加州大学伯克利分校的 Krste Asanović 教授渴望开发一种用于计算机研究的开放体系架构，关键领域之一就是矢量技术的研究。RISC-V 技术有很强的发展势头，而基础体系架构里的矢量扩展已经完全到位。SiFive 矢量技术团队由 Krste Asanović 教授领导，作为 RISC-V 矢量工作组主席，他不仅主持矢量扩展工作组，还在 RISC-V 社区内共同推动矢量规范发展。SiFive 已经为 RISC-V 汇编器和 RISC-V Spike ISS 纯软件指令集模拟器模型开发了矢量扩展。SiFive 将这些工作作为内部项目进行，完成后再将它们贡献给开源社区，而 SiFive 智能处理器产品线是基于 RISC-V 基础技术构建的商业解决方案。

SiFive 智能处理器是什么呢？首先，它是采用矢量智能（Vector Intelligence，VI）技术的 RISC-V 内核 IP 组合，支持 RISC-V 矢量（RVV）扩展。无论是软件还是硬件，都以高度可扩展的方式定义指令集架构。其中，VI2 系列内核作为最先推出的内核，可扩展并适用于各种场合。SiFive 一直在开发真正满足客户需求的解决方案，特别是在智能语音和音频市场，它一般适用于 DSP、人工智能和通用计算应用程序。因此，它本质上是通用的 8～

32 位宽整数、定点和浮点数据。它基于 RISC-V RVV-ISA 矢量可扩展的 SiFive 微体系架构，而且利用架构中内置的可伸缩性来提供矢量计算引擎可以执行的性能。实际上，SiFive 分离了标量流水线和矢量流水线，给予单独的数据路径，并初始默认配置。

如图 1-23 所示是 SiFive 智能处理器 VI2 系列内核框图。VI2 系列内核的一些性能参数，初始矢量单位默认配置是一个 128 位宽的数据路径。在 32 个寄存器架构中，每个寄存器具有 512 位矢量长度（VLEN）。实际上，用户可以通过 LMUL 将寄存器扩展到可处理长达 4 096 位的矢量。需要强调的是，因为数据路径宽度、矢量寄存器长度、数据类型和其他参数是可配置的，所以需要有一个特定的初始默认配置。建立矢量技术的前提是能够评估用户的代码运行状况，并对其进行调试和跟踪。矢量技术要能直接用于 SiFive 现有的内核 IP 调试和跟踪硬件解决方案中，才可以轻松地与第三方工具配合使用。可见的矢量寄存器和控制寄存器是解决方案的一部分，所以 SiFive 先和一些第三方供应商交流，它们已经在 Freedom Studio 工具中支持并显示出矢量寄存器和控制寄存器的格式。

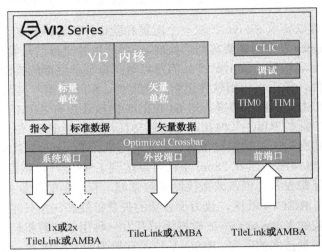

图 1-23　SiFive 智能处理器 VI2 系列内核框图

SiFive 公司开源了简洁模块化的处理器内核，之后提供商业处理器，将处理器与外设结合后流片，设计芯片配套开发板，证明了处理器的正确性。SiFive 所做的事情与 RISC-V 的生态息息相关。生态越健康，SiFive 成长得越快。RISC-V 如 Linux 操作系统一样开放，而且高效、低能耗，没有专利或许可证方面的顾虑，允许企业添加自有指令集拓展而不必开放共享，根据自己的特定需求优化内核设计等，诸多优点吸引了无数业界人士的关注。此外，矢量技术在 RISC-V 社区正在成为现实。2020 年是 RISC-V 的矢量之年，而且 SiFive 公司不仅投资硬件，还有支持 RISC-V 矢量扩展解决方案的软件，RISC-V 指令集架构的时代已经开启。

第 2 章

RISC-V 指令集架构介绍

2.1 引言

就像人类通过语言交流一样，计算机软硬件之间的交流必须使用计算机语言，这种语言被称为指令（Instruction）。计算机语言就是众多指令的集合，也称为指令集架构（ISA）。与人类世界种类繁多的语言不一样，计算机指令集架构大致可以分为两类：复杂指令集计算机和精简指令集计算机。目前，主流的指令集架构有 MIPS、ARM、Intel x86、SPARC、PowerPC 等，其中大多数都诞生于 20 世纪 70 至 80 年代。

本书所介绍的指令集架构是一种最近十年间诞生的指令集架构——RISC-V，它是在 2010 年由加州大学伯克利分校开发的。其实在 RISC-V 指令集架构之前，伯克利分校已经有了四代 RISC 指令集架构的设计经验，第一代 RISC 指令集架构早在 1981 年就已经出现了。RISC-V 汲取了这几十年来不同指令集架构发展过程中的优点，凭借着其后发优势逐渐成为一种从高性能服务器到嵌入式微控制器的通用指令集架构，也是至今为止最具革命性的开放处理器架构。2015 年，非营利性组织 RISC-V 基金会成立，为 RISC-V 的发展建立了良好的生态环境。

本章将结合 RISC-V 官方文档和笔者的使用经验，力求以一种浅显易懂的行文方式来介绍 RISC-V 指令集架构。

2.2 RISC-V 指令集架构特性

RISC-V 是一个诞生于学术界的科研项目，有着许多令人折服的先进设计理念，这些先进理念得到了众多专业人士的青睐和好评，以及众多商业公司的相继加盟。如果要用一个词来形容 RISC-V 指令集架构的所有特性，"优雅"再合适不过了（尽管很少会有人将"优雅"应用在指令集架构上）。本节就从 RISC-V 指令集架构"优雅"的两大具体表现——简洁性和模块化谈起。

⊛ 2.2.1　简洁性

简洁是一切真正优雅的要义。在芯片的设计工作中，指令集架构的简洁性有助于缩小处理器的尺寸，缩短芯片设计和验证的时间，进而降低芯片的成本。RISC-V 架构师在设计之初总结了过去的指令集架构所犯过的错误，丢掉了其他旧架构需要背负向后兼容的历史包袱，通过强调简洁性来保证它的低成本。

RISC-V 的简洁性在 ISA 手册规模上得到了充分体现。如表 2-1 所示，以页数和单词数衡量 RISC-V、ARM 和 x86 指令集 ISA 手册的大小对比。如果读者把读手册作为全职工作，每天 8 小时，每周 5 天，那么需要半个月读完 ARM 的 ISA 手册，需要整整一个月读完 x86 的 ISA 手册（基于这样的复杂程度，大概没有一个人能完全理解 ARM 或 x86）。从这个角度来说，RISC-V 的复杂程度只有 ARM 的 1/12，只有 x86 的 1/30 到 1/10。其中，ISA 手册的页数和单词数来自[Waterman and Asanovi'c 2017a]，[Waterman and Asanovi'c 2017b]，[Intel Corporation 2016]，[ARM Ltd. 2014]。

表 2-1　以页数和单词数衡量 ISA 手册大小对比

ISA	页　　数	单　词　数	阅读时间/小时	阅读时间/周
RISC-V	236	76 702	6	0.2
ARMv7	2736	895 032	79	1.9
x86	2198	2 186 259	182	4.5

注：读完需要的时间按每分钟读 200 个单词，每周读 40 小时计算。

尽管人人都说 RISC-V 是一个简单轻量级的指令集架构，但不意味着 RISC-V 在性能上做出了巨大的让步。RISC-V 指令集架构配置了足够数量（32 个）的通用寄存器，还有高效的分支跳转指令、规整的指令编码和格式、透明的指令执行速度、64 位甚至 128 位地址架构的支持（某些特性将会在后文中进一步解释）。这些特性帮助程序员和编译器形成更高效的代码，发挥出更极致的性能。总的来说，RISC-V 指令集架构从一而终贯彻了简洁的设计理念，名副其实的短小精悍。

⊛ 2.2.2　模块化

如果说简洁性已经做到了数量上的极致优雅，那么 RISC-V 指令集架构的另一大特性——模块化则诠释了如何用极为简单的方式构造出计算机世界的"优雅"。模块化的特性使 RISC-V 指令集架构相比其他成熟的商业指令集架构有了一个最大的不同，这使 RISC-V

指令集架构将不同的功能集以模块化的方式自由组织在一起，从而试图通过一套统一的指令集架构满足各种不同的应用。这一点类似于 ARM 通过 A、R 和 M 三个系列架构分别针对应用操作系统（Application）、实时（Real-Time）和嵌入式（Embedded）三个领域，但它们彼此分属于三个不同的指令集架构。模块化的特性还使指令集架构避免了传统的增量型指令集架构体量随着时间的推移越来越庞大的缺点。

    RISC-V 指令集使用模块化的方式进行组织，每一个模块使用一个英文字母来表示。RISC-V 最基本、最核心也是唯一强制要求实现的指令集部分是由 I 字母表示的基本整数指令子集（RV32I）。其他指令子集部分均为可选模块，包括 M（乘除法指令）、A（原子操作指令）、F（单精度浮点指令）、D（双精度浮点指令）、C（压缩指令）等，如表 2-2 所示。由于 RISC-V 正在不断发展和变化，这些指令集的状态可能会发生变化。

表 2-2　目前 RISC-V 各个模块的指令集状态

模　　块		版　　本	状　　态	描　　述
基础模块	RVWMO	V2.0	批准	内存一致性模型
	RV32I	V2.1	批准	基础的 32 位整数指令集
	RV64I	V2.1	批准	基础的 64 位整数指令集
	RV32E	V1.9	草案	嵌入式架构，仅有 16 个整数寄存器
	RV128E	V1.7	草案	基础的 128 位整数指令集，支持 128 位地址空间
扩展模块	M	V2.0	批准	标准扩展，支持乘法和除法指令
	A	V2.0	批准	支持原子操作指令
	F	V2.2	批准	单精度浮点指令
	D	V2.2	批准	双精度浮点指令
	Q	V2.2	批准	标准扩展，四精度浮点
	C	V2.0	批准	支持编码长度为 16 的压缩指令
	L	V0.0	草案	十进制浮点
	B	V0.0	草案	标准扩展，位操作
	J	V0.0	草案	标准扩展，动态翻译语言
	T	V0.0	草案	标准扩展，事务性内存操作
	P	V0.2	草案	标准扩展，封闭的单指令多数据（Packed-SIMD）指令
	V	V0.7	草案	标准扩展，矢量运算
	Zicsr	V2.0	批准	控制状态寄存器指令
	Zifence	V2.0	批准	指令和序列流同步指令

    RISC-V 指令集架构仅仅需要实现 RV32I 基础指令集，就能运行一个完整的软件栈支持现代操作系统环境。RV32I 包含 40 条独特的指令，并且可模拟几乎所有其他 ISA 扩展（A 扩展除外）。RV32I 是冻结并且永远不会改变的，主要是为了给编译器的编写者、操作系统

开发人员和汇编语言程序员提供稳定的目标。

在 RV32I 之外，根据应用程序的需要，可以包含或不包含其他的扩展指令集以满足不同的应用场景。例如，对于小面积、低功耗嵌入式场景，用户可以选择 RV32IC 或 RV32EC 组合的指令集，仅使用机器模式（Machine Mode）；而对于高性能应用操作系统场景，则可以选择 RV32IMFDC 指令集，使用机器模式与用户模式（User Mode）两种模式。这种模块化特性使 RISC-V 具有袖珍化、低能耗的特点，而这对于嵌入式应用来说是至关重要的。RISC-V 编译器在得知当前硬件包含哪些扩展后，便可以生成当前硬件条件下的最佳代码，不同扩展指令集之间的配合天衣无缝。

按照 RISC-V 指令集架构命名规则，惯例是把代表扩展的字母附加到指令集名称之后，作为指示。例如，RV32IMAFDC 将乘除法（RV32M）、原子操作（RV32A）、单精度浮点（RV32F）、双精度浮点（RV32D）和指令压缩（RV32C）的扩展添加到了基础指令集（RV32I）中。其中 IMAFD 被定义为通用（General Purpose）组合，以字母 G 表示，因此 RV32IMAFDC 也可以表示为 RV32GC。

上述的模块化指令子集除可扩展、可选择之外，还有一个非常重要的特性，那就是支持第三方的扩展。用户可以扩展自己的指令子集，RISC-V 预留了大量的指令编码空间，用于用户的自定义扩展。

得益于先进、优雅的设计理念与后发优势，RISC-V 指令集架构能够规避传统指令集架构的负担桎梏，成长为一套现代且受人欢迎的指令集架构。

2.3 指令长度编码和指令格式

遵循优雅的设计理念，RISC-V 指令集架构的指令编码和格式相当规整。

2.3.1 指令长度编码

基本 RISC-V 指令集的固定长度为 32 位，这些指令自然地在 32 位边界上对齐。此外，为了支持具有可变长度指令的指令集扩展，RISC-V 指令集架构定义指令的长度可以是 16 位的任意倍数，并且这些指令自然地在 16 位边界上对齐。例如，RISC-V 的标准压缩指令集扩展（C）提供压缩的 16 位长度指令，来减少代码并提高代码密度。

为了更方便地区分不同长度的指令，RISC-V 指令集架构将每条指令的低位作为指令长度编码，其中 16 位和 32 位的指令编码空间已经冻结，如图 2-1 所示。通过指令长度编码的设计，能够在指令译码过程中更快速地区分不同长度的指令（仅需要解码指令的低位就可以知道指令长度），这大大简化了流水线的设计，节省了设计所需的逻辑资源。

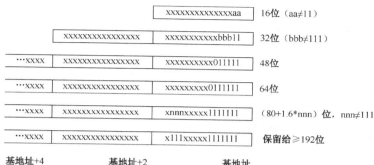

			xxxxxxxxxxxxxxaa	16位（aa≠11）
		xxxxxxxxxxxxxxxxx	xxxxxxxxxxxbbb11	32位（bbb≠111）
···xxxx	xxxxxxxxxxxxxxxxx	xxxxxxxxxx011111		48位
···xxxx	xxxxxxxxxxxxxxxxx	xxxxxxxxx0111111		64位
···xxxx	xxxxxxxxxxxxxxxxx	xnnnxxxxx1111111		（80+1.6*nnn）位，nnn≠111
···xxxx	xxxxxxxxxxxxxxxxx	x111xxxxx1111111		保留给≥192位

字节地址：基地址+4   基地址+2   基地址

图2-1　RISC-V不同长度的指令编码格式

⊙ 2.3.2　指令格式

除对指令长度进行编码之外，RISC-V的指令格式也很规整，对处理器流水线的设计十分友好。处理器流水线的设计目标之一就是希望能够在流水线中尽早且尽快地读取到指令中的通用寄存器组，从而提高处理器的性能和优化时序。这就要求规整的指令格式和相对固定的寄存器索引（Index）位置。这个看似简单的道理在很多现存的商用指令集架构中都难以实现，因为经过多年反复修改和不断添加新指令后，其指令编码中的寄存器索引位置变得非常凌乱，给译码器造成了负担。

得益于后发优势和多年来对处理器发展教训的总结，RISC-V的指令集格式非常规整，指令所需的通用寄存器的索引都被放在固定的位置，因此指令译码器可以非常便捷地译码出寄存器索引，然后读取通用寄存器组。如图2-2所示，RISC-V指令集架构仅有6种基本指令格式，分别为用于寄存器-寄存器操作的 R 类型指令、用于短立即数和访存 load 操作的 I 类型指令、用于访存操作的 S 类型指令、用于条件跳转操作的 B 类型指令、用于长立即数的 U 类型指令、用于无条件跳转的 J 类型指令。实际上，由于 B 类型的分支指令和 J 类型的跳转指令仅是在 S 类型和 U 类型的基础上将立即数字段进行了旋转，因此实际上也可以说 RISC-V指令集架构仅有 4 种基本指令格式。

31 30	25 24	21 20 19	15 14	12 11	8 7 6	0	
funct7	rs2	rs1	funct3	rd	opcode		R类型
imm[11:0]		rs1	funct3	rd	opcode		I类型
imm[11:5]	rs2	rs1	funct3	imm[4:0]	opcode		S类型
imm[12] imm[10:5]	rs2	rs1	funct3	imm[4:1] imm[11]	opcode		B类型
imm[31:12]				rd	opcode		U类型
imm[20] imm[10:1]	imm[11]	imm[19:12]		rd	opcode		J类型

图2-2　RISC-V基本指令格式

2.4 寄存器列表

在 RISC-V 指令集架构中，共有两种类型的寄存器，分别为通用寄存器和控制与状态寄存器（CSR），此外还有一个独立的程序计数器（PC）。

⊚ 2.4.1 通用寄存器

RISC-V 指令集架构的通用寄存器可以根据所支持的指令集灵活配置。通用寄存器功能描述及其应用程序二进制接口（Application Binary Interface，ABI）如表 2-3 所示。

表 2-3 通用寄存器功能描述及其应用程序二进制接口

寄 存 器	ABI 名称	描 述	在调用中是否保留
x0	zero	硬连线常数 0	—
x1	ra	返回地址	否
x2	sp	栈指针	是
x3	gp	全局指针	—
x4	tp	线程指针	—
x5	t0	临时寄存器/备用链接寄存器	否
x6 ~ 7	t1 ~ 2	临时寄存器	否
x8	s0/fp	保存寄存器/帧指针	是
x9	s1	保存寄存器	是
x10 ~ 11	a0 ~ 1	函数参数/返回值	否
x12 ~ 17	a2 ~ 7	函数参数	否
x18 ~ 27	s2 ~ 11	保存寄存器	是
x28 ~ 31	t3 ~ 6	临时寄存器	否
f0 ~ 7	ft0 ~ 7	浮点临时寄存器	否
f8 ~ 9	fs0 ~ 1	浮点保存寄存器	是
f10 ~ 11	fa0 ~ 1	浮点参数/返回值	否
f12 ~ 17	fa2 ~ 7	浮点参数	否
f18 ~ 27	fs2 ~ 11	浮点保存寄存器	是
f28 ~ 31	ft8 ~ 11	浮点临时寄存器	否

基本的通用整数寄存器共有 32 个（x0~x31），寄存器的长度可以根据指令集架构决定。32 位架构的寄存器宽度为 32bit，64 位架构的寄存器宽度为 64bit。其中，x0 寄存器较为特殊，被设置为硬连线的常数 0，因为在程序运行过程中常数 0 的使用频率非常高，因此专门用一个寄存器来存放常数 0，不仅没有浪费寄存器数量，而且使编译器工作更加简便，

这一点也是 RISC-V 指令集架构优雅性的体现。

对于资源受限的使用环境，RISC-V 定义了可选的嵌入式架构（RV32E），此时通用整数寄存器的数量缩减为 16 个（x0～x15），但是仍然拥有存放常数 0 的 x0 寄存器。由表 2-3 可以看到，32 个通用整数寄存器的 ABI 并不是连续的，这正是为了满足嵌入式架构的兼容性，在使用嵌入式架构时仅用到前 16 个寄存器。

对于支持浮点操作相关指令集（F 和 D 扩展）的架构，需要额外增加 32 个通用浮点寄存器组（f0～f31）。浮点寄存器的宽度由 FLEN 表示，如果仅支持 F 扩展指令子集，则每个通用浮点寄存器的宽度为 32 位；如果支持 D 扩展指令子集，则每个通用浮点寄存器的宽度为 64 位。浮点寄存器组中的 f0 为一个普通的通用浮点寄存器（与其他浮点寄存器相同）。

⊙ 2.4.2 控制与状态寄存器

RISC-V 指令集架构中还定义了一类特殊的寄存器，即控制与状态寄存器（CSR）。CSR 通过 Zicsr 指令集来操作，用于配置或记录处理器的运行状态。一般来说，CSR 的功能与 RISC-V 特权级别有着紧密的关联。RISC-V 指令集架构为 CSR 配备专有的 12 位地址编码空间（csr[11:0]），理论上最多支持 4 096 个 CSR。其中，高 4 位地址空间用于编码 CSR 的读写权限及不同特权级别下的访问权限。

由于 CSR 数量众多，本书仅列出一些常见的 CSR 及其功能描述，如表 2-4 所示，感兴趣的读者可以从官方的 RISC-V 特权架构文档中获取完整的 CSR 列表。

表 2-4　部分 RISC-V 指令集架构的控制与状态寄存器（CSR）

地　址	读写权限	特权级别	寄存器名称	描　述
0xF11	只读	机器模式	mvendorid	厂商 ID
0xF12	只读	机器模式	marchid	架构 ID
0xF13	只读	机器模式	mimpid	实现 ID
0xF14	只读	机器模式	mhartid	硬件线程 ID
0x300	读写	机器模式	mstatus	状态寄存器
0x301	读写	机器模式	misa	处理器所支持的标准和扩展指令集
0x304	读写	机器模式	mie	中断使能寄存器
0x305	读写	机器模式	mtvec	异常处理程序的基地址
0x306	读写	机器模式	mcounteren	机器计数器使能
0x340	读写	机器模式	mscratch	暂存器，用于异常处理程序
0x341	读写	机器模式	mepc	异常程序计数器
0x342	读写	机器模式	mcause	异常原因寄存器
0x343	读写	机器模式	mtval	异常地址或指令

续表

地 址	读写权限	特权级别	寄存器名称	描 述
0x344	读写	机器模式	mip	待处理的中断寄存器
0x34A	读写	机器模式	mtinst	机器异常指令（已转换）
0xB00	读写	机器模式	mcycle	机器周期计数器
0xB02	读写	机器模式	minstret	机器指令计数器
0x310	读写	机器模式	mstatush	状态寄存器，仅用于 RV32
0xB80	读写	机器模式	mcycleh	机器周期计数器，仅用于 RV32
0xB82	读写	机器模式	minstreth	机器指令计数器，仅用于 RV32

⊙ 2.4.3 程序计数器

在一部分处理器架构中，当前执行指令的程序计数器（PC）值被反映在某些通用寄存器中，这意味着任何改变通用寄存器的指令都有可能导致分支或跳转，因此将 PC 用一个通用寄存器来保存会使硬件分支预测变得复杂，另外也意味着可用的通用寄存器少了一个。因此在 RISC-V 指令集架构中，当前执行指令的 PC 值并没有被反映在任何通用寄存器中，而是定义了一个独立的程序计数器。程序若想读取 PC 值，可以通过某些指令（如 AUIPC 指令）间接获得。

⊶ 2.5 地址空间与寻址模式 ⊷

RISC-V 指令集架构继承了 RISC 指令集共有的特点——简单的寻址模式，当然 RISC-V 指令集架构也有其独特之处。

⊙ 2.5.1 地址空间

RISC-V 指令集架构共有 3 套独立的地址空间，分别为内存地址空间、通用寄存器地址空间和控制与状态寄存器地址空间。

内存地址空间可以分配给代码、数据，或者可以用作外设寄存器的内存地址映射（MMIO）。在实现过程中，可以选择冯·诺依曼架构下将代码和数据共同存储的形式，或者选择哈佛架构下将代码和数据独立存储的形式。这部分地址空间的大小取决于通用寄存器的宽度，对于 32 位的 RISC-V 指令集架构，内存地址空间为 2^{32}，即 4GB 空间。其他两部分地址空间已在 2.4 节详细讨论，不再赘述。

⊗ 2.5.2 小端格式

计算机内存中数据的存放按字节顺序可分为两种格式：大端格式（Big - Endian）和小端格式（Little - Endian）。小端字节顺序的数据存储模式是按内存增大的方向存储的，即低位在前、高位在后；大端字节顺序的数据存储方向恰恰相反，即高位在前、低位在后。从技术角度来看，这两种格式各有利弊，但是由于现在的主流应用是小端格式，因此 RISC-V 指令集架构仅支持小端格式，以简化硬件的实现。

⊗ 2.5.3 寻址模式

在 RISC-V 指令集架构中，对内存的访问方式只能通过读内存的 Load 指令和写内存的 Store 指令实现，其他的普通指令无法访问内存，这种指令集架构是 RISC 指令集架构常用的一个基本策略，该策略使处理器内核的硬件设计变得简单。内存访问的基本单位是字节（Byte），RISC-V 的读内存和写内存指令支持以字节（8 位）、半字（16 位）、单字（32 位）为单位的内存读写操作。如果是 64 位指令集架构，还可以支持以双字（64 位）为单位的内存读写操作。

RISC-V 支持的唯一寻址模式是符号扩展 12 位立即数到基地址寄存器，这在 x86-32 中被称为位偏移寻址模式。RISC-V 省略了复杂的寻址模式，使流水线对数据冲突可以及早地做出反应，极大地提高了代码的执行效率。多个硬件线程（Highway Addressable Remote Transducer，HART）的内存访问见 2.6 节。

2.6 内存模型

RISC-V 基金会有许多工作小组，进行了许多有趣的工作，特别是内存模型（Memory Model），因为内存模型是现代指令集架构很重要的一部分，也是大多数系统软件中比较复杂的部分。内存模型又称内存一致性模型（Memory Consistency Model），用于定义系统中对内存访问需要遵守的规则。只要软件和硬件都明确遵循内存模型定义的规则，就可以保证多核程序也能运行并得到确切的结果。

RISC-V 指令集架构实施的内存一致性模型是弱内存顺序（RISC-V Weak Memory Ordering，RVWMO）模型，该模型旨在为架构师提供灵活性，以构建高性能的可扩展设计，同时支持可扩展的编程模型。内存顺序模型是指多个 CPU 共享数据时，数据到达内存的顺序可能是随机的，甚至可能会发生不同的 CPU 相互之间看到的顺序都不一样的情况，所以就需要规定我们看到的内存生效的顺序是怎样的。无论是强内存顺序模型还是弱内存顺序模型，都有这个规定，只是规定的要求不同，符合这个规定的计算机才能称为共享内存处理（Shared Memory Processing，SMP）计算机。弱内存顺序模型把是否要求强制顺序直接交给程序员决定。换句话说，除非他们在一个 CPU 上就有依赖，否则 CPU 不去保证这个顺序模型，程序员要主动插入内存屏障指令来强化这个可见性。没有对所有 CPU 都是一样的总排序（Total Order）。

在 RVWMO 中，从同一 HART 中其他存储指令的角度来看，在单一 HART 上运行的代码似乎按顺序执行，但是来自另一个 HART 的存储指令可能会以不同顺序执行第一个 HART 的存储指令。因此，多线程代码可能需要显式同步，以确保来自不同对象的内存指令之间的顺序。RISC-V 指令集架构明确地规定了在不同 HART 之间使用 RVWMO，并相应地定义了内存屏障指令 FENCE 和 FENCE.I。建立一个内存屏障的语法是 fence rwio, rwio，用于屏障内存访问的顺序。第一个参数 rwio 说明什么动作必须发生在它之前，后一个参数 rwio 说明什么动作必须发生在它之后。所以，fence w, r 就建立了一个写读屏障，fence 之前的写指令必须发生在 fence 之后的读指令之前。fence 在前后两个程序顺序的序列上构造了一个强制的观察顺序。这样，顺序这个问题，就全部交给程序员自己控制了。它的高度灵活性让硬件实现起来效率更高。

另外，RISC-V 指令集架构定义了可选但非必需的内存原子操作指令（A 扩展指令子集），可进一步支持 RVWMO。

2.7 特权模式

RISC-V 指令集架构定义了 3 种工作模式，也称特权模式（Privileged Mode），分别为机器模式（Machine Mode）、监督模式（Supervisor Mode）和用户模式（User Mode），如表 2-5 所示。其中，机器模式的特权层级最高，用户模式的最低。RISC-V 的硬件线程 HART 总是以某种特权模式运行，该特权模式被编码为一个或多个 CSR 中的一种。特权模式用于在软件堆栈的不同组件之间提供保护，并且尝试执行当前特权模式所不允许的操作将引发异常。

表 2-5　RISC-V 的 3 种特权模式

等　级	编　码	名　　称	缩　写
0	00	用户/应用模式	U
1	01	监督模式	S
2	10	保留	—
3	11	机器模式	M

RISC-V 指令集架构定义机器模式为必选模式，另外两种为可选模式。通过不同的模式组合可以实现不同的系统，如表 2-6 所示。

表 2-6　RISC-V 不同特权模式组合的典型应用场景

等　级	支　持　模　式	面向的使用场景
1	M	简单的嵌入式系统
2	M、U	支持安全架构的嵌入式系统
3	M、S、U	运行类 UNIX 操作系统的系统

等级 1 仅支持机器模式的系统，通常为简单的嵌入式系统。

等级 2 支持机器模式与用户模式的系统，此类系统可以实现用户模式和机器模式的区分，从而实现资源保护。

等级 3 支持机器模式、监督模式与用户模式的系统，此类系统可以实现类似 UNIX 的操作系统。

2.8　中断和异常

中断和异常虽说本身不是一种指令，却是处理器指令集架构中非常重要的一环。2.7 节阐述了 RISC-V 指令集架构不同的特权模式，即机器模式、用户模式和监督模式。它们均会产生异常，并且有的模式也可以响应中断。本节主要介绍 RISC-V 指令集架构最基本的机器模式下的中断和异常机制。想要进一步了解其他特权模式下中断和异常处理的读者可以查阅 RISC-V 官方特权规范文档。

➤ 2.8.1　中断和异常概述

从本质上讲，中断和异常对于处理器而言基本上是一个概念。发生中断和异常时，处理器将暂停当前正在执行的程序，转而执行中断和异常处理程序。返回时，处理器恢复执行之前被暂停的程序。异常与中断的最大区别在于，中断往往是由外因引起的，而异常是由处理器内部事件或程序执行中的事件引起的（如本身硬件故障、程序故障），或者执行特殊的系统服务指令而引起的，简而言之是一种内因。

➤ 2.8.2　RISC-V 机器模式下的中断架构

RISC-V 外部架构定义的中断分为 4 种：外部中断（External Interrupt）、计时器中断（Timer Interrupt）、软件中断（Software Interrupt）和调试中断（Debug Interrupt）。

外部中断是来自处理器核外部的中断，如 UART、SPI、GPIO 等外设产生的中断。RISC-V 指令集架构定义了一个平台级别中断控制器（Platform-Level Interrupt Controller，PLIC），用于对多个外部中断信号进行仲裁和派发，如图 2-3 所示。

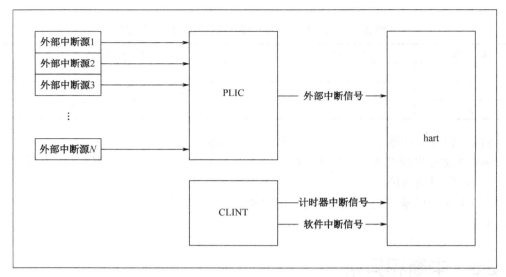

图 2-3　RISC-V中断架构

计时器中断和软件中断分别来自计时器和软件产生的中断。通过对 mtime 和 mtimecmp 寄存器进行操作，可以设置计时器并产生相应的中断；而用软件对 CSR 寄存器 msip 进行相关操作可以产生软件中断。RISC-V 指令集架构定义了一个处理器核局部中断控制器（Core-Local Interrupt Controller，CLINT）来实现计时器中断和软件中断功能，如图 2-3 所示。由于调试中断是一类特殊的中断，与 RISC-V 调试器实现有关，在此不进行深入探讨。

外部中断、计时器中断和软件中断的等待信号都会反映在 CSR 寄存器 mip 相应域中，同时也可以通过对 CSR 寄存器 mie 进行配置屏蔽相应类型的中断。

至于中断的优先级，外部中断拥有最高的优先级，软件中断其次，计时器中断最低。而多个外部中断源的优先级和仲裁可通过配置 PLIC 的寄存器进行管理。

⊛ 2.8.3　机器模式下中断和异常的处理过程

RISC-V 中断和异常的处理过程较为相似，本节将两者放在一起阐述。RISC-V 中断处理需要提前开启 CSR 寄存器 mstatus 的全局中断使能 MIE 位，和 CSR 寄存器 mie 中相应的中断使能。

1. 进入异常/中断

（1）停止当前的指令流，判断当前异常行为的原因和类别（是异常还是中断），这些信息在 CSR 寄存器 mcause 中。

（2）确定异常情况发生的地址。RISC-V指令集架构定义了CSR寄存器mpec（机器模式异常程序计数器）来存放异常情况发生时的PC值，对于异常来说mpec=PC；而对于中断来说mpec=PC+1。

（3）确定异常情况的相关参数，这些参数被保存在CSR寄存器mtval中。

（4）跳转PC值至异常/中断处理程序，异常/中断处理程序的地址存放于CSR寄存器的mtvec中。在进行异常情况处理时，更新mstatus寄存器。

2. 退出异常/中断

当完成异常情况的所有处理操作后，需要调用机器模式返回指令（MRET）返回主程序，指令流会从之前保存在mpec寄存器中的地址继续执行，并更新mstatus寄存器。

2.9 调试规范

当设计从仿真过渡到硬件实现时，用户对系统当前状态的控制和了解会急剧下降，因此为了帮助启动和调试底层软件和硬件，在硬件中内置良好的调试机制支持至关重要。本节简要介绍了RISC-V指令集架构上用于外部调试支持的标准体系规范，该规范是对RISC-V广泛实现的补充。同时，此规范定义了通用接口，以允许调试工具和组件针对基于RISC-V指令集架构的各种平台。

专用外部调试支持的硬件模块既可以在CPU内核内部实现，也可以在外部连接中实现。外部调试支持通常有以下4种使用场景。

（1）在没有OS或其他软件的情况下调试底层软件。

（2）操作系统本身的调试问题。

（3）在系统中没有任何可执行代码路径之前，引导系统测试、配置和编程组件。

（4）访问没有工作CPU的系统上的硬件。

如图2-4所示为RISC-V外部调试支持标准规范的主要组件，其中虚线所示的模块是可选的。一般的调试过程如下：用户与一台运行调试软件（如OpenOCD）和调试工具（如GDB）的主机进行交互，其调试信息通过调试传输硬件（如JTAG）连接到被调试的RISC-V平台的调试传输模块（Debug Transport Module，DTM），DTM使用调试模块接口（Debug Module Interface，DMI）提供对一个或多个调试模块（Debug Module，DM）的访问，每一个DM中包含一个硬件线程HART的所有调试操作。

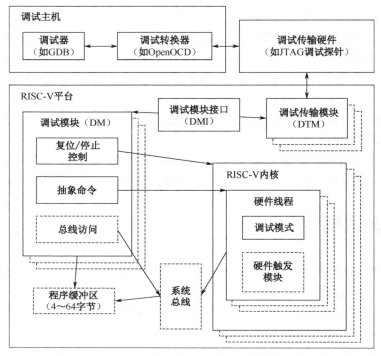

图2-4 RISC-V外部调试支持标准规范的主要组件

2.10 RISC-V未来的扩展子集

⊙ 2.10.1 B标准扩展：位操作

B标准扩展提供位操作，包括插入（insert）、提取（extract）和测试位字段（test bit fields），旋转（rotations），漏斗位移（funnel shifts），位置换和字节置换（bit and byte permutations），计算前导0和尾随0（count leading and trailing zeros）及计算置位数（count bits set）等。

⊙ 2.10.2 H特权架构扩展：支持管理程序（Hypervisor）

H特权架构扩展加入了管理程序模式和基于内存页的二级地址翻译机制，提高了在同一台计算机上运行多个操作系统的效率。

⊙ 2.10.3 J标准扩展：动态翻译语言

J表示即时（Just-In-Time）编译。有许多常用的语言使用了动态翻译，如Java和Java

Script。这些语言的动态检查和垃圾回收可以得到 ISA 的支持。

➲ 2.10.4　L 标准扩展：十进制浮点

L 标准扩展的目的是支持 IEEE754-2008 标准规定的十进制浮点算术运算。二进制数的问题在于无法表示出一些常用的十进制小数，如 0.1。RV32L 使计算基数可以和输入/输出的基数相同。

➲ 2.10.5　N 标准扩展：用户态中断

N 标准扩展允许用户态程序发生中断和例外后，直接进入用户态的处理程序，不触发外层运行环境响应。用户态中断主要用于支持存在 M 模式和 U 模式的安全嵌入式系统。它也能支持类 UNIX 操作系统中的用户态中断。

➲ 2.10.6　P 标准扩展：封装的单指令多数据（Packed-SIMD）指令

P 标准扩展细分了现有的寄存器架构，提供更小数据类型上的并行计算。封装的单指令多数据指令代表一种合理复用现有宽数据通路的设计。

➲ 2.10.7　Q 标准扩展：四精度浮点

Q 标准扩展增加了符合 IEEE754-2008 标准的 128 位的四精度浮点指令。扩展后的浮点寄存器可以存储一个单精度、双精度或四精度的浮点数。

➲ 2.10.8　V 标准扩展：基本矢量扩展

矢量架构可以灵活地设计数据并行硬件而不会影响程序员，程序员可以不用重写代码就享受到矢量带来的好处。此外，矢量架构比 SIMD 架构拥有更少的指令数量。而且，与 SIMD 不同，矢量架构有着完善的编译器技术。基本矢量扩展旨在充当各种领域（如密码学和机器学习）中其他矢量扩展的基础。

2.11　RISC-V 指令列表

本节简要列出了 RV32GC/RV64GC 所涉及的常用指令，供读者查阅。更多指令及详解请阅读官方文档。

⊙ 2.11.1　I指令子集

add　rd, rs1, rs2   RV32I and RV64I

x[rs2]加上 x[rs1]，结果写入 x[rd]，忽略算术溢出。

sub　rd, rs1, rs2   RV32I and RV64I

x[rs1]减去 x[rs2]，结果写入 x[rd]，忽略算术溢出。

slt　rd, rs1, rs2   RV32I and RV64I

比较 x[rs1]和 x[rs2]，如果 x[rs1]小，向 x[rd]写入 1，否则写入 0。

sltu　rd, rs1, rs2   RV32I and RV64I

比较 x[rs1]和 x[rs2]，比较时视为无符号数。如果 x[rs1]更小，向 x[rd]写入 1，否则
写入 0。

and　rd, rs1, rs2   RV32I and RV64I

x[rs1]和 x[rs2]位与的结果写入 x[rd]。

or　rd, rs1, rs2   RV32I and RV64I

x[rs1]和 x[rs2]按位取或，结果写入 x[rd]。

xor　rd, rs1, rs2   RV32I and RV64I

x[rs1]和 x[rs2]按位异或，结果写入 x[rd]。

sll　rd, rs1, rs2   RV32I and RV64I

把 x[rs1]左移 x[rs2]位，空位填入 0，结果写入 x[rd]。x[rs2]的低 5 位（RV64I 则是
低 6 位）代表移动位数，其高位则被忽略。

srl　rd, rs1, rs2   RV32I and RV64I

x[rs1]右移 x[rs2]位，空位填入 0，结果写入 x[rd]。x[rs2]的低 5 位（RV64I 则是低 6
位）代表移动位数，其高位则被忽略。

ra　rd, rs1, rs2   RV32I and RV64I

x[rs1]右移 x[rs2]位，空位用 x[rs1]的最高位填充，结果写入 x[rd]。x[rs2]的低 5 位
（RV64I 则是低 6 位）代表移动位数，高位则被忽略。

addi　rd, rs1, immediate   RV32I and RV64I

把有符号扩展的立即数 immediate 加到 x[rs1]上，结果写入 x[rd]，忽略算术溢出。

slti　rd, rs1, immediate   RV32I and RV64I

比较 x[rs1]和有符号扩展的立即数 immediate，如果 x[rs1]更小，向 x[rd]写入 1，否
则写入 0。

sltiu rd, rs1, immediate   RV32I and RV64I

比较 x[rs1]和有符号扩展的立即数 immediate，视为无符号数。如果 x[rs1]更小，向 x[rd]写入 1，否则写入 0。

andi rd, rs1, immediate   RV32I and RV64I

把有符号扩展的立即数 immediate 和寄存器 x[rs1]上的值进行位与，结果写入 x[rd]。

ori rd, rs1, immediate   RV32I and RV64I

把寄存器 x[rs1]和有符号扩展的立即数 immediate 按位取或，结果写入 x[rd]。

xori rd, rs1, immediate   RV32I and RV64I

把 x[rs1]和有符号扩展的立即数 immediate 按位异或，结果写入 x[rd]。

slli rd, rs1, shamt   RV32I and RV64I

把 x[rs1]左移 shamt 位，空位填入 0，结果写入 x[rd]。对于 RV32I，仅当 shamt[5]=0 时指令有效。

srli rd, rs1, shamt   RV32I and RV64I

把 x[rs1]右移 shamt 位，空位填入 0，结果写入 x[rd]。对于 RV32I，仅当 shamt[5]=0 时指令有效。

srai rd, rs1, shamt   RV32I and RV64I

把 x[rs1]右移 shamt 位，空位用 x[rs1]的最高位填充，结果写入 x[rd]。对于 RV32I，仅当 shamt[5]=0 时指令有效。

lb rd, offset(rs1)   RV32I and RV64I

从地址 x[rs1] + sign-extend(offset)读取 1 字节，经符号位扩展后写入 x[rd]。

lbu rd, offset(rs1)   RV32I and RV64I

从地址 x[rs1] + sign-extend(offset)读取 1 字节，经零扩展后写入 x[rd]。

lh rd, offset(rs1)   RV32I and RV64I

从地址 x[rs1] + sign-extend(offset)读取 2 字节，经符号位扩展后写入 x[rd]。

lhu rd, offset(rs1)   RV32I and RV64I

从地址 x[rs1] + sign-extend(offset)读取 2 字节，经零扩展后写入 x[rd]。

lw rd, offset(rs1)   RV32I and RV64I

从地址 x[rs1] + sign-extend(offset)读取 4 字节，写入 x[rd]。对于 RV64I，结果要进行符号位扩展。

sb rs2, offset(rs1)   RV32I and RV64I

将 x[rs2]的低位字节存入内存地址 x[rs1]+sign-extend(offset)。

sh rs2, offset(rs1)   RV32I and RV64I

将 x[rs2]的低位 2 字节存入内存地址 x[rs1]+sign-extend(offset)。

sw rs2, offset(rs1)   RV32I and RV64I

将 x[rs2]的低位 4 字节存入内存地址 x[rs1]+sign-extend(offset)。

beq rs1, rs2, offset   RV32I and RV64I

若 x[rs1]和 x[rs2]的值相等，把 pc 的值设为当前值加上符号位扩展的偏移 offset。

bge rs1, rs2, offset   RV32I and RV64I

若 x[rs1]的值大于等于 x[rs2]的值（均视为二进制补码），把 pc 的值设为当前值加上符号位扩展的偏移 offset。

bgeu rs1, rs2, offset   RV32I and RV64I

若 x[rs1]的值大于等于 x[rs2]的值（均视为无符号数），把 pc 的值设为当前值加上符号位扩展的偏移 offset。

blt rs1, rs2, offset   RV32I and RV64I

若 x[rs1]的值小于 x[rs2]的值（均视为二进制补码），把 pc 的值设为当前值加上符号位扩展的偏移 offset。

bltu rs1, rs2, offset   RV32I and RV64I

若 x[rs1]的值小于 x[rs2]的值（均视为无符号数），把 pc 的值设为当前值加上符号位扩展的偏移 offset。

bne rs1, rs2, offset   RV32I and RV64I

若 x[rs1]和 x[rs2]的值不相等，把 pc 的值设为当前值加上符号位扩展的偏移 offset。

jal rd, offset   RV32I and RV64I

把下一条指令的地址 pc+4，然后把 pc 设置为当前值加上符号位扩展的 offset。rd 默认为 x1。

jalr rd, offset(rs1)   RV32I and RV64I

把 pc 设置为 x[rs1] + sign-extend(offset)，把计算出的地址的最低有效位设为 0，并将原 pc+4 的值写入 f[rd]。rd 默认为 x1。

lui rd, immediate   RV32I and RV64I

将符号位扩展的 20 位立即数 immediate 左移 12 位，并将低 12 位置零，写入 x[rd]中。

auipc rd, immediate   RV32I and RV64I

把符号位扩展的 20 位（左移 12 位）立即数 immediate 加到 pc 上，结果写入 x[rd]。

csrrc rd, csr, rs1   RV32I and RV64I

记控制状态寄存器 csr 中的值为 t。把 t 和寄存器 x[rs1]按位与的结果写入 csr，再把 t 写入 x[rd]。

csrrci `rd, csr, zimm[4:0]`   RV32I and RV64I

记控制状态寄存器 csr 中的值为 t。把 t 和 5 位的零扩展的立即数 zimm 按位与的结果写入 csr，再把 t 写入 x[rd]（csr 寄存器的第 5 位及更高位不变）。

csrrs `rd, csr, rs1`   RV32I and RV64I

记控制状态寄存器 csr 中的值为 t。把 t 和寄存器 x[rs1]按位或的结果写入 csr，再把 t 写入 x[rd]。

csrrci `rd, csr, zimm[4:0]`   RV32I and RV64I

记控制状态寄存器 csr 中的值为 t。把 t 和 5 位的零扩展的立即数 zimm 按位或的结果写入 csr，再把 t 写入 x[rd]（csr 寄存器的第 5 位及更高位不变）。

csrrw `rd, csr, zimm[4:0]`   RV32I and RV64I

记控制状态寄存器 csr 中的值为 t。把寄存器 x[rs1]的值写入 csr，再把 t 写入 x[rd]。

csrrwi `rd, csr, zimm[4:0]`   RV32I and RV64I

把控制状态寄存器 csr 中的值复制到 x[rd]中，再把 5 位的零扩展的立即数 zimm 的值写入 csr。

ebreak   RV32I and RV64I

通过抛出断点异常的方式请求调试器。

ecall   RV32I and RV64I

通过引发环境调用异常来请求执行环境。

fence `pred, succ`   RV32I and RV64I

在后续指令中的内存和 I/O 访问对外部（如其他线程）可见之前，使这条指令之前的内存及 I/O 访问对外部可见。比特中的第 3、2、1 和 0 位分别对应于设备输入、设备输出、内存读/写。例如，fence r, rw，将前面读取与后面的读取和写入排序，使用 pred = 0010 和 succ = 0011 进行编码。如果省略了参数，则表示为 fence iorw, iorw，即对所有访问请求进行排序。

fence.i   RV32I and RV64I

使对内存指令区域的读写，对后续取指令可见。

mret   RV32I and RV64I

从机器模式异常处理程序返回。将 pc 设置为 CSRs[mepc]，将特权级设置成 CSRs[mstatus].MPP，CSRs[mstatus].MIE 设置成 CSRs[mstatus].MPIE，并且将 CSRs[mstatus].MPIE 设置为 1；如果支持用户模式，则将 CSR[mstatus].MPP 设置为 0。

sret   RV32I and RV64I

管理员模式例外返回(Supervisor-mode Exception Return). R-type, RV32I and RV64I 特权指令。从管理员模式的例外处理程序中返回，设置 pc 为 CSRs[spec]，权限模式为 CSRs[sstatus].SPP，CSRs[sstatus].SIE 为 CSRs[sstatus].SPIE，CSRs[sstatus].SPIE 为 1，CSRs[sstatus].spp 为 0。

wfi   RV32I and RV64I

如果没有待处理的中断，则使处理器处于空闲状态。

addw rd, rs1, rs2   RV64I

把 x[rs2]加到 x[rs1]上，将结果截断为 32 位，把符号位扩展的结果写入 x[rd]。忽略算术溢出。

addiw rd, rs1, immediate   RV64I

把符号位扩展的立即数 immediate 加到 x[rs1]，将结果截断为 32 位，把符号位扩展的结果写入 x[rd]。忽略算术溢出。

subw rd, rs1, rs2   RV64I

x[rs1]减去 x[rs2]，结果截为 32 位，进行有符号扩展后写入 x[rd]。忽略算术溢出。

slliw rd, rs1, shamt   RV64I

把 x[rs1]左移 shamt 位，空出的位置填入 0，将结果截断为 32 位，进行有符号扩展后写入 x[rd]。仅当 shamt[5]=0 时，指令才有效。

sllw rd, rs1, rs2   RV64I

把 x[rs1]的低 32 位左移 x[rs2]位，空出的位置填入 0，结果进行有符号扩展后写入 x[rd]。x[rs2]的低 5 位代表移动位数，其高位则被忽略。

srliw rd, rs1, shamt   RV64I

把 x[rs1]右移 shamt 位，空出的位置填入 0，将结果截断为 32 位，进行有符号扩展后写入 x[rd]。仅当 shamt[5]=0 时，指令才有效。

srlw rd, rs1, rs2   RV64I

把 x[rs1]的低 32 位右移 x[rs2]位，空出的位置填入 0，结果进行有符号扩展后写入 x[rd]。x[rs2]的低 5 位代表移动位数，其高位则被忽略。

sraiw rd, rs1, shamt   RV64I

把 x[rs1]的低 32 位右移 shamt 位，空位用 x[rs1][31]填充，结果进行有符号扩展后写入 x[rd]。仅当 shamt[5]=0 时，指令有效。

sraw rd, rs1, rs2   RV64I

把 x[rs1]的低 32 位右移 x[rs2]位，空位用 x[rs1][31]填充，结果进行有符号扩展后写入 x[rd]。x[rs2]的低 5 位为移动位数，其高位则被忽略。

lwu   rd, offset(rs1)　　　　　　　　　　　　　　　　　　RV64I

从地址 x[rs1] + sign-extend(offset)读取 4 字节，零扩展后写入 x[rd]。

ld   rd, offset(rs1)　　　　　　　　　　　　　　　　　　RV64I

从地址 x[rs1] + sign-extend(offset)读取 8 字节，写入 x[rd]。

sd   rs2, offset(rs1)　　　　　　　　　　　　　　　　　　RV64I

将 x[rs2]中的 8 字节存入内存地址 x[rs1]+sign-extend(offset)。

⊙ 2.11.2　M 指令子集

mul   rd, rs1, rs2　　　　　　　　　　　　　　　　RV32M and RV64M

把 x[rs2]乘到 x[rs1]上，乘积写入 x[rd]。忽略算术溢出。

mulh   rd, rs1, rs2　　　　　　　　　　　　　　　　RV32M and RV64M

把 x[rs2]乘到 x[rs1]上，都视为 2 的补码，将乘积的高位写入 x[rd]。

mulhsu   rd, rs1, rs2　　　　　　　　　　　　　　　RV32M and RV64M

把 x[rs2]乘到 x[rs1]上，x[rs1]为 2 的补码，x[rs2]为无符号数，将乘积的高位写入 x[rd]。

mulhu   rd, rs1, rs2　　　　　　　　　　　　　　　RV32M and RV64M

把 x[rs2]乘到 x[rs1]上，x[rs1]、x[rs2]均为无符号数，将乘积的高位写入 x[rd]。

div   rd, rs1, rs2　　　　　　　　　　　　　　　　RV32M and RV64M

用 x[rs1]的值除以 x[rs2]的值，向零舍入，将这些数视为二进制补码，把商写入 x[rd]。

divu   rd, rs1, rs2　　　　　　　　　　　　　　　RV32M and RV64M

用 x[rs1]的值除以 x[rs2]的值，向零舍入，将这些数视为无符号数，把商写入 x[rd]。

rem   rd, rs1, rs2　　　　　　　　　　　　　　　　RV32M and RV64M

x[rs1]除以 x[rs2]，向零舍入，都视为 2 的补码，余数写入 x[rd]。

remu   rd, rs1, rs2　　　　　　　　　　　　　　　RV32M and RV64M

x[rs1]除以 x[rs2]，向零舍入，都视为无符号数，余数写入 x[rd]。

mulw   rd, rs1, rs2　　　　　　　　　　　　　　　　　　RV64M

把 x[rs2]乘到 x[rs1]上，乘积截断为 32 位，进行有符号扩展后写入 x[rd]。忽略算术溢出。

divw   rd, rs1, rs2　　　　　　　　　　　　　　　　　　RV64M

用 x[rs1]的低 32 位除以 x[rs2]的低 32 位，向零舍入，将这些数视为二进制补码，把经符号位扩展的 32 位商写入 x[rd]。

divuw   rd, rs1, rs2　　　　　　　　　　　　　　　　　　RV64M

用 x[rs1]的低 32 位除以 x[rs2]的低 32 位，向零舍入，将这些数视为无符号数，把经符号位扩展的 32 位商写入 x[rd]。

remw rd, rs1, rs2   RV64M

x[rs1]的低 32 位除以 x[rs2]的低 32 位，向零舍入，都视为 2 的补码，将余数的有符号扩展写入 x[rd]。

remuw rd, rs1, rs2   RV64M

x[rs1]的低 32 位除以 x[rs2]的低 32 位，向零舍入，都视为无符号数，将余数的有符号扩展写入 x[rd]。

⊙ 2.11.3 A 指令子集

amoswap.w rd, rs2, (rs1)   RV32A and RV64A

进行如下的原子操作：将内存中地址为 x[rs1]中的字记为 t，把这个字变为 x[rs2]的值，把 x[rd]设为符号位扩展的 t。

amoadd.w rd, rs2, (rs1)   RV32A and RV64A

进行如下的原子操作：将内存中地址为 x[rs1]中的字记为 t，把这个字变为 t+x[rs2]，把 x[rd]设为符号位扩展的 t。

amoand.w rd, rs2, (rs1)   RV32A and RV64A

进行如下的原子操作：将内存中地址为 x[rs1]中的字记为 t，把这个字变为 t 和 x[rs2]位与的结果，把 x[rd]设为符号位扩展的 t。

amoor.w rd, rs2, (rs1)   RV32A and RV64A

进行如下的原子操作：将内存中地址为 x[rs1]中的字记为 t，把这个字变为 t 和 x[rs2]位或的结果，把 x[rd]设为符号位扩展的 t。

amoxor.w rd, rs2, (rs1)   RV32A and RV64A

进行如下的原子操作：将内存中地址为 x[rs1]中的字记为 t，把这个字变为 t 和 x[rs2]按位异或的结果，把 x[rd]设为符号位扩展的 t。

amomax.w rd, rs2, (rs1)   RV32A and RV64A

进行如下的原子操作：将内存中地址为 x[rs1]中的字记为 t，把这个字变为 t 和 x[rs2]中较大的一个（用二进制补码比较），把 x[rd]设为符号位扩展的 t。

amomaxu.w rd, rs2, (rs1)   RV32A and RV64A

进行如下的原子操作：将内存中地址为 x[rs1]中的字记为 t，把这个字变为 t 和 x[rs2]中较大的一个（用无符号比较），把 x[rd]设为符号位扩展的 t。

amomin.w rd, rs2, (rs1)   RV32A and RV64A

进行如下的原子操作：将内存中地址为 x[rs1]中的字记为 t，把这个字变为 t 和 x[rs2]中较小的一个（用二进制补码比较），把 x[rd]设为符号位扩展的 t。

amominu.w rd, rs2, (rs1)   RV32A and RV64A

进行如下的原子操作：将内存中地址为 x[rs1]中的字记为 t，把这个字变为 t 和 x[rs2]
中较小的一个（用无符号比较），把 x[rd]设为符号位扩展的 t。

lr.w rd, (rs1)   RV32A and RV64A

从内存中地址为 x[rs1]中加载 4 字节，符号位扩展后写入 x[rd]，并对这个内存字注
册保留。

sc.w rd, rs2, (rs1)   RV32A and RV64A

内存地址 x[rs1]上存在加载保留，将 x[rs2]中的 4 字节数存入该地址。如果存入成功，
向 x[rd]中存入 0，否则存入一个非 0 的错误码。

amoswap.d rd, rs2, (rs1)   RV64A

进行如下的原子操作：将内存中地址为 x[rs1]中的双字记为 t，把这个双字变为 x[rs2]
的值，把 x[rd]设为 t。

amoadd.d rd, rs2, (rs1)   RV64A

进行如下的原子操作：将内存中地址为 x[rs1]中的双字记为 t，把这个双字变为
t+x[rs2]，把 x[rd]设为 t。

amoand.d rd, rs2, (rs1)   RV64A

进行如下的原子操作：将内存中地址为 x[rs1]中的双字记为 t，把这个双字变为 t 和
x[rs2]位与的结果，把 x[rd]设为 t。

amoor.d rd, rs2, (rs1)   RV64A

进行如下的原子操作：将内存中地址为 x[rs1]中的双字记为 t，把这个双字变为 t 和
x[rs2]位或的结果，把 x[rd]设为 t。

amoxor.d rd, rs2, (rs1)   RV64A

进行如下的原子操作：将内存中地址为 x[rs1]中的双字记为 t，把这个双字变为 t 和
x[rs2]按位异或的结果，把 x[rd]设为 t。

amomax.d rd, rs2, (rs1)   RV64A

进行如下的原子操作：将内存中地址为 x[rs1]中的双字记为 t，把这个双字变为 t 和
x[rs2]中较大的一个（用二进制补码比较），把 x[rd]设为 t。

amomaxu.d rd, rs2, (rs1)   RV64A

进行如下的原子操作：将内存中地址为 x[rs1]中的双字记为 t，把这个双字变为 t 和
x[rs2]中较大的一个（用无符号比较），把 x[rd]设为 t。

amomin.d rd, rs2, (rs1)   RV64A

进行如下的原子操作：将内存中地址为 x[rs1]中的双字记为 t，把这个双字变为 t 和 x[rs2]中较小的一个（用二进制补码比较），把 x[rd]设为 t。

amominu.d rd, rs2,(rs1)   RV64A

进行如下的原子操作：将内存中地址为 x[rs1]中的双字记为 t，把这个双字变为 t 和 x[rs2]中较小的一个（用无符号比较），把 x[rd]设为 t。

lr.d rd, (rs1)   RV64A

从内存中地址为 x[rs1]中加载 8 字节，写入 x[rd]，并对这个内存双字注册保留。

sc.d rd, rs2, (rs1)   RV64A

如果内存地址 x[rs1]上存在加载保留，将 x[rs2]中的 8 字节数存入该地址。如果存入成功，向 x[rd]中存入 0，否则存入一个非 0 的错误码。

⊘ 2.11.4 F 指令子集

fadd.s rd, rs1, rs2   RV32F and RV64F

把 f[rs1]和 f[rs2]中的单精度浮点数相加，并将舍入后的和写入 f[rd]。

fsub.s rd, rs1, rs2   RV32F and RV64F

把 f[rs1]和 f[rs2]中的单精度浮点数相减，并将舍入后的差写入 f[rd]。

fmul.s rd, rs1, rs2   RV32F and RV64F

把 f[rs1]和 f[rs2]中的单精度浮点数相乘，将舍入后的单精度结果写入 f[rd]。

fdiv.s rd, rs1, rs2   RV32F and RV64F

把 f[rs1]和 f[rs2]中的单精度浮点数相除，并将舍入后的商写入 f[rd]。

fsqrt.s rd, rs1, rs2   RV32F and RV64F

将 f[rs1]中的单精度浮点数的平方根舍入和写入 f[rd]。

fmax.s rd, rs1, rs2   RV32F and RV64F

把 f[rs1]和 f[rs2]中的单精度浮点数中的较大值写入 f[rd]。

fmin.s rd, rs1, rs2   RV32F and RV64F

把 f[rs1]和 f[rs2]中的单精度浮点数中的较小值写入 f[rd]。

feq.s rd, rs1, rs2   RV32F and RV64F

若 f[rs1]和 f[rs2]中的单精度浮点数相等，则在 x[rd]中写入 1，反之写入 0。

fle.s rd, rs1, rs2   RV32F and RV64F

若 f[rs1]中的单精度浮点数小于等于 f[rs2]中的单精度浮点数，则在 x[rd]中写入 1，反之写入 0。

flw rd, offset(rs1)   RV32F and RV64F

从内存地址 x[rs1] + sign-extend(offset)中取单精度浮点数，并写入 f[rd]。

fsw rs2, offset(rs1)   RV32F and RV64F

将 f[rs2]中的单精度浮点数存入内存地址 x[rs1] + sign-extend(offset)中。

fclass.s rd, rs1, rs2   RV32F and RV64F

把一个表示 f[rs1]中单精度浮点数类别的掩码写入 x[rd]。

⊙ 2.11.5 D 指令子集

fadd.d rd, rs1, rs2   RV32D and RV64D

把 f[rs1]和 f[rs2]中的双精度浮点数相加，并将舍入后的和写入 f[rd]。

fsub.d rd, rs1, rs2   RV32D and RV64D

把 f[rs1]和 f[rs2]中的双精度浮点数相减，并将舍入后的差写入 f[rd]。

fmul.d rd, rs1, rs2   RV32D and RV64D

把 f[rs1]和 f[rs2]中的双精度浮点数相乘，将舍入后的双精度结果写入 f[rd]。

fdiv.d rd, rs1, rs2   RV32D and RV64D

把 f[rs1]和 f[rs2]中的双精度浮点数相除，并将舍入后的商写入 f[rd]。

fsqrt.d rd, rs1, rs2   RV32D and RV64D

将 f[rs1]中的双精度浮点数的平方根舍入和写入 f[rd]。

fmax.d rd, rs1, rs2   RV32D and RV64D

把 f[rs1]和 f[rs2]中的双精度浮点数中的较大值写入 f[rd]。

fmin.d rd, rs1, rs2   RV32D and RV64D

把 f[rs1]和 f[rs2]中的双精度浮点数中的较小值写入 f[rd]。

feq.d rd, rs1, rs2   RV32D and RV64D

若 f[rs1]和 f[rs2]中的双精度浮点数相等，则在 x[rd]中写入 1，反之写入 0。

fle.d rd, rs1, rs2   RV32D and RV64D

若 f[rs1]中的双精度浮点数小于等于 f[rs2]中的双精度浮点数，则在 x[rd]中写入 1，反之写入 0。

fld rd, offset(rs1)   RV32D and RV64D

从内存地址 x[rs1] + sign-extend(offset)中取双精度浮点数，并写入 f[rd]。

fsd rs2, offset(rs1)   RV32D and RV64D

将 f[rs2]中的双精度浮点数存入内存地址 x[rs1] + sign-extend(offset)中。

fclass.d rd, rs1, rs2   RV32D and RV64D

把一个表示 f[rs1]中双精度浮点数类别的掩码写入 x[rd]。

⊙ 2.11.6 C 指令子集

c.lui　rd, imm	RV32IC and RV64IC
扩展形式为 **lui** rd, imm. 当 rd=x2 或 imm=0 时非法。	

c.li　rd, imm	RV32IC and RV64IC
扩展形式为 **addi** rd, x0, imm.	

c.add　rd, rs2	RV32IC and RV64IC
扩展形式为 **add** rd, rd, rs2. 当 rd=x0 或 rs2=x0 时非法。	

c.addi　rd, imm	RV32IC and RV64IC
扩展形式为 **addi** rd, rd, imm.	

c.sub　rd′, rs2′	RV32IC and RV64IC
扩展形式为 **sub** rd, rd, rs2. 其中 rd=8+rd′, rs2=8+rs2′.	

c.and　rd′, rs2′	RV32IC and RV64IC
扩展形式为 **and** rd, rd, rs2. 其中 rd=8+rd′, rs2=8+rs2′.	

c.andi　rd′, imm	RV32IC and RV64IC
扩展形式为 **andi** rd, rd, imm, 其中 rd=8+rd′.	

c.or　rd′, rs2′	RV32IC and RV64IC
扩展形式为 **or** rd, rd, rs2. 其中 rd=8+rd′, rs2=8+rs2′.	

c.xor　rd′, rs2′	RV32IC and RV64IC
扩展形式为 **xor** rd, rd, rs2. 其中 rd=8+rd′, rs2=8+rs2′.	

c.slli　rd, uimm	RV32IC and RV64IC
扩展形式为 **slli** rd, rd, uimm.	

c.srai　rd′, uimm	RV32IC and RV64IC
扩展形式为 **srai** rd, rd, uimm. 其中 rd=8+rd′.	

c.srli　rd′, uimm	RV32IC and RV64IC
扩展形式为 **srli** rd, rd, uimm. 其中 rd=8+rd′.	

c.beqz　rs1′, offset	RV32IC and RV64IC
扩展形式为 **beq** rs1, x0, offset. 其中 rs1=8+rs1′.	

c.bnez　rs1′, offset	RV32IC and RV64IC
扩展形式为 **bne** rs1, x0, offset. 其中 rs1=8+rs1′.	

c.j　offset	RV32IC and RV64IC
扩展形式为 **jal** x0, offset.	

c.jal `offset`   RV32IC

扩展形式为 **jal** x1, offset.

c.jalr `rs1`   RV32IC and RV64IC

扩展形式为 **jalr** x1, 0(rs1). 当 rs1=x0 时非法.

c.jr `rs1`   RV32IC and RV64IC

扩展形式为 **jalr** x0, 0(rs1). 当 rs1=x0 时非法.

c.lw `rd', uimm(rs1')`   RV32IC and RV64IC

扩展形式为 **lw** rd, uimm(rs1). 其中 rd=8+rd′, rs1=8+rs1′.

c.lwsp `rd, uimm(x2)`   RV32IC and RV64IC

扩展形式为 **lw** rd, uimm(x2). 当 rd=x0 时非法.

c.sw `rs2', uimm(rs1')`   RV32IC and RV64IC

扩展形式为 **sw** rs2, uimm(rs1). 其中 rs2=8+rs2′, rs1=8+rs1′.

c.swsp `rs2, uimm(x2)`   RV32IC and RV64IC

扩展形式为 **sw** rs2, uimm(x2).

c.ebreak   RV32IC and RV64IC

扩展形式为 **ebreak**.

c.addw `rd', rs2'`   RV64IC

扩展形式为 **addw** rd, rd, rs2. 其中 rd=8+rd′, rs2=8+rs2′.

c.addiw `rd, imm`   RV64IC

扩展形式为 **addiw** rd, rd, imm. 当 rd=x0 时非法.

c.subw `rd', rs2'`   RV64IC

扩展形式为 **subw** rd, rd, rs2. 其中 rd=8+rd′, rs2=8+rs2′.

c.ld `rd', uimm(rs1')`   RV64IC

扩展形式为 **ld** rd, uimm(rs1). 其中 rd=8+rd′, rs1=8+rs1′.

c.ldsp `rd, uimm(x2)`   RV64IC

扩展形式为 **ld** rd, uimm(x2). 当 rd=x0 时非法.

c.sd `rs2', uimm(rs1')`   RV64IC

扩展形式为 **sd** rs2, uimm(rs1). 其中 rs2=8+rs2′, rs1=8+rs1′.

c.sdsp `rs2, uimm(x2)`   RV64IC

扩展形式为 **sd** rs2, uimm(x2).

c.flw `rd', uimm(rs1')`   RV32FC

扩展形式为 **flw** rd, uimm(rs1). 其中 rd=8+rd′, rs1=8+rs1′.

c.flwsp rd, uimm(x2) 扩展形式为 **flw** rd, uimm(x2).	RV32FC
c.fsw rs2', uimm(rs1') 扩展形式为 **fsw** rs2, uimm(rs1). 其中 rs2=8+rs2', rs1=8+rs1'。	RV32FC
c.fswsp rs2, uimm(x2) 扩展形式为 **fsw** rs2, uimm(x2).	RV32FC
c.fld rd', uimm(rs1') 扩展形式为 **fld** rd, uimm(rs1). 其中 rd=8+rd', rs1=8+rs1'。	RV32DC and RV64DC
c.fldsp rd, uimm(x2) 扩展形式为 **fld** rd, uimm(x2).	RV32DC and RV64DC
c.fsd rs2', uimm(rs1') 扩展形式为 **fsd** rs2, uimm(rs1). 其中 rs2=8+rs2', rs1=8+rs1'。	RV32DC and RV64DC
c.fsdsp rs2, uimm(x2) 扩展形式为 **fsd** rs2, uimm(x2).	RV32DC and RV64DC

第3章

SiFive FE310-G003 微控制器

本章介绍的 FE310-G003 微控制器是通用 FE300 系列的第三版，增加了 DTIM（数据紧密集成内存）的容量。FE310-G003 微控制器围绕以 Freedom E300 平台实例化的 E31 内核组件构建，并以台积电（TSMC）CL018G 180nm 工艺制造。本章介绍 FE310-G003 微控制器的体系架构和微控制器集成的外设。FE310-G003 微控制器与所有适用的 RISC-V 开源指令集架构标准兼容，需要结合正式发行的 RISC-V 用户级、特权级和外部调试体系架构规范一起阅读本章。如表 3-1 所示为缩略语和术语列表。

表 3-1　缩略语和术语列表

术　语	定　义
BHT	分支历史表
BTB	分支目标缓冲区
RAS	返回地址堆栈
CLINT	内核本地中断器，用于生成每个硬件线程（hart）的软件中断和定时器中断
CLIC	内核本地中断控制器，用于配置内核本地中断的优先级和级别
hart	硬件线程
DTIM	数据紧密集成内存
ITIM	指令紧密集成内存
JTAG	联合测试行动小组
LIM	松散集成内存，用于描述 SiFive 内核中交付但未紧密集成到 CPU 内核的内存空间
PMP	物理内存保护
PLIC	平台级中断控制器，作为 RISC-V 系统中的全局中断控制器
TileLink	一种自由开放的互联标准，最初是由加州大学伯克利分校制定的
RO	用于描述只读寄存器字段
RW	用于描述读/写寄存器字段
WO	用于描述只写寄存器字段

续表

术 语	定 义
WARL	Write-Any、Read-Legal 字段，可以用任何值写入的寄存器字段，但在读取时仅返回支持的值
WIRI	Writes-Ignored、Reads-Ignore 字段，保留给将来使用的只读寄存器字段，对字段的写操作将被忽略，而读操作应忽略返回的值
WLRL	Write-Legal、Read-Legal 字段，只能使用合法值写入的寄存器字段，如果最后一次使用合法值写入，则只返回合法值
WPRI	Writes-Preserve、Reads-Ignore 字段，一个可能包含未知信息的寄存器字段。读取时应忽略返回的值，但写入时整个寄存器应保留原始值

3.1 FE310-G003 微控制器概述

FE310-G003 微控制器的整体框图如图 3-1 所示。

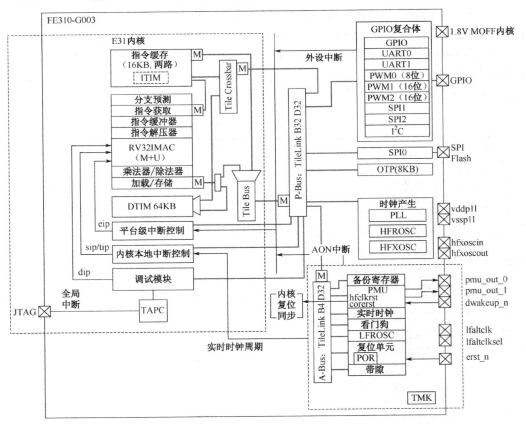

图 3-1 FE310-G003 微控制器的整体框图

FE310-G003 微控制器特性总结如表 3-2 所示。

表 3–2　FE310–G003 微控制器特性总结

特　　性	描　　述	在 QFN48 封装中可用
RISC–V 内核	具有机器模式和用户模式，16KB 2 路一级指令高速缓存（L1 I–cache）和 64KB 数据紧密集成内存（DTIM）的 1 个 E31 RISC–V 内核	✔
中断	定时器和软件中断，与 PLIC 连接的 52 个外设中断，具有 7 个优先级	✔
UART 0	通用异步/同步发送器，用于串行通信	✔
UART 1	通用异步/同步发送器，用于串行通信	✔
SPI 0	串行外围设备接口，具有 1 个片选信号	✔（4 条 DQ 线）
SPI 1	串行外围设备接口，具有 4 个片选信号	✔（3 条 CS 线）（2 条 DQ 线）
SPI 2	串行外围设备接口，SPI 2 具有 1 个片选信号	
PWM 0	具有 4 个比较器的 8 位脉宽调制器	✔
PWM 1	具有 4 个比较器的 16 位脉宽调制器	✔
PWM 2	具有 4 个比较器的 16 位脉宽调制器	✔
I^2C	I^2C 控制器	✔
GPIO	32 个通用 I/O 引脚	✔
AON 域	支持低功耗操作和唤醒	✔

⊛ 3.1.1　E31 RISC-V 内核

FE310-G003 微控制器包含一个 32 位的 E31 RISC-V 内核，该内核具有一个高性能的单发射有序执行流水线，每个时钟周期的峰值可持续执行一条指令。E31 RISC-V 内核支持机器模式、用户模式，支持标准的乘法及不会被线程调度机制打断的原子（Atomic）操作和压缩的 RISC-V 扩展（RV32IMAC）。

⊛ 3.1.2　中断

中断是指计算机运行过程中，出现某些意外情况需要主机干预时，机器能自动停止正在运行的程序并转入处理新情况的程序，处理完毕后又返回原被暂停的程序继续运行。FE310-G003 微控制器包含一个 RISC-V 标准平台级中断控制器（PLIC），该控制器支持 52 个具有 7 个优先级的全局中断。FE310-G003 微控制器还通过内核本地中断器（CLINT）提供标准的 RISC-V 机器模式定时器和软件中断。

⊛ 3.1.3　片内存储系统

E31 RISC-V 内核具有 2 路组相连 16KB 一级指令高速缓存和 64KB 一级 DTIM。高速缓存是存在于主存与 CPU 之间的一级缓存，由静态存储器（SRAM）组成，容量比较小，但速度比主存快得多，接近于 CPU 的速度。所有内核均具有物理内存保护（PMP）单元。

⊚ 3.1.4　始终上电（AON）模块

始终上电（Always On，AON）模块包含芯片的复位（Reset）逻辑、片上低频振荡器、看门狗定时器、片外低频振荡器的连接、实时时钟、可编程电源管理单元和 32 个 32 位备份寄存器，在芯片其余部分处于低功耗模式时仍保持工作状态。使用者可以利用 AON 使系统进入睡眠状态，可以将 AON 编程为在实时时钟中断或外部数字唤醒引脚 dwakeup_n 拉低时退出睡眠模式。dwakeup_n 支持多个唤醒源的线或（wired-OR）连接输入。

⊚ 3.1.5　通用输入与输出

通用输入与输出（GPIO）管理数字 I/O 引脚与数字外设（SPI、UART、I^2C 和 PWM 控制器）的连接，以及常规的可编程 I/O 操作。

⊚ 3.1.6　通用异步接收器/发送器

微控制器提供了多个通用异步接收器/发送器（UART），它们提供了 FE310-G003 微控制器与片外设备之间进行串行通信的方式。

⊚ 3.1.7　硬件串行外设接口

FE310-G003 微控制器有 3 个串行外设接口（Serial Peripheral Interface，SPI）控制器。SPI 是一种高速、全双工、同步通信总线，并且在芯片的引脚上只占用 4 根线，节约了芯片的引脚，同时为 PCB 的布局节省空间提供了方便。正是出于这种简单易用的特性，越来越多的芯片集成了该通信协议。SPI 控制器提供了用于 FE310-G003 微控制器与片外设备（如 Quad-SPI 闪存存储器）之间的串行通信的方式。每个控制器都支持通过单通道、双通道和四通道协议的仅主机操作。每个控制器都支持通过 TileLink 总线进行 32 字节的突发读取，以加快指令缓存的重新填充速度。我们可以对 SPI 控制器进行编程以支持就地执行（XIP）模式，减少指令高速缓存重新填充时的 SPI 命令开销。

⊚ 3.1.8　脉冲宽度调制

脉冲宽度调制（PWM）能使输出端得到一系列幅值相等的脉冲，用这些脉冲来代替正弦波或所需要的波形。外设可以在 GPIO 输出引脚上生成多种类型的波形，还可以用于生成多种形式的内部定时器中断。

⊚ 3.1.9　I^2C

FE310-G003 微控制器具有一个 I^2C 控制器。I^2C 是一种串行通信总线，使用多主从架构，是由飞利浦公司在 19 世纪 80 年代为了让主板、嵌入式系统或手机用以连接低速周边装置而发展起来的，用于与传感器、ADC 等外部 I²C 设备进行通信。

⊙ 3.1.10　调试支持

FE310-G003 微控制器通过行业标准的联合测试工作组（Joint Test Action Group，JTAG）端口提供外部调试器支持，每个端口包括 8 个硬件可编程断点。JTAG 是在标准测试访问端口和边界扫描结构的 IEEE 标准 1149.1，此标准用于验证设计与测试生产出的印制电路板功能。

3.2　E31 内核介绍

SiFive 的高性能 E31 内核实现了 RISC-V RV32IMAC 架构，E31 内核确保与所有适用的 RISC-V 标准兼容。

⊙ 3.2.1　E31 内核概述

E31 内核框图如图 3-2 所示，该内核 IP 包括一个 32 位 RISC-V 内核，支持本地中断和全局中断及物理内存保护。该存储系统由数据紧密集成内存（DTIM）和指令紧密集成内存（ITIM）组成。E31 内核还包括一个调试单元、一个输入端口和两个输出端口。

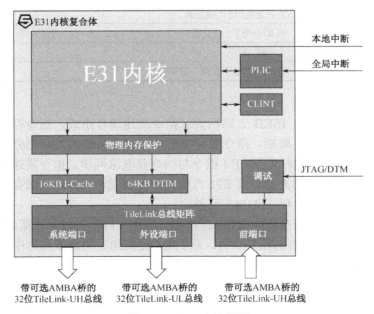

图 3-2　E31 内核框图

E31 内核具有一个高性能的单发射有序执行流水线，每个时钟周期的峰值可持续执行速率为一条指令。E31 内核支持机器和用户模式及标准的乘法、原子和压缩 RISC-V 扩展（RV32IMAC）。E31 处理器内核包括指令存储系统、指令获取单元、执行流水线、数据存储系统及对本地中断的支持。E31 内核存储系统具有针对高性能进行了优化的一级存储系统。指令子系统包含一个 16KB 2 路指令高速缓存，能够将单路重新配置为固定地址的紧密集成内存。数据子系统允许的最大 DTIM 大小为 64KB。E31 内核功能集如表 3-3 所示。

表 3-3　E31 内核功能集

特　征	描　述
E31 内核数量	1 个 E31 RISC-V 内核
硬件线程数量	1 个 hart
指令集架构	RV32IMAC
指令缓存	16KB 2 路指令缓存
指令紧密集成内存	8KB ITIM
数据紧密集成内存	64KB DTIM
E31 内核支持模式	机器模式、用户模式
本地中断	每个 hart 有 16 个本地中断信号，可以连接到非内核设备
PLIC 中断	PLIC 负责将全局中断源（通常都是 I/O 设备）连接到中断目标。127 中断信号，可以将其连接到非内核设备
PLIC 优先等级	PLIC 支持 7 个优先级
硬件断点	4 个硬件断点
物理内存保护（PMP）	PMP 具有 8 个区域，最小粒度为 4 字节

1. 指令存储系统

指令存储系统由专用的 16KB 2 路组关联指令高速缓存组成，指令存储系统中所有块的访问等待时间为一个时钟周期。指令缓存与平台存储器系统的其余部分不保持一致，对指令内存的写入必须通过执行 FENCE.I 指令与指令获取流同步。指令高速缓存的行大小为 64 字节，并且高速缓存行填充会触发 E31 内核外部的突发访问。内核缓存指令来自可执行的地址，但指令紧密集成内存（ITIM）除外。

指令高速缓存可以部分重新配置为 ITIM，该 ITIM 在内存映射中占据固定的地址范围。ITIM 可提供高性能、可预测的指令交付。从 ITIM 提取指令的速度与命中指令高速缓存一样快，并且不会发生高速缓存未命中的情况。尽管从内核到 ITIM 的加载和存储不如从数据紧密集成内存（DTIM）的加载和存储那样，但 ITIM 可以保存数据和指令。

指令高速缓存可以通过所有方式配置为 ITIM，但以高速缓存行（64 字节）为单位除外。单一指令缓存方式必须保留指令缓存，只需通过存储将其分配给 ITIM。ITIM 内存映射的 n 字节的存储将指令高速缓存的前 $n+1$ 个字节重新分配为 ITIM，向上舍入到下一个高速缓存行。

通过将 0 存储到 ITIM 区域之后的第一个字节（ITIM 基地址之后的 8KB）来释放 ITIM （如第 3.3 节的内存映射所述），释放的 ITIM 空间将自动返回到指令高速缓存。为了确定性，软件必须在分配 ITIM 之后清除其内容。在释放和分配之间是否保留 ITIM 内容是不可预测的。

2. 指令获取单元

E31 内核的指令获取单元包含分支预测器以提高处理器内核的性能。分支预测器包括一个 28 条目的分支目标缓冲区（BTB），预测执行分支的目标；一个 512 条目的分支历史表（BHT），预测条件分支的方向；一个 6 条目的返回地址堆栈（RAS），预测过程返回的目标。分支预测器具有单周期延迟，因此预测正确的控制流指令不会导致任何损失，预测失误的控制流指令会导致 3 个周期的损失。

E31 内核对 RISC-V 指令集架构实现了标准的压缩（C）扩展，该扩展允许使用 16 位 RISC-V 指令。

3. 执行流水线

E31 内核的执行单元是单发射的有序流水线。流水线包括 5 个阶段：指令获取、指令解码和寄存器获取、执行、数据存储器访问及寄存器写回。流水线具有每个时钟周期一个指令的峰值执行率，并且被完全旁路，因此大多数指令具有一个周期的结果延迟，但以下几种情况例外。

（1）假设发生高速缓存命中，LW 具有 2 个周期的结果延迟。

（2）假设发生缓存命中，LH、LHU、LB 和 LBU 具有 3 个周期的结果延迟。

（3）CSR 读取具有 3 个周期的结果延迟。

（4）MUL、MULH、MULHU 和 MULHSU 具有 1 个周期的结果延迟。

（5）DIV、DIVU、REM 和 REMU 的结果延迟在 2~32 个周期之间，具体取决于操作数的值。

流水线只在读后写（read-after-write）和写后写（write-after-write）危险时互锁，因此可以安排指令以避免流水线暂停。

E31 内核对 RISC-V 指令集架构实现了标准的乘法（M）扩展，用于整数乘法和除法。E31 内核具有每周期 32 位的硬件乘法和每周期 1 位的硬件除法。乘法器一次只能执行一个操作，并且将阻塞直到上一个操作完成为止。hart 不会在运行中放弃除法指令，这意味着如果中断处理程序试图使用除法指令的目标寄存器，则流水线将暂停，直到除法完成。

分支和跳转指令从内存访问流水线阶段传输控制。预测正确的分支和跳跃不会招致损失，而预测失误的分支和跳跃会招致 3 个周期的损失。大多数 CSR 写入都会导致流水线刷新，并产生 5 个周期的损失。

4. 数据存储系统

E31 内核的数据存储系统由 DTIM 接口组成，该接口最多支持 64KB。对于全字从内核到自己 DTIM 的访问延迟是 2 个时钟周期，对于较小的数量是 3 个时钟周期，硬件不支持未对齐的访问，这会导致出现允许软件模拟的陷阱。存储是流水线的，并在数据存储系统空闲的周期内提交。加载到当前存储流水线中的地址会导致 5 个周期的损失。

5. 原子存储器操作

E31 内核在 DTIM 和外围端口上支持 RISC-V 标准原子（A）扩展。对不支持原子存储器操作的区域会在内核位置生成一个访问异常。加载保留指令和存储条件指令仅在缓存区域上受支持，因此在 DTIM 和其他未缓存的存储器区域上生成访问异常。

6. 本地中断

E31 内核最多支持 16 个本地中断源，这些中断源直接路由到内核。

7. 支持模式

E31 内核支持 RISC-V 用户模式，提供机器（M）和用户（U）两种特权级别。U-模式提供了一种机制，可以将应用程序进程彼此隔离，并与 M-模式中运行的受信任代码隔离。

8. 物理内存保护（PMP）

E31 内核包括一个物理内存保护（PMP）单元，PMP 可用于为指定的内存区域设置读、写、执行等内存访问特权。PMP 单元可用于限制对内存的访问并相互隔离进程。PMP 单元具有 8 个区域，最小粒度为 4 字节，允许重叠区域。E31 内核的 PMP 单元实现了架构定义的 pmpcfgX CSR pmpcfg0 和 pmpcfg1，支持 8 个区域。电路上已实现 pmpcfg2 和 pmpcfg3，但硬接线到零。PMP 寄存器只能在 M-模式下编程。通常 PMP 单元在 U-模式访问上强制执行权限，但是锁定的区域在 M-模式上额外强制其权限。

PMP 允许区域锁定，一旦区域被锁定，配置和地址寄存器的进一步写入将被忽略。锁定的 PMP 条目只能通过系统复位来解锁。我们可以通过在 pmpicfg 寄存器中设置 L 位来锁定区域。除了锁定 PMP 条目外，L 位还能指示是否在 M-模式访问上强制执行 R/W/X 权限。当 L 位清零时，R/W/X 权限仅适用于 U-模式。

9. 硬件性能监视器

E31 内核支持符合 RISC-V 指令集的基本硬件性能监视功能。mcycle CSR 记录了从过去某个任意时间以来 hart 已执行的时钟周期数，minstret CSR 保存从过去任意时间以来 hart 失效的指令数，两者都是 64 位计数器。mcycle CSR 和 minstret CSR 持有相应计数器的 32 个最低有效位，而 mcycleh CSR 和 minstreth CSR 持有 32 个最高有效位。

硬件性能监视器包括两个额外的事件计数器 mhpmcounter3 和 mhpmcounter4。事件选择器 mhpmevent3 和 mhpmevent4 是控制哪个事件导致相应计数器递增的寄存器。mhpmcounters 是 40 位计数器。mhpmcounter_i CSR 保留相应计数器的 32 个最低有效位，而 mhpmcounter_ih CSR 保留 8 个最高有效位。

事件选择器分为两个字段（见表 3-4）：低 8 位选择事件类别，高 8 位构成该类别中事件的掩码。如果发生与任何设置掩码位对应的事件，计数器将递增。例如，如果将

mhpmevent3 设置为 0x4200，则当加载的指令或条件分支指令退出时，mhpmcounter3 将递增。事件选择器为 0 表示"不计数"。

注意：读取或写入性能计数器或写入事件选择器时，可能会反映正在运行的指令，也可能不会反映最近失效的指令。

表 3–4　mhpmevent 寄存器说明

机器硬件性能监视器事件寄存器	
指令提交事件，mhpmeventX [7：0] = 0	
位	含　义
8	发生异常
9	失效的整数加载指令
10	失效的整数存储指令
11	失效的原子内存操作
12	失效的系统指令
13	失效的整数算术指令
14	失效的有条件分支
15	失效的 JAL 指令
16	失效的 JALR 指令
17	失效的整数乘法指令
18	失效的整数除法指令
微体系架构事件，mhpmeventX [7：0] = 1	
位	含　义
8	负载使用互锁
9	长时延互锁
10	CSR 读取互锁
11	指令缓存（ITIM）忙
12	数据缓存（DTIM）忙
13	分支方向预测错误
14	分支/跳转目标错误预测
15	从 CSR 写入的流水线刷新
16	来自其他事件的流水线冲洗
17	整数乘法互锁
内存系统事件，mhpmeventX [7：0] = 2	
位	含　义
8	指令缓存未命中
9	内存映射的 I/O 访问

3.2.2 中断架构

E31 内核每个容器支持 16 个高优先级、低延迟的本地向量中断。E31 内核包括 RISC-V 标准平台级中断控制器（PLIC），该控制器支持 127 个具有 7 个优先级的全局中断。E31 内核还通过内核本地中断器（CLINT）提供标准的 RISC-V 机器定时器中断和软件中断。

1. 中断概念

E31 内核支持机器中断。它还支持本地和全局类型的 RISC-V 中断。

本地中断会通过专用中断值直接发送信号到各个寄存器。由于不需要仲裁来确定哪个 hart 将满足给定请求，并且不需要额外的内存访问来确定中断原因，因此可以减少中断等待时间。软件中断和定时器中断是由 CLINT 生成的本地中断。

相比之下，全局中断通过 PLIC 进行路由，该控制器可以通过外部中断将中断定向到系统中的任何寄存器。将全局中断与寄存器分离，可以根据平台定制 PLIC 的设计，从而允许广泛的属性，如中断数及优先级和路由方案。E31 内核中断体系架构框图如图 3-3 所示。

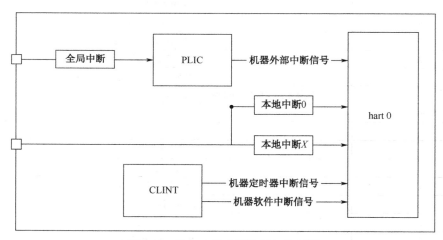

图 3-3 E31 内核中断体系架构框图

2. 中断操作

如果全局中断使能 mstatus.MIE 被清除就不会执行任何中断。如果设置了 mstatus.MIE，则处于较高中断级别的未决使能的中断将抢占当前执行，并为较高的中断级别运行中断处理程序。当发生中断或同步异常时，将修改特权模式以反映新的特权模式，处理器特权模式的全局中断使能位被清除。

发生中断时：

（1）mstatus.MIE 的值被复制到 mcause.MPIE 中，然后 mstatus.MIE 被清除，从而有效

地禁用中断。

（2）中断前的特权模式用 mstatus.MPP 编码。

（3）将当前 pc 复制到 mepc 寄存器中，然后将 pc 设置为表 3-6 中所述 mtvec.MODE 定义的 mtvec 指定值。

此时，在禁用了中断的情况下，控制权移交给了中断处理程序中的软件。我们可以通过显示设置 mstatus.MIE 或执行 MRET 指令退出处理程序来重新使能中断。当执行 MRET 指令时，将发生以下情况：

（1）特权模式设置为 mstatus.MPP 中编码的值。

（2）全局中断使能 mstatus.MIE 设置为 mcause.MPIE 的值。

（3）pc 设置为 mepc 的值。

此时，控制权已移交给软件。

3．中断控制状态寄存器

下面说明中断 CSR 的 E31 内核特定实现。

1）机器状态寄存器（mstatus）

mstatus 寄存器跟踪并控制 hart 的当前操作状态，包括是否允许中断。mstatus 寄存器的内容如表 3-5 所示。通过在 mstatus 中设置 MIE 位和在 mie 寄存器中使能所需的单个中断来使能中断。

表 3-5　mstatus 寄存器的内容

机器状态寄存器			
CSR	mstatus		
位	字 段 名 称	属　　性	描　　述
[2:0]	保留	WPRI	
3	MIE	RW	机器中断使能
[6:4]	保留	WPRI	
7	MPIE	RW	上一个机器中断使能
[10:8]	保留	WPRI	
[12:11]	MPP	RW	上一个机器模式

2）机器陷阱向量寄存器（mtvec）

mtvec 寄存器具有两个主要功能：定义陷阱向量的基地址和设置 E31 内核处理中断的模式。mtvec 寄存器的内容如表 3-6 所示。中断处理模式在 mtvec 寄存器的低两位 mtvec.MODE 字段有 3 种定义，如表 3-7 所示。

表 3-6　mtvec 寄存器的内容

机器陷阱向量寄存器			
CSR	mtvec		
位	字 段 名 称	属　性	描　述
[1:0]	模式（MODE）	WARL	模式设置中断处理模式。有关 E31 内核支持的模式的编码，参见表 3-7
[31:2]	BASE[31:2]	WARL	中断向量基地址，需要 64 字节对齐

表 3-7　mtvec.MODE 的编码

MODE 字段编码 mtvec.MODE		
值	名　称	描　述
0x0	直接模式	所有异常都将 pc 设置为基地址
0x1	向量模式	异步中断将 pc 设置为基地址 + 4× mcause.EXCCODE
≥ 2	保留	

在表 3-7 中，直接模式与向量模式说明如下：

（1）在直接模式下运行时，所有同步异常和异步中断都会捕获到 mtvec.BASE 地址。在陷阱处理程序内部，软件必须读取 mcause 寄存器以确定触发陷阱的原因。

（2）在向量模式下运行时，中断将 pc 设置为 mtvec.BASE + 4×异常代码。例如，如果发生了机器定时器中断，则将 pc 设置为 mtvec.BASE + 0x1C。通常，陷阱向量表中填充了跳转指令，用来将控制权转移到特定于中断的陷阱处理程序。在向量中断模式下，BASE 必须对齐 64 字节。

所有机器外部中断（全局中断）都映射到异常代码 11。因此，使能中断向量后，对于任何全局中断，pc 都将设置为 mtvec.BASE + 0x2C。

3）机器中断使能寄存器（mie）

mie 寄存器的内容如表 3-8 所示，通过在 mie 寄存器中设置适当的位来使能单个中断。

表 3-8　mie 寄存器的内容

机器中断使能寄存器			
CSR	mie		
位	字 段 名 称	属　性	描　述
[2:0]	保留	WPRI	
3	MSIE	RW	机器软件中断使能
[6:4]	保留	WPRI	
7	MTIE	RW	机器定时器中断使能
[10:8]	保留	WPRI	

续表

机器中断使能寄存器			
CSR	mie		
位	字 段 名 称	属 性	描 述
11	MEIE	RW	机器外部中断使能
[15:12]	保留	WPRI	
16	LIE0	RW	本地中断 0 使能
17	LIE1	RW	本地中断 1 使能
18	LIE2	RW	本地中断 2 使能
…			
31	LIE15	RW	本地中断 15 使能

4）机器中断未决寄存器（mip）

mip 寄存器的内容如表 3-9 所示，mip 寄存器指示当前正在等待的中断。

表 3-9 mip 寄存器的内容

机器中断未决寄存器			
CSR	mip		
位	字 段 名 称	属 性	描 述
[2:0]	保留	WIRI	
3	MSIP	RO	机器软件中断未决
[6:4]	保留	WIRI	
7	MTIP	RO	机器定时器中断未决
[10:8]	保留	WIRI	
11	MEIP	RO	机器外部中断未决
[15:12]	保留	WIRI	
16	LIP0	RO	本地中断 0 未决
17	LIP1	RO	本地中断 1 未决
18	LIP2	RO	本地中断 2 未决
…			
31	LIP15	RO	本地中断 15 未决

5）机器原因寄存器（mcause）

在机器模式下捕获陷阱时，mcause 会用代码编写，该代码指示导致陷阱的事件。当引起陷阱的事件是中断时，mcause 的最高有效位被设置为 1，而最低有效位则表示中断号，使用与 mip 中的位的位置相同的编码。例如，机器定时器中断导致 mcause 设置为 0x8000_0007。mcause 也用于指示同步异常的原因，在此情况下，mcause 的最高有效位设置为 0。mcause 寄存器的内容如表3-10 所示。mcause 异常代码如表 3-11 所示。

表3-10 mcause 寄存器

机器原因寄存器			
CSR	mcause		
位	字 段 名 称	属 性	描 述
[9:0]	异常代码	WLRL	标识最后一个异常的代码
[30:10]	保留	WLRL	
31	中断	WARL	如果陷阱是由中断引起的则为 1；否则为 0

表3-11 mcause 异常代码

中断异常代码		
中 断	异常代码	描 述
1	0~2	保留
1	3	机器软件中断
1	4~6	保留
1	7	机器定时器中断
1	8~10	保留
1	11	机器外部中断
1	12~15	保留
1	16	本地中断 0
1	17	本地中断 1
1	18~30	…
1	31	本地中断 15
1	≥32	保留
0	0	指令地址未对齐
0	1	指令访问故障
0	2	非法指令
0	3	断点
0	4	加载地址未对齐
0	5	加载访问故障
0	6	存储/ AMO 地址未对齐
0	7	存储/ AMO 访问故障
0	8	来自 U-模式的环境调用
0	9~10	保留
0	11	来自 M-模式的环境调用
0	≥12	保留

4．中断优先级

本地中断的优先级高于全局中断。因此，如果本地中断和全局中断在同一个周期到达一个 hart，如果使能本地中断，则将采用本地中断。本地中断的优先级由本地中断 ID 决定，本地中断 15 是最高优先级。例如，如果本地中断 15 和本地中断 14 都在同一个周期到达，则将采用本地中断 15。考虑到本地中断 15 的异常代码也是最高的，它占用中断向量表中的最后一个时隙。

向量表中的这个独特位置允许将本地中断 15 的陷阱处理程序置于行内，而不需要像在向量模式下操作时与其他中断一样的跳转指令。因此，对于给定的 hart，本地中断 15 应用于系统中对延迟最敏感的中断。

E31 内核中断按优先级从高到低的顺序排列如下：

- 本地中断 15
- ……
- 本地中断 0
- 机器外部中断
- 机器软件中断
- 机器定时器中断

5．中断延迟

E31 内核的中断延迟为 4 个周期，按从中断信号发送到 hart 到处理程序的第一次指令获取所需的周期数计算。

通过 PLIC 路由的全局中断会导致额外的 3 个周期的延迟，PLIC 按时钟计时。这意味着全局中断的总延迟（以周期为单位）为：$(4 + 3) \times (core\_clock\_0\ Hz \div clock\ Hz)$。这是一个周期计数的案例，假设处理程序已缓存或位于 ITIM 中，不考虑来自外部源的额外延迟。

3.2.3 内核本地中断器（CLINT）

CLINT 模块保存与软件中断和定时器中断相关的内存映射控制和状态寄存器。如表 3-12 所示为 CLINT 寄存器映射。

表 3–12 CLINT 寄存器映射

地　址	宽　度	属　性	描　述	注　释
0x2000000	4 字节	RW	hart 0 的 msip	msip 寄存器（1 位宽）
0x2004008			保留	
…				
0x200bff7				

续表

地 址	宽 度	属 性	描 述	注 释
0x2004000	8字节	RW	hart 0 的 mtimecmp	mtimecmp 寄存器
0x2004008				
...			保留	
0x200bff7				
0x200bff8	8字节	RW	mtime	定时器寄存器
0x200c000			保留	

1. msip 寄存器

通过写入内存映射的控制寄存器 msip 生成机器软件中断。每个 msip 寄存器都是一个 32 位宽的 WARL 寄存器，其中高 31 位与 0。最低有效位反映在 MIP CSR 的 msip 位中。msip 寄存器中的其他位硬接线为零。复位时，每个 msip 寄存器清零。

软件中断对于多服务器系统中的处理器间通信最有用，因为服务器可能会相互写入对方的 msip 位以影响处理器间中断。

2. 定时器寄存器（mtime）

mtime 是一个 64 位读写寄存器，其中包含从 rtc_toggle 信号开始计数的周期数。只要 mtime 大于或等于 mtimecmp 寄存器中的值，定时器中断就会未决。定时器中断反映在表 3-9 描述的机器中断未决寄存器（mip）的 mtip 位中。复位时，mtime 清零。mtimecmp 寄存器未复位。

⊙ 3.2.4 调试支持

E31 内核通过行业标准的 JTAG 端口提供外部调试器支持，每个端口包含 4 个硬件可编程断点。FE310-G003 微控制器支持 RISC-V 调试规范 0.13 之后的调试硬件的操作，仅支持交互式调试和硬件断点。

1. 调试 CSR

每个 hart 跟踪和调试寄存器（Trace and Debug Register，TDR）映射到 CSR 空间，如表 3-13 所示。dcsr、dpc 和 dscratch 寄存器只能在调试模式下访问，而 tselect、tdata1、tdata2 和 tdata3 寄存器可以在调试模式或机器模式下访问。

表 3-13 跟踪和调试寄存器

CSR 名称	描 述	允许的访问模式
tselect	选择 TDR	D, M
tdata1	所选 TDR 的第一个字段	D, M
tdata2	所选 TDR 的第二个字段	D, M

续表

CSR 名称	描　述	允许的访问模式
tdata3	所选 TDR 的第三个字段	D, M
dcsr	调试控制和状态寄存器	D
dpc	调试 pc	D
dscratch	调试暂存（scratch）寄存器	D

1）跟踪和调试选择寄存器（tselect）

为了支持用于跟踪和断点的大量可变 TDRs，可以通过一种间接方式访问它们，其中 tselect 选择通过其他 3 个地址访问 tdata 1、tdata 2、tdata 3 中的一块。tselect 的格式如表 3-14 所示。索引字段是一个 WARL 字段，其中不包含未实现的 TDR 索引。即使索引可以保存 TDR 索引，也不能保证 TDR 存在。必须检查 tdata1 的类型字段以确定 TDR 是否存在。

表 3-14　tselect 的格式

跟踪和调试选择寄存器			
CSR	tselect		
位	字 段 名 称	属　性	描　述
[31:0]	Index（索引）	WARL	选择 TDR 的索引

2）跟踪和调试数据寄存器（tdata1/2/3）

tdata1/2/3 是 XLEN-位读/写寄存器，由 tselect 从较大的 TDR 寄存器组中选择。tdata1/2/3 的格式如表 3-15 与表 3-16 所示。

表 3-15　tdata1 的格式

跟踪和调试数据寄存器 1			
CSR	tdata1		
位	字 段 名 称	属　性	描　述
[27:0]	TDR 特定数据		
[31:28]	type（类型）	RO	tselect 选择的 TDR 类型

表 3-16　tdata2 / 3 的格式

跟踪和调试数据寄存器 2 和 3			
CSR	tdata2/3		
位	字 段 名 称	属　性	描　述
[31:0]	TDR 特定数据		

tdata1 的高半字节包含一个 4 位类型代码，该代码用于标识 tselect 选择的 TDR 类型，如表 3-17 所示。

表 3-17　tdata 类型

类　　型	描　　述
0	没有这样的 TDR 寄存器
1	保留
2	地址/数据匹配触发器
≥ 3	保留

dmode=1 时，调试模式和机器模式都可以操作；dmode=0 时，只有调试模式可以操作。表 3-19 中的 dmode 位在寄存器的调试模式（dmode=1）和机器模式（dmode=1）之间进行选择，只有调试模式代码才能访问 TDR 的调试模式视图。当 dmode=1 时，任何尝试在机器模式下读/写 tdata1/2/3 寄存器都会引发非法指令异常。

3）调试控制和状态寄存器（dcsr）

该寄存器提供有关调试功能和状态的信息。

4）调试 pc 寄存器（dpc）

进入调试模式时，将当前 pc 复制到此处。退出调试模式后，将在此 pc 上恢复执行。

5）调试暂存寄存器（dscratch）

该寄存器通常保留供调试 ROM 使用，以便将代码所需的寄存器保存在调试 ROM 中。

2. 断点

E31 内核每个 hart 支持 4 个硬件断点寄存器，可以在调试模式和机器模式之间灵活共享。当使用 tselect 选择断点寄存器时，其他 CSR 会为所选断点访问相应信息，如表 3-18 所示。

表 3-18　用作断点的 TDR CSRs

CSR	断 点 别 名	描　　述
tselect	tselect	断点选择索引
tdata1	mcontrol	断点匹配控制
tdata2	maddress	断点匹配地址
tdata3	没有	保留

1）断点匹配控制寄存器（mcontrol）

每个断点匹配控制寄存器都是一个读/写寄存器，如表 3-19 所示。

表3-19 断点匹配控制寄存器

断点匹配控制寄存器（mcontrol）					
寄存器偏移		CSR			
位	字 段 名 称	属 性	复 位	描 述	
0	R	WARL	X	LOAD 上的地址匹配	
1	W	WARL	X	STORE 上的地址匹配	
2	X	WARL	X	指令 FETCH 上的地址匹配	
3	U	WARL	X	用户模式下的地址匹配	
4	S	WARL	X	监督模式下的地址匹配	
5	保留	WPRI	X	保留	
6	M	WARL	X	机器模式下的地址匹配	
[10:7]	match	WARL	X	断点地址匹配类型	
11	chain	WARL	0	连锁相邻条件	
[17:12]	action	WARL	0	采取断点操作，0 或 1	
18	timing	WARL	0	断点的时序，始终为 0	
19	select	WARL	0	对地址或数据进行匹配，始终为 0	
20	保留	WPRI	X	保留	
[26:21]	maskmax	RO	4	支持的最大 NAPOT 范围	
27	dmode	RW	0	仅调试访问模式	
[31:28]	type	RO	2	地址/数据匹配类型，始终为 2	

类型字段是一个 4 位只读字段，其值为 2，指示这是包含地址匹配逻辑的断点。

bpaction 字段是 8 位可读写 WARL 字段，用于指定地址匹配成功时的可用操作。其值为 0 会生成断点异常，值为 1 进入调试模式。未执行其他操作。

R/W/X 位是单独的 WARL 字段，并且如果置位，则表明地址匹配仅应分别针对装入/存储/指令提取成功，并且必须支持所有已实现位的组合。

M/S/U 位是单独的 WARL 字段，如果置位，则表明地址匹配应分别仅在机器/监督/用户模式下成功，并且必须支持实现位的所有组合。

match 字段是一个 4 位可读写 WARL 字段，它编码用于断点地址匹配的地址范围的类型。当前支持 3 种不同的匹配设置：精确、NAPOT 和任意范围。单个断点寄存器既支持精确地址匹配，也支持与自然对齐 2 的幂数（Naturally Aligned Powers-Of-Two，NAPOT）的地址范围匹配。断点寄存器可以配对以指定任意的精确范围，低位断点寄存器给出范围底部的字节地址，高位断点寄存器给出断点范围上方的地址 1 字节，并使用 chain 位指示两者必须匹配才能执行操作。

NAPOT 范围利用关联的断点地址寄存器的低位来编码范围的大小，如表 3-20 所示。

表3-20　NAPOT大小编码

maddress	匹配类型和大小
a…aaaaaa	确切1字节
a…aaaaa0	2字节NAPOT范围
a…aaaa01	4字节NAPOT范围
a…aaa011	8字节NAPOT范围
a…aa0111	16字节NAPOT范围
a…a01111	32字节NAPOT范围
…	…
a01…1111	2^{31}字节NAPOT范围

　　maskmax 字段是 6 位只读字段，用于指定支持的最大 NAPOT 范围。该值支持的最大 NAPOT 范围内的字节数的对数以 2 为底，值为 0 表示仅支持精确的地址匹配（1 字节的范围），值为 31 对应最大 NAPOT 范围，其大小为 2^{31} 字节。最大范围以 maddress 编码，其中 30 个最低有效位设置为 1，第 30 位设置为 0，以及位 31 保持在地址比较中考虑的唯一地址位。

　　为了在精确范围内提供断点，可以将两个相邻的断点与 chain 位组合。可以使用 action 大于或等于 2，将第一个断点设置为与某个地址匹配；可以使用 action 小于 3，将第二个断点设置为与地址匹配。将 chain 位设置在第一个断点上可防止触发第二个断点，除非它们都匹配。

　　2）断点匹配地址寄存器（maddress）

　　每个断点匹配地址寄存器都是一个 XLEN 位读/写寄存器，用于保存有效的地址位以进行地址匹配，以及用于 NAPOT 范围的一元编码地址掩码信息。

　　断点执行：断点陷阱被精确捕获。在软件中模拟未对齐访问的实现，将在一半模拟访问落在地址范围内时生成断点陷阱。如果访问的任何字节在匹配范围内，则支持硬件中未对齐访问的实现必须捕获。调试模式断点陷阱在不改变机器模式寄存器的情况下，跳转到调试陷阱向量。

　　机器模式断点陷阱跳转到异常向量，mcause 寄存器中设置了"断点"，badaddr 保存导致陷阱的指令或数据地址。

　　在调试和机器模式之间共享断点：当调试模式使用断点寄存器时，它在机器模式下不再可见（tdrtype 将为 0）。通常，由于用户明确请求一个断点，或者因为该用户正在 ROM 中调试代码，调试器会一直保留断点直到需要断点为止。

　　3．调试内存映射

　　通过常规系统互联访问时调试模块的内存映射。调试模块只能访问在 hart 或通过调试传输模块上以调试模式运行的调试代码。

1）调试 RAM 和程序缓冲区（0x300～0x3FF）

E31 内核具有 16 个 32 位字的程序缓冲区，以引导调试器执行任意 RISC-V 代码。其可以通过执行 aiupc 指令并将结果存储到程序缓冲区来确定在内存中的位置。E31 内核具有一个 32 位字的调试数据 RAM，可以通过读取 DMHARTINFO 寄存器来确定其位置。此 RAM 空间用于传递访问寄存器抽象命令的数据。当停止未决时，E31 内核仅支持通用寄存器访问，所有其他命令必须通过从调试程序缓冲区执行来实现。

在 E31 内核中，程序缓冲区和调试数据 RAM 都是通用 RAM，并且连续映射在内核的内存空间中，因此可以在程序缓冲区中传递其他数据，可以在调试数据 RAM 中存储其他指令。

调试器不得执行访问已定义模块缓冲区和调试数据地址以外的任何调试模块内存的程序缓冲区程序。E31 内核不实现 DMSTATUS.anyhavereset 或 DMSTATUS.allhavereset 位。

2）调试 ROM（0x800～0xFFF）

此 ROM 区域保存 SiFive 系统上的调试例程。实际的总大小可能因实现而异。

3）调试标志（0x100～0x110, 0x400～0x7FF）

调试模块中的标志寄存器用于调试模块与每个 hart 通信。这些标志由调试 ROM 设置和读取，并且任何程序缓冲区代码都不应访问这些标志。标志的具体行为在这里不再进一步描述。

4）安全零地址

在 E31 内核中，调试模块在内存映射中包含地址 0x0，对该地址的读取始终返回 0，而对该地址的写入则没有影响。此属性允许未编程部分的"安全"位置，因为默认 mtvec 位置为 0x0。

3.3　E31 FE310–G003 内存映射

如表 3-21 所示为 E31 FE310-G003 内存映射（Memory Map）。内存属性：R—读取，W—写入，X—执行，C—可缓存，A—原子操作。

表 3-21　E31 FE310–G003 内存映射

基 地 址	顶 地 址	属 性	描 述	注 释
0x0000_0000	0x0000_0FFF	RWX A	调试	调试地址空间
0x0000_1000	0x0000_1FFF	R XC	模式选择	无
0x0000_2000	0x0000_2FFF		保留	
0x0000_3000	0x0000_3FFF	RWX A	设备错误	
0x0000_4000	0x0001_FFFF		保留	

续表

基 地 址	顶 地 址	属 性	描 述	注 释
0x0002_0000	0x0002_1FFF	R XC	OTP 存储器区域	片上非易失性存储器
0x0002_2000	0x01FF_FFFF		保留	
0x0200_0000	0x0200_FFFF	RW A	CLINT	片上外设
0x0201_0000	0x07FF_FFFF		保留	
0x0800_0000	0x0800_1FFF	RWX A	E31 内核 ITIM（8KB）	
0x0800_2000	0x0BFF_FFFF		保留	
0x0C00_0000	0x0FFF_FFFF	RW A	PLIC	
0x1000_0000	0x1000_0FFF	RW A	AON	
0x1000_1000	0x1000_7FFF		保留	
0x1000_8000	0x1000_8FFF	RW A	PRCI	
0x1000_9000	0x1000_FFFF		保留	
0x1001_0000	0x1001_0FFF	RW A	OTP 控制	
0x1001_1000	0x1001_1FFF		保留	
0x1001_2000	0x1001_2FFF	RW A	GPIO	
0x1001_3000	0x1001_3FFF	RW A	UART 0	
0x1001_4000	0x1001_4FFF	RW A	QSPI 0	
0x1001_5000	0x1001_5FFF	RW A	PWM 0	
0x1001_6000	0x1001_6FFF	RW A	I2C 0	
0x1001_7000	0x1002_2FFF		保留	
0x1002_3000	0x1002_3FFF	RW A	UART 1	
0x1002_4000	0x1002_4FFF	RW A	SPI 1	
0x1002_5000	0x1002_5FFF	RW A	PWM 1	
0x1002_6000	0x1003_3FFF		保留	
0x1003_4000	0x1003_4FFF	RW A	SPI 2	
0x1003_5000	0x1003_5FFF	RW A	PWM 2	
0x1003_6000	0x1FFF_FFFF		保留	
0x2000_0000	0x3FFF_FFFF	R XC	QSPI 0 闪存（512MB）	片外非易失性存储器
0x4000_0000	0x7FFF_FFFF		保留	
0x8000_0000	0x8000_FFFF	RWX A	E31 内核 DTIM（64KB）	片上易失性存储器
0x8001_0000	0xFFFF_FFFF		保留	

3.4   启动程序

FE310-G003 支持多个启动源，这些启动源由芯片上的模式选择引脚 MSEL[1:0]控制，如表 3-22 所示。

表 3–22   基于 MSEL 引脚的启动

MSEL	目　　标
00	永远等待调试器的循环
01	直接跳转到 0x2000_0000（内存映射的 QSPI0）
10	直接跳转到 0x0002_0000（OTP）
11	直接跳转到 0x0002_0000（OTP）

⊛ 3.4.1   复位向量

如表 3-23 所示，上电时微控制器复位之后会跳转到的地址，也就是复位向量地址，为 0x1004。

表 3–23   复位向量 ROM

地　　址	内　　容
0x1000	MSEL 引脚状态
0x1004	auipc t0, 0
0x1008	lw t1, −4(t0)
0x100C	slli t1, t1, 0x3
0x1010	add t0, t0, t1
0x1014	lw t0, 252(t0)
0x1018	jr t0

只读存储器（ROM）是指在正常工作时其存储的数据固定不变，只能读出不能写入数据，即使断电也能够锁定数据。要想在只读存储器中写入或改变，必须具备特定的条件，如电子式可清除程序化只读存储器，允许在操作中被单次或多次擦或写。对所有内核实现了与启动源相关的 MSEL 跳转到复位向量的目标，如表 3-24 所示。

表 3–24   复位向量的目标

MSEL	复 位 地 址	目　　的
00	0x0000_1004	永远等待调试器的循环
01	0x2000_0000	内存映射 QSPI0

续表

MSEL	复 位 地 址	目 的
10	0x0002_0000	内存映射 OTP
11	0x0001_0000	内存映射 OTP

1. 一次性可编程存储器

一次性可编程（One Time Programmable，OTP）存储器是微控制器的一种存储器类型，只允许一次性可编程，当程序烧入微控制器后不可再次更改和清除。用于对 OTP 存储器进行编程的控制寄存器接口和用于从 OTP 存储器提取字的存储器读取端口都位于外设总线上。从 OTP 存储器读取端口提取的指令将缓存在 E31 内核的指令缓存中。

OTP 存储器需要在使用前进行编程，并且只能通过内核上运行的代码进行编程。在编程之前，OTP 存储器的所有位全都为 0。

2. 四路 SPI 闪存控制器

专用的四路 SPI（QSPI）闪存控制器连接到用于现场执行代码的外部 SPI 闪存设备。SPI 闪存在某些情况下不可用，如封装测试阶段，或者电路板设计仅使用片上 OTP 存储器而不使用 SPI 闪存。

片外 SPI 器件支持的 I/O 位（1、2 或 4）的数量可以不同。SPI 闪存内所有位的值在编程之前全都为 1。

⊙ 3.4.2 BootLoader

1. BootLoader 概述

当需要向微控制器下载程序时，通常需要经由调试器，通过 SWD/JTAG 接口将可执行文件传输到微控制器芯片中，微控制器上专门的模块将文件内容写入芯片内部的闪存存储器中，从而完成程序的下载。计算机主机与微控制器之间的 SWD/JTAG 通信相对复杂，需要专门的调试器实现通信协议的转换，如计算机的 USB 通信协议转为微控制器能够识别的 SWD/JTAG 通信协议。但是，调试器的使用需要许多比较高级的调试技巧，而且调试器设备价格较高，采购和维护调试器也会增加微控制器产品的生产成本。

在硬件设计上，如果微控制器中已经固化了一段程序，通过常用的 UART 串口取代较为复杂的 SWD 通信协议，就可以接收来自计算机上的程序文件；然后调用写入片内闪存存储器的函数，就可以将可执行程序写入微控制器内部，同样也可以实现下载。那么，使用常规通信方式接收程序文件，并写入微控制器内部存储设备中的一小段程序就是引导加载程序（BootLoader）。BootLoader 可以取代调试专用的 SWD/JTAG 接口实现下载、更新微控制器内部的固件程序。BootLoader 本身也是一段小程序，可以在设计微控制器时固化到 ROM 中，使程序"天生"就具备 BootLoader 功能；也可以在没有 BootLoader 的微控制器中,通过 SWD/JTAG 接口预先载入一个能够实现 BootLoader 功能的固件程序,使程序"后天"具备 BootLoader 功能。

通常情况下,BootLoader 会将复位过程引导到执行闪存存储器中的程序指令。同样,也可以操作外设通信接口获取外部数据写入闪存存储器。实际上,BootLoader 只是一段小程序,只不过实现了特定的控制微控制器启动的功能。

BootLoader 能够实现从 SPI/I2C、UART,甚至 USB 接口接收可执行文件更新芯片内部的程序。BootLoader 能够调用的函数主要来自 ROM 中固化的外设驱动 API 函数,这些 API 函数在用户程序中也可以被用到,从而减少用户程序的代码。

2. BootLoader 启动模式

在芯片上电启动过程中,当从复位状态恢复过来,RESET 引脚被释放大约 3ms 后,BootLoader 对启动模式配置引脚的输入信号进行采样,根据采样信号电平的组合进入引导流程。BootLoader 确保启动模式配置引脚的采样电平组合可识别,开始在对应的通信接口上监听外部传来的在系统编程(In System Programming,ISP)命令,如果监听到有效的 ISP 命令就执行命令,否则就继续等待监听。当默认开启的看门狗超时,其超时标志位"置位"后停止等待,开始从芯片内部的闪存存储器中读取程序指令并开始执行。如果要通过外设通信接口引导程序,就必须在 BootLoader 检测到启动模式配置引脚之后的一个看门狗超时周期内尽快送出 ISP 命令,激活 BootLoader 从外设通信接口引导的过程。

3.5 时钟生成

FE310-G003 微控制器支持多种替代时钟生成方案,以满足应用需求。本节介绍时钟生成系统的结构。各种时钟配置寄存器位于 PRCI 模块(3.5.2 节)或 AON 模块(3.9 节)中。

3.5.1 时钟生成概述

如图 3-4 所示为 FE310-G003 微控制器时钟生成方案。芯片上的大多数数字时钟都由锁相环(Phase Locked Loop,PLL)统一整合时钟信号,使高频器件(如内存的存取资料等)能正常工作。PLL 用于振荡器中的反馈技术。许多电子设备要想正常工作,通常需要外部的输入信号与内部的振荡信号同步。由于工艺与成本的原因,一般的晶体振荡器做不到很高的频率。在需要高频应用时,由相应的器件 VCO 实现转换的高频并不稳定,但利用锁相环路可以实现稳定且高频的时钟信号,或者可以利用片上可调振荡器产生的中央高频时钟 hfclk 进行分频。PLL 可以由片上振荡器或片外晶体振荡器驱动,片外振荡器也可以驱动高频直接计时。FE310-G003 微控制器将 TileLink 总线时钟(tlclk)固定为与处理器相同的内核时钟(coreclk)。Always-On 模块包括一个实时时钟电路,该电路由低频时钟源如片外振荡器（LFOSC）或片上低频振荡器（LFROSC）之一来驱动。

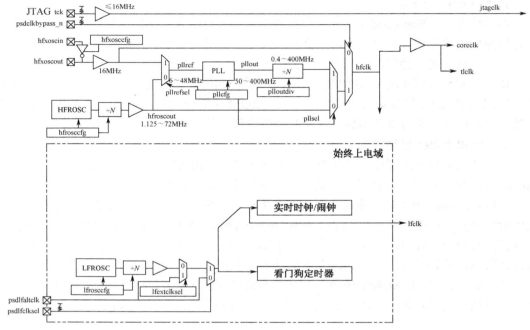

图 3-4　FE310-G003 微控制器时钟生成方案

⊙ 3.5.2　PRCI 地址空间的使用

电源、复位、时钟、中断（Power-Reset-Clock-Interrupt，PRCI）是平台内非 AON 内存映射的控制和状态寄存器的统称，用于控制组件的电源状态、复位、时钟选择和低优先级中断。PRCI 寄存器通常只在机器模式的软件可见。AON 块包含具有相似功能的寄存器，但仅适用于 AON 块单元。如表 3-25 所示为 FE310-G003 微控制器的 PRCI 内存映射，其中地址偏移量为相对于 PRCI 基地址的偏移量。

表 3-25　FE310-G003 微控制器的 PRCI 内存映射

地址偏移量	名　称	描　述
0x00	hfrosccfg	环形振荡器配置和状态
0x04	hfxosccfg	晶体振荡器配置和状态
0x08	pllcfg	PLL 配置和状态
0x0C	plloutdiv	PLL 最终分频配置
0xF0	procmoncfg	流程监控器配置和状态

⊙ 3.5.3 可校准可编程 72MHz 振荡器（HFROSC）

FE310-G003 微控制器内置可校准（Trimmable）的高频环形振荡器（HFROSC）用于在复位后提供默认时钟，并且可在无外部高频晶体或 PLL 的情况下进行操作。振荡器由 hfrosccfg 寄存器控制，该寄存器在 PRCI 地址空间中进行内存映射，如表 3-26 所示。

表 3-26 hfrosccfg 寄存器

环形振荡器配置和状态（hfrosccfg）				
寄存器地址偏移量		0x0		
位	字段名称	属 性	复 位	描 述
[5:0]	hfroscdiv	RW	0x4	环形振荡器分频器寄存器
[15:6]	保留			
[20:16]	hfrosctrim	RW	0x10	环形振荡器校准寄存器
[29:21]	保留			
30	hfroscen	RW	0x1	环形振荡器使能
31	hfroscrdy	RO	X	环形振荡器就绪

可以使用 hfrosctrim 中的 5 位校准值在软件中调整频率。校准值（0～31）调整可变延迟链的抽头返回到环的起点。值为 0 对应于最长的链和最慢的频率，而较高的值对应于较短的链和较高的频率。

假设校准值设置为输出 72MHz，则 HFROSC 的输出频率可以除以 1～64 之间的整数，得到 1.125～72MHz 的频率范围。分频器的值在 hfroscdiv 字段中给出，其中"分频比"会比字段中保存的二进制值大 1（即 hfroscdiv = 0 表示被 1 除，hfroscdiv = 1 表示被 2 除，依次类推）。分频器的值可以随时更改。

HFROSC 是复位时用于系统内核的默认时钟源。复位后，hfrosctrim 值复位为 16，即可调范围的中间值，并且分频器复位为 5 分频（hfroscdiv = 4），这给出了标称的 13.8MHz（±50%）输出频率。

hfrosctrim 的值在正常操作条件下（25℃下为 1.8V）最接近 72MHz 时钟输出的值，由制造时校准确定后存储在片上 OTP 存储器中。复位后，处理器启动顺序中的软件可以将校准后的值写入 hfrosctrim 字段，但是可以在操作期间的任何时间（包括处理器从 HFROSC 运行时）来更改该值。

为了节省功率，可以通过清除 hfroscen 来禁用 HFROSC。在禁用 HFROSC 之前，处理器必须从其他时钟源（如 PLL、外部晶体或外部时钟）来运行，可以通过设置 hfroscen 显式使能 HFROSC。每次复位时，都会自动重新使能 HFROSC。

状态位 hfroscrdy 指示振荡器是否可工作并准备好用作时钟源。

⊙ 3.5.4 外接 16MHz 晶体振荡器（HFXOSC）

FE310-G003 微控制器可以使用外部 16MHz 高频晶体振荡器来提供精确的时钟源。晶体振荡器的电容负载（Capacitive Load）应该小于或等于 12pF，等效阻抗（Equivalent Series Resistance，ESR）应该小于或等于 80Ω。

当用于驱动 PLL 时，必须在 PLL 的第一级分频器（即 $R=2$）中将 16MHz 晶体振荡器的输出频率除以 2，来为 VCO 提供 8MHz 的参考时钟。HFXOSC 的输入引脚也可用于提供外部时钟源，在这种情况下，输出引脚应保持未连接状态。

如果 PLL 设置为旁路，则 HFXOSC 输入可直接用于生成 hfclk。通过内存映射的 hfxosccfg 寄存器控制 HFXOSC，如表 3-27 所示。hfxoscen 位启动晶体驱动器并在唤醒复位时置位，但可以清零以关闭晶体驱动器并降低功耗。hfxoscrdy 位指示晶体振荡器的输出是否准备就绪。此外，必须将 hfxoscen 位置位，以使用 HFXOSC 输入引脚连接外部时钟源。

表 3-27 hfxosccfg 寄存器

晶体振荡器配置和状态（hfxosccfg）				
寄存器地址偏移量			0x4	
位	字 段 名 称	属 性	复 位	描 述
[29:0]	保留			
30	hfxoscen	RW	0x1	晶体振荡器使能
31	hfxoscrdy	RO	X	晶体振荡器就绪

⊙ 3.5.5 内置高频 PLL（HFPLL）

PLL 通过将中频参考源时钟（HFROSC 或 HFXOSC）相乘来生成高频时钟。PLL 的输入频率在 6~48MHz，可以产生 48~384MHz 的输出时钟频率。PLL 由 PRCI 地址空间中的内存映射读写 pllcfg 寄存器控制，如表 3-28 所示。

表 3-28 pllcfg 寄存器

PLL 配置和状态（pllcfg）				
寄存器地址偏移量			0x8	
位	字 段 名 称	属 性	复 位	描 述
[2:0]	pllr	RW	0x1	PLL R 值
3	保留			
[9:4]	pllf	RW	0x1F	PLL F 值

续表

PLL 配置和状态（pllcfg）				
寄存器地址偏移量		0x8		
位	字 段 名 称	属 性	复 位	描 述
[11:10]	pllq	RW	0x3	PLL Q 值
[15:12]	保留			
16	pllsel	RW	0x0	PLL 选择
17	pllrefsel	RW	0x1	PLL 参考选择
18	pllbypass	RW	0x1	PLL 旁路
[30:19]	保留			
31	plllock	RO	X	PLL 锁定

下面使用 3 个读写字段的组合来设置 PLL 输出频率：pllr[1:0], pllf[5:0], pllq[1:0]，如图 3-5 所示。为了正确操作，必须在每个字段之间观察频率限制。

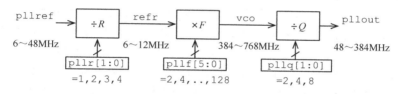

图 3-5　控制 FE310–G003 PLL 输出频率

pllr[1:0]字段将参考时钟分频比编码为两位二进制值，其中该值比分频比小 1（即 00 = 1、11 = 4）。参考分频器（refr）的输出频率必须在 6～12MHz。

pllf [5:0]字段将 PLL VCO 倍数编码为 6 位二进制值，其中该值为 N 时表示分频比为 $2(N+1)$（即 000000 = 2、111111 = 128）。VCO 的输出频率（vco）必须在 384～768MHz。如表 3-29 所示为有效的 PLL 倍数，表中的倍数设置为实际倍数；对于倍数 M，二进制值存储在 pllf 字段中的应为$(M/2)-1$。

pllq [1:0]字段对 PLL 输出分频比进行编码如下：01 = 2、10 = 4、11 = 8，不支持值 00。PLL 的最终输出频率必须在 48～384MHz。

当进行写入 1 操作时，pllcfg 寄存器中的一位读写 pllbypass 字段将关闭 PLL，然后由 pllrefsel 指示的时钟直接驱动 pllout。设置 pllbypass 时，可以配置其他 PLL 寄存器。在禁用 PLL 之前，应先从其他时钟源运行写 pllcfg 的代理。唤醒复位后，通过 pllbypass = 1 禁用 PLL。

表 3-29　有效的 PLL 倍数

refr/MHz	允许的 pllf 倍数		vco 频率/MHz	
	最　小	最　大	最　小	最　大
6	64	128	384	768
8	48	96	384	768
10	39	76	390	760
12	32	64	384	768

必须将 pllsel 位置 1 以通过 PLL 输出,旁路或以其他方式驱动最终的 hfclk。当清除 pllsel 时, hfroscclk 直接驱动 hfclk。唤醒复位后, pllsel 位清零。

将 pllcfg 寄存器复位为: 旁路并关闭 PLL 电源 pllbypass = 1;输入由外部 HFXOSC 振荡器驱动 pllrefsel = 1; PLL 不驱动系统时钟 pllsel = 0; PLL 比率设置为 $R = 2$、$F = 64$ 和 $Q = 8$（pllr = 01, pllf = 011111, pllq = 11）。

PLL 提供一个锁定信号,该信号在 PLL 实现锁定时置位,并且可以从 pllcfg 寄存器的最高有效位读取。PLL 一旦使能,就需要最多 $100\mu s$ 的时间来重新获得锁定,并且锁定信号在此初始锁定周期内不一定稳定,因此只能在此周期之后进行询问。如果源时钟存在过多的抖动, PLL 可能无法实现锁定,并且锁定信号可能不会保持有效。

电路板的设计需要注意:PLL 需要专用的 1.8V 电源及电路板上的电源滤波器。电源滤波器应该包括一个 100Ω 电阻,与电路板的 1.8V 电源串联,并通过 VDDPLL/VSSPLL 电源引脚上的 100nF 电容去耦, VSSPLL 引脚不应直接连接到电路板的 VSS。

⊙ 3.5.6　PLL 输出分频器

plloutdiv 寄存器控制一个时钟分频器,该时钟分频器对 PLL 的输出进行分频,如表 3-30 所示。

表 3-30　plloutdiv 寄存器

PLL 最终分频配置(plloutdiv)				
寄存器地址偏移量		0xC		
位	字 段 名 称	属　性	复　位	描　述
[5:0]	plloutdiv	RW	0x0	PLL 最终分频器值
[7:6]	保留			
[13:8]	plloutdivby1	RW	0x1	PLL 最终除以 1
[31:14]	保留			

如果将 plloutdivby1 位置为 1,则 PLL 输出时钟不分频。如果清除了 plloutdivby1,则 plloutdiv 中的值为 N,将时钟分频比设置为 $2(N+1)$（在 2～128）。输出分频器将 PLL 输出

频率范围扩展到 0.375～384MHz。

plloutdivby1 寄存器复位为除以 1（plloutdivby1 = 1）。

⊙ 3.5.7 内置可编程低频环形振荡器（LFROSC）

第二个可编程环形振荡器（LFROSC）用于提供内部低频时钟源（大约 32kHz），LFROSC 可以产生 1.5～230kHz 的频率（±45%）。

如表 3-31 所示，lfrosccfg 寄存器位于 AON 模块中，与环形振荡器配置和状态相关。上电复位时，LFROSC 复位以选择中间位（lfrosctrim = 16）和除以 5（lfroscdiv = 4），从而产生 30kHz 的输出频率。在软件中 LFROSC 可以通过更精确的高频时钟源进行校准。

表 3–31 lfrosccfg 寄存器

环形振荡器配置和状态（lfrosccfg）				
寄存器地址偏移量			0x70	
位	字 段 名 称	属　　性	复　位	描　述
[5:0]	lfroscdiv	RW	0x4	环形振荡器分频寄存器
[15:6]	保留			
[20:16]	lfrosctrim	RW	0x10	环形振荡器校准寄存器
[29:21]	保留			
30	lfroscen	RW	0x1	环形振荡器使能
31	lfroscrdy	RO	X	环形振荡器就绪

⊙ 3.5.8 备用低频时钟（LFALTCLK）

当芯片内部引脚 psdlfaltcksel 被锁定在低位时，可以在 psdlfaltck 引脚上驱动外部低频时钟。这个多路选择也可以通过软件使用表 3-32 中所示的 lfclkmux 寄存器中的 lfextclk_sel 信号来控制。psdlfaltcksel 的当前值可以在 lfextclk_mux_status 字段中读取。

表 3–32 lfclkmux 寄存器

低频时钟多路控制和状态(lfclkmux)				
寄存器地址偏移量			0x7C	
位	字 段 名 称	属　　性	复　位	描　述
0	lfextclk_sel	RW	0x0	低频时钟源选择器
[30:1]	保留			
31	lfextclk_mux_status	RO	X	aon_lfclksel 引脚的设置

3.5.9　时钟总结

如表 3-33 所示为 FE310-G003 微控制器的主要时钟源及其初始复位条件。在外部复位时，AON 域里的 lfclk 以 LFROSC 或 psdlfaltclk 为主时钟，通过 psdlfaltclksel 选择其中之一。唤醒复位时，以 HFROSC 作为"大部分关闭"的 MOFF 域 hfclk 主时钟。

表 3-33　FE310-G003 微控制器的主要时钟源及其初始复位条件

名　称	复位时钟源	频　率			备　注
		复　位	最　小	最　大	
AON 域					
LFROSC	lfroscrst	32kHz	1.5kHz	230kHz	±45%
psdlfaltclk	—	—	0kHz	500kHz	由 psdlfaltclksel 选择时
MOFF 域					
HFROSC	hfclkrst	13.8MHz	0.77MHz	20MHz	±45%
HFXOSC 晶体	hfclkrst	ON	10MHz	20MHz	在 HiFive 上为 16MHz
HFXOSC 输入	hfclkrst	ON	0MHz	20MHz	外部时钟源
PLL	hfclkrst	OFF	0.375MHz	384MHz	—
JTAG TCK	—	OFF	0MHz	16MHz	—

3.6　电源模式

本节介绍 FE310-G003 微控制器上可用的不同电源模式。FE310-G003 微控制器支持 3 种电源模式：运行、等待和睡眠。

3.6.1　运行模式

运行模式对应于处理器正在运行的常规执行模式，可以通过改变处理器和外围总线的时钟频率及使能或禁用单个外围模块来调整功耗。处理器通过执行"等待中断（WFI）"指令退出运行模式。

3.6.2　等待模式

当处理器执行 WFI 指令时将进入等待模式，该模式将暂停指令执行并控制驱动处理器流水线的时钟。所有状态都在系统中保留。当本地中断未决或 PLIC 发送中断通知时，处理器将以运行模式恢复。处理器也可能会退出其他事件的等待模式，并且软件在退出等待模式时必须检查系统状态，以确定正确的操作过程。

⊗ 3.6.3 睡眠模式

睡眠模式通过写在控制数字平台电源功能的电源管理单元（PMU）里的内存映射寄存器 pmusleep 输入控制。PMU 用于测量主电池或电源的电压的模数转换器。即使计算机完全关闭由备用电池供电，PMU 也是少数几个保持活动状态的模块之一。

pmusleep 寄存器受 pmukey 寄存器保护，在写入 pmusleep 之前，必须将 pmukey 寄存器写入定义的值。然后，PMU 将执行掉电顺序以关闭处理器和主要引脚的电源。除了 AON 域中保持的状态外，系统中的所有易失性状态都将丢失，主输出引脚将保持不定状态。

当唤醒事件发生时将退出睡眠模式，随后 PMU 将启动唤醒序列。唤醒序列打开内核和电源引脚，同时在时钟、内核和引脚上设置复位。电源稳定后将取消复位时钟，以使时钟稳定。一旦时钟稳定，便会取消设置引脚和处理器的复位，处理器将从复位向量开始运行。

软件必须重新初始化内核，并且可以查询 PMU pmucause 寄存器以确定复位的原因，可以从备份寄存器恢复休眠前状态。处理器最初始终以默认设置从 HFROSC 运行，且必须重新配置时钟以从 HFXOSC 或 PLL 备用时钟源或 HFROSC 上的其他设置运行。

由于 FE310-G003 微控制器没有内部电压调节器，因此 PMU 通过芯片输出 pmu_out_0 和 pmu_out_1 来控制电源，可以使用这些输出来使能和禁用连接到 FE310-G003 微控制器的电源。

3.7 平台级中断控制器（PLIC）

本节介绍 FE310-G003 微控制器上平台级中断控制器（PLIC）的操作。中断控制器允许多个外部中断源共享中断资源，用来解决相应的问题。例如，CPU 上只有一个 INTR 输入端，多个中断源如何与 INTR 连接、中断向量如何区别、各中断源的优先级如何判定等。早期的可编程中断控制器 8259A 就是 Intel 公司专门为 80x86 CPU 进行外部中断控制而设计的芯片。它可以接收多个外部中断源的中断请求，并进行优先级判断，选中当前优先级最高的中断请求，并将此请求发送到 CPU 的 INTR 端。当 CPU 响应中断并进入中断服务程序的处理过程后，中断控制器仍负责对外部中断请求的管理。

FE310-G003 微控制器上的 PLIC 符合 1.10 版本的 RISC-V 指令集手册"第二卷：特权体系架构"，支持具有 7 个优先级的 52 个中断源。

⊗ 3.7.1 内存映射

FE310-G003 微控制器 PLIC 寄存器内存映射如表 3-34 所示。PLIC 内存映射为仅需要自然对齐的 32 位内存访问而设计。

表 3-34　FE310-G003 微控制器 PLIC 寄存器内存映射

地　　址	宽　度	属　性	描　　述	备　　注
0x0C00_0000			保留	
0x0C00_0004	4 字节	RW	中断源优先级 1	有关更多信息，请参见 3.7.3 节中断优先级
...				
0x0C00_00D0	4 字节	RW	中断源优先级 52	
0x0C00_00D4			保留	
...				
0x0C00_1000	4 字节	RO	中断未决数组的开始	有关更多信息，请参见 3.7.4 节中断未决位
...				
0x0C00_1004	4 字节	RO	中断未决数组的最后一个字	
0x0C00_1008			保留	
...				
0x0C00_2000	4 字节	RW	Hart 0 M-模式中断使能开始	有关更多信息，请参见 3.7.5 节中断使能
...				
0x0C00_2004	4 字节	RW	Hart 0 M-模式中断使能结束	
0x0C00_2008			保留	
...				
0x0C20_0000	4 字节	RW	Hart 0 M-模式优先级阈值	有关更多信息，请参见 3.7.6 节优先级阈值
0x0C20_0004	4 字节	RW	Hart 0 M-模式声明/完成	有关更多信息，请参见 3.7.7 节中断声明程序
0x0C20_0008			保留	
...				
0x1000_0000			PLIC 内存映射结束	

⊛ 3.7.2　中断源

　　FE310-G003 微控制器具有 52 个中断源，由表 3-35 中列出的各种片上设备所驱动。这些信号均为正电平触发。在 1.10 版本的 RISC-V 指令集手册"第二卷：特权体系架构"中指定的 PLIC，全局中断 ID 0 定义为"无中断"。

表 3-35　PLIC 中断源映射

起　　始	终　　止	中　断　源
1	32	GPIO
33	33	UART0

续表

起　　始	终　　止	中　断　源
34	34	UART1
35	35	QSPI0
36	36	SPI1
37	37	SPI2
38	41	PWM0
42	45	PWM1
46	49	PWM2
50	50	I²C
51	51	AON 看门狗
52	52	AON RTC

3.7.3　中断优先级

FE310-G003 微控制器可以通过写入每个 PLIC 中断源的 32 位内存映射优先级（priority）寄存器来分配优先级，如表 3-36 所示。FE310-G003 微控制器支持 7 个优先级。保留优先级值 0 表示"永不中断"，并有效地禁用该中断。优先级 1 是最低的活动优先级，优先级 7 是最高的活动优先级。具有相同优先级的全局中断之间的联系被中断 ID 破坏；ID 最低的中断具有最高的有效优先级。

表 3-36　PLIC 中断优先级寄存器

PLIC 中断优先级寄存器（priority）				
基　地　址		0x0C00_0000 + 4 × 中断 ID		
位	字 段 名 称	属　性	复　位	描　　述
[2:0]	优先级	RW	X	设置给定全局中断的优先级
[31:3]	保留	RO		

3.7.4　中断未决位

可以从未决的数组中读取 PLIC 中断源未决位的当前状态，由两个 32 位字组成。中断 ID 为 N 的未决位存储在（$N/32$）字的（$N \bmod 32$）位中。因此，如表 3-37、表 3-38 所示，FE310-G003 微控制器具有两个中断未决寄存器，代表不存在的中断源 0 存储在字 0 的位 0，其硬连线为 0。

通过设置相关的使能位，然后执行 3.7.7 节中所述的中断声明来清除 PLIC 内核中的未决位。

表 3-37 PLIC 中断未决寄存器 1

PLIC 中断未决寄存器 1 (pending1)				
基 地 址			0x0C00_1000	
位	字 段 名 称	属 性	复 位	描 述
0	中断未决 0	RO	0	不存在的全局中断 0，硬连线为 0
1	中断未决 1	RO	0	全局中断 1 的未决位
2	中断未决 2	RO	0	全局中断 2 的未决位
...				
31	中断未决 31	RO	0	全局中断 31 的未决位

表 3-38 PLIC 中断未决寄存器 2

PLIC 中断未决寄存器 2 (pending2)				
基 地 址	0x0C00_1004			
位	字 段 名 称	属 性	复 位	描 述
0	中断 32 未决	RO	0	全局中断 32 的未决位
...				
20	中断 52 未决	RO	0	全局中断 52 的未决位
[31:21]	保留	WIRI	X	

⊙ 3.7.5 中断使能

如表 3-39、表 3-40 所示，通过设置使能寄存器中的相应位，可以使能每个全局中断。使能（enables）寄存器以 2×32 位字的连续数组形式访问，并以与未决位相同的方式打包。使能字 0 的位 0 表示不存在的中断 ID 0，并且硬连线为 0。SiFive RV32 系统中的使能阵列仅支持 32 位字访问。

表 3-39 Hart 0-M 模式的 PLIC 中断使能寄存器 1

Hart 0-M 模式的 PLIC 中断使能寄存器 1（enable 1）				
基 地 址			0x0C00_2000	
位	字 段 名 称	属 性	复 位	描 述
0	中断使能 0	RO	0	不存在的全局中断 0，硬连线为 0
1	中断使能 1	RW	X	全局中断 1 的使能位
2	中断使能 2	RW	X	全局中断 2 的使能位
...				
31	中断使能 31	RW	X	全局中断 31 的使能位

表3-40　Hart 0-M 模式的 PLIC 中断使能寄存器2

Hart 0-M 模式的 PLIC 中断使能寄存器2（enable 2）				
基　地　址	0x0C00_2004			
位	字　段　名　称	属　　性	复　　位	描　　述
0	中断使能 32	RW	X	全局中断 32 的使能位
...				
20	中断使能 52	RW	X	全局中断 52 的使能位
[31:21]	保留	RO	0	

⟩ 3.7.6　优先级阈值

FE310-G003 微控制器支持通过阈值（threshold）寄存器设置中断优先级阈值。阈值是 WARL 字段，其中 FE310-G003 微控制器支持的最大阈值为7。

如表 3-41 所示，FE310-G003 微控制器的屏蔽优先级小于或等于阈值的所有 PLIC 中断。例如，阈值 0 允许所有优先级为"非 0"的中断，而阈值 7 则屏蔽所有中断。

表3-41　PLIC 中断优先级阈值寄存器

PLIC 中断优先级阈值寄存器（threshold）				
基　地　址	0x0C20_0000			
位	字　段　名　称	属　　性	复　　位	描　　述
[2:0]	阈值	RW	X	设置优先级阈值
[31:21]	保留	RO	0	

⟩ 3.7.7　中断声明流程

FE310-G003 微控制器的寄存器可以通过读取声明/完成（claim/complete）寄存器（见表 3-42）来执行中断声明，该寄存器返回优先级最高的未决中断的 ID，如果没有未决中断，则返回 0。成功的声明可以自动清除中断源上的相应未决位。

即使未设置 mip 寄存器中的 MEIP 位，FE310-G003 微控制器的 hart 也可以随时执行声明。声明操作不受优先级阈值寄存器设置的影响。

表3-42　hart 0 M-模式的 PLIC 中断声明/完成寄存器

PLIC 中断声明/完成寄存器（claim）				
基　地　址			0x0C20_0004	
[31:0]	Hart 0-M 模式的中断声明/完成	RW	X	读数为 0 表示没有中断未决。读取非 0 包含最高未决中断的 ID。对该寄存器的写信号表示已完成的中断 ID

⊗ 3.7.8　中断完成

FE310-G003 微控制器的寄存器通过将其从声明接收的中断 ID 写入表 3-42 的声明/完成寄存器，发出信号，表明它已完成执行中断处理程序。PLIC 不会检查完成 ID 是否与该目标的最后声明 ID 相同。如果完成 ID 与当前为目标使能的中断源不匹配，则将自动忽略该完成。

⌐• 3.8　一次性可编程存储器（OTP）外设 •—

本节介绍一次性可编程存储器（OTP）控制器的工作原理。设备配置和电源主要由软件控制。假定 OTP 控制器的时钟速率为 1~37MHz，将控制器复位为允许内存映射读取的状态。在同步复位时，读电压使能信号 vrren 有效；如果在控制器时钟运行时复位信号至少持续 150μs，则在复位后立即从 OTP 读取数据是安全的。

可编程 I/O 读/写完全由软件排序。

⊗ 3.8.1　内存映射

OTP 控制器内存映射中的寄存器地址偏移量如表 3-43 所示。控制器的内存映射被设计成只需要自然对齐的 32 位内存访问。OTP 控制器还包含一个读序列器，它将 OTP 的内容公开为只读/只执行的内存映射设备。

表 3-43　OTP 控制器内存映射中的寄存器地址偏移量

偏 移 量	名　　称	描　　述
0x00	otp_lock	可编程 I/O 锁定寄存器
0x04	otp_ck	OTP 设备时钟信号
0x08	otp_oe	OTP 设备输出使能信号
0x0C	otp_sel	OTP 设备 chip 片选信号
0x10	otp_we	OTP 设备写入使能信号
0x14	otp_mr	OTP 模式寄存器
0x18	otp_mrr	OTP 读稳压控制
0x1C	otp_mpp	OTP 写压充电泵控制
0x20	otp_vrren	OTP 读压使能信号
0x24	otp_vppen	OTP 写压使能信号
0x28	otp_a	OTP 设备地址
0x2C	otp_d	OTP 设备数据输入
0x30	otp_q	OTP 设备数据输出
0x34	otp_rsctr1	OTP 读取排序器设备

⊙ 3.8.2 可编程 I/O 锁定寄存器 (otp_lock)

可编程 I/O 锁定寄存器 otp_lock 支持读序列器和可编程 I/O 接口之间的同步。当"锁定 (lock)"被清除时,内存映射将继续进行读取。设置"锁定"后,内存映射读取不会访问 OTP 设备,而是立即返回 0,也就意味着这个被锁定的 OTP 寄存器再也不能进行写操作了。

otp_lock 寄存器应该在写入任何其他控制寄存器之前确认。软件可以尝试通过将 1 存储到 otp_lock 寄存器来获取锁定的效果。如果内存映射还在进行读取,则不能获得锁定的效果,并将保留值 0。软件可以通过加载 otp_lock 寄存器并检查它的值为 1,来检查是否成功获取锁定的效果。

在经过可编程 I/O 序列之后,软件应该恢复任何被修改控制寄存器先前的值,然后将 0 存储到 otp_lock 寄存器。代码清单 3-1 显示了同步代码序列。

代码清单 3-1 获取和释放 otp_lock 的序列

```
        la t0, otp_lock
        li t1, 1
loop:   sw t1, (t0)
        lw t2, (t0)
        beqz t2, loop
        #
        #这里是可编程I/O序列
        #
        sw x0, (t0)
```

⊙ 3.8.3 可编程 I/O 序列

可编程 I/O 接口将 OTP 设备和电源的控制信号直接提供给软件,软件负责适配这些信号的设置和保持时间。

OTP 设备要求一次编程一位数据,并根据特定协议重新读取和重试结果。有关时序约束、控制信号描述和编程算法请参阅 OTP 设备和电源的数据手册。

⊙ 3.8.4 读序列控制寄存器 (otp_rsctrl)

读序列包括一个地址设置阶段、一个读脉冲阶段和一个读访问阶段。这些阶段在控制器时钟周期方面的持续时间,是由一个可编程的时钟分频器设置的。分隔符由 otp_rsctrl 寄存器控制,如表 3-44 所示。

每个相位的时钟周期数为 2^{scale},每个相位的宽度可任意缩放 3。地址设置阶段的控制器时钟周期数的表达式为 $2^{scale}(1+2t_{AS})$;读脉冲阶段的控制器时钟周期数的表达式为

$2^{scale}(1+2t_{RP})$；读访问阶段的周期比较长，为 $2^{scale}(1+2t_{RACC})$。

软件应该在修改 otp_rsctrl 之前获取 otp_lock 的值。

表3-44   otp_rsctrl: OTP 读序列控制

otp_rsctrl: OTP 读序列控制				
寄存器地址偏移量		0x34		
位	字段名称	属性	复位	描述
[2:0]	scale	RW	0x1	OTP 时间刻度
3	tas	RW	0x0	地址建立时间
4	trp	RW	0x0	读脉冲时间
5	tacc	RW	0x0	读访问时间
[31:6]	保留			

3.8.5　OTP 编程警告

警告：不正确地使用 OTP 可能导致设备失去功能或其他不可靠的操作。

（1）OTP 必须严格按照以下程序进行编程。

（2）OTP 被设计成只有 coreClk 运行在 1～37MHz 之间时才能被编程或访问。

（3）OTP 只能在电源电压保持在规定范围内时才能编程。

3.8.6　OTP 编程过程

OTP 编程过程如下：

（1）锁定 otp。

① 将 0x1 写入 otp_lock 寄存器内。

② 检查是否可以从 otp_lock 寄存器中读取 0x1。

③ 重复以上步骤，直到成功读取 0x1。

（2）通过写入以下值设置编程电压：

otp_mrr=0x4

otp_mpp=0x0

otp_vppen=0x0

（3）等待 20s，直到编程电压稳定。

（4）通过设置 OTP 设备地址 otp_a 来完成存储器的寻址。

（5）一次只写一位。

① 在 OTP 设备数据输入 otp_d 中只设置想要写入的高位。

② 使 OTP 设备时钟信号 otp_ck 为高，并保持 50μs。

③ 使 OTP 设备时钟信号 otp_ck 为低。注意：这意味着在任何时候 otp_d 中只有一位

应该是高。

（6）验证写入的 OTP 读稳压控制位设置 otp_mrr=0x9 为读余量。

（7）使用 400μs 脉冲重复步骤（2）～步骤（5），消除任何验证失败的情况。

（8）设置 otp_mrr=0xF 以验证重写位。在检验到失败的情况之前，步骤（7）、步骤（8）可重复多达 10 次直到零件失效。

（9）通过将 0x0 写入 otp_lock 寄存器来解锁 otp。

3.9 始终上电（AON）电源域

FE310-G003 微控制器支持一个始终上电（AON）电源域，该域包括实时计数器、看门狗计时器、备份寄存器、低频时钟及系统其余部分的复位和电源管理电路，如图 3-6 所示。

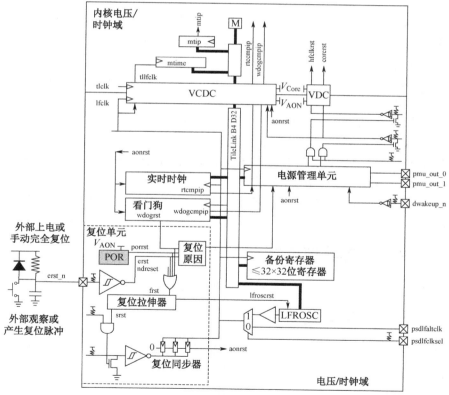

图 3-6 FE310–G003 微控制器的始终上电（AON）电源域

⊙ 3.9.1 AON 电源

AON 电源域由芯片外电源持续供电，可以是稳压电源供电，也可以是电池供电。

⊙ 3.9.2 AON 时钟

AON 电源域由低频时钟 lfclk 进行计时。内核域的 TileLink 外围总线使用高频时钟 coreClk。一个高频-低频的电源-时钟域交叉（Voltage-Clock-Domain Crossing，VCDC）桥接在两个电源和时钟域之间。

可以通过 aon_lfaltclksel 和 aon_lfaltclk 的引脚提供另一种低频时钟源。

⊙ 3.9.3 AON 复位单元

AON 复位是 FE310-G003 微控制器上最宽的复位，复位除了 JTAG 调试接口之外的所有状态。

当电源首次作用于 AON 电源域时，芯片内的上电复位（Power-on Reset，POR）电路、外部的低电平有效复位引脚（erst_n）、调试单元复位（ndreset）或看门狗（watchdog）定时器过期（wdogrst）都可以触发 AON 复位。

这些复位源提供一个短的初始复位脉冲 frst，它被复位拉伸器扩展以提供 LFROSC 复位信号 lfroscrst 和一个更长的拉伸内部复位 srst。

lfroscrst 信号用于初始化 LFROSC 中的环形振荡器。该振荡器提供了 lfclk，用于对 AON 进行计时。lfclk 也被用作 CLINT 中 mtime 的时钟输入。

srst 选通被传递给由 lfclk 计时的复位同步器以生成 aonrst——一种异步-启动/同步-释放的复位信号，用于复位大部分 AON 模块。

在 aonrst 信号失效之后，电源管理单元（PMU）状态机将产生"大部分关闭"的 MOFF 域复位信号 coreclkrst 和 corerst。

⊙ 3.9.4 上电复位电路

上电复位电路保持低输出，直到 AON 模块的电压超过预设阈值。

⊙ 3.9.5 外部复位电路

FE310-G003 微控制器可以通过向下拉外部复位引脚（erst_n）来进行复位，该复位引脚具有弱上拉的特性，可以提供由外部电阻和电容组成的上电复位电路，以产生足够长的脉冲，使电源电压上升，然后启动复位拉伸器。

外部复位电路可以包括图 3-6 中所示的二极管，用于在电源移除后快速给电容器放电，以重新接通外部上电复位电路。手动复位按钮可与电容器并联。

⊙ 3.9.6　复位原因

如 3.11 节所述，AON 复位的原因锁定在复位单元中，并且可以从 PMU 中的 pmucause 寄存器读取。

⊙ 3.9.7　看门狗定时器（WDT）

看门狗定时器可用于提供看门狗复位功能或定时中断。看门狗定时器在 3.10 节中有详细描述。

⊙ 3.9.8　实时时钟（RTC）

实时时钟用于维护系统的时间，还可以用于从睡眠模式或正常运行期间的计时器中断生成定时唤醒。实时时钟在 3.12 节中有详细描述。

⊙ 3.9.9　备份寄存器

备份寄存器提供了在睡眠期间存储关键数据的地方，FE310-G003 微控制器有 32 个 32 位备份寄存器。

⊙ 3.9.10　电源管理单元（PMU）

电源管理单元（PMU）用于对系统电源进行排序，并在进入和退出睡眠模式时对信号进行复位。PMU 还监控 AON 电源域里的信号唤醒情况。PMU 在 3.11 节中有详细描述。

⊙ 3.9.11　AON 内存映射

如表 3-45 所示为 AON 内存映射。

表 3-45　AON 内存映射

偏移量	名　称	描　述
0x000	wdogcfg	看门狗配置寄存器
0x008	wdogcount	看门狗计数器
0x010	wdogs	看门狗计数器的刻度值
0x018	wdogfeed	喂狗寄存器
0x01C	wdogkey	看门狗键值寄存器
0x020	wdogcmp0	看门狗比较器 0
0x040	rtccfg	实时时钟配置
0x048	rtccountlo	实时时钟计数器低位

续表

偏 移 量	名 称	描 述
0x04C	rtccounthi	实时时钟计数器高位
0x050	rtcs	实时时钟计数器的刻度值
0x060	rtccmp0	实时时钟比较器 0
0x070	lfrosccfg	环形振荡器的配置和状态
0x07C	lfclkmux	低频时钟多路选择器控制和状态
0x080	backup_0	备份寄存器 0
0x084	backup_1	备份寄存器 1
0x088	backup_2	备份寄存器 2
0x08C	backup_3	备份寄存器 3
0x090	backup_4	备份寄存器 4
0x094	backup_5	备份寄存器 5
0x098	backup_6	备份寄存器 6
0x09C	backup_7	备份寄存器 7
0x0A0	backup_8	备份寄存器 8
0x0A4	backup_9	备份寄存器 9
0x0A8	backup_10	备份寄存器 10
0x0AC	backup_11	备份寄存器 11
0x0B0	backup_12	备份寄存器 12
0x0B4	backup_13	备份寄存器 13
0x0B8	backup_14	备份寄存器 14
0x0BC	backup_15	备份寄存器 15
0x100	pmuwakeupi0	唤醒程序指令 0
0x104	pmuwakeupi1	唤醒程序指令 1
0x108	pmuwakeupi2	唤醒程序指令 2
0x10C	pmuwakeupi3	唤醒程序指令 3
0x110	pmuwakeupi4	唤醒程序指令 4
0x114	pmuwakeupi5	唤醒程序指令 5
0x118	pmuwakeupi6	唤醒程序指令 6
0x11C	pmuwakeupi7	唤醒程序指令 7
0x120	pmusleepi0	睡眠程序指令 0
0x124	pmusleepi1	睡眠程序指令 1
0x128	pmusleepi2	睡眠程序指令 2
0x12C	pmusleepi3	睡眠程序指令 3
0x130	pmusleepi4	睡眠程序指令 4

偏 移 量	名　称	描　述
0x134	pmusleepi5	睡眠程序指令 5
0x138	pmusleepi6	睡眠程序指令 6
0x13C	pmusleepi7	睡眠程序指令 7
0x140	pmuie	PMU 中断使能信号
0x144	pmucause	PMU 唤醒原因
0x148	pmusleep	启动 PMU 睡眠序列
0x14C	pmukey	PMU 键值，PMU 被解锁时读取为 1
0x210	SiFiveBandgap	带隙基准配置
0x300	AONCFG	AON 配置信息

3.10　看门狗定时器（WDT）

看门狗定时器（WDT）用于在硬件或软件错误导致系统故障时，使系统能完全上电复位。如果不需要看门狗功能，WDT 也可以用作可编程的周期性中断源。WDT 的实现方式是一个在始终上电域的累加计数器，在计数达到预先设置的阈值之前，必须定期复位该上数计数器，否则将触发完全上电复位。如图 3-7 所示，为了防止错误的代码重新复位计数器，WDT 寄存器只能通过显示 WDT 键值（wdogkey）序列来更新。

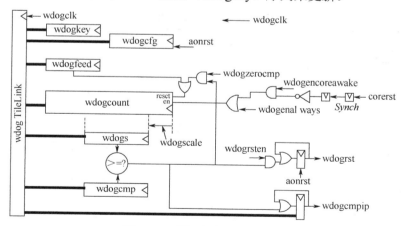

图 3-7　看门狗计时器电路图

⊙ 3.10.1　看门狗计数器（wdogcount）

如图 3-7 所示，WDT 基于 wdogcount[30:0]中的 31 位计数器。计数器可以在 TileLink 总线上读取或写入。读取时，wdogcount 的第 31 位返回 0。

计数器以看门狗时钟选择的最大速率递增。在每个周期中，可以根据某些条件的存在而有条件地递增计数器，包括始终递增或仅在处理器未休眠时递增；还可以根据某些条件将计数器复位为 0，如成功写入 wdogfeed 或匹配比较值的计数器。

⊙ 3.10.2　看门狗时钟选择

如图 3-7 所示，WDT 单元时钟 wdogclk 是由低频时钟 lfclk 驱动的，以大约 32 kHz 的速度运行。

⊙ 3.10.3　看门狗配置寄存器（wdogcfg）

如表 3-46 所示为看门狗配置寄存器 wdogcfg。wdogen*位用来控制看门狗计数器 wdogcount 增加的条件。如果设置 wdogenalways 位，意味着看门狗计数器总是递增。如果设置了 wdogencoreawake 位，表示如果处理器内核没有休眠，则看门狗计数器将递增。WDT 使用来自唤醒序列器的 corerst 信号来知道内核何时处于睡眠状态。仅当使能的条件为真时，计数器才在每个周期中递增 1。wdogen*位在 AON 电源域复位时才会复位。

表 3–46　看门狗配置寄存器

wdogcfg：看门狗配置				
寄存器地址偏移量		0x0		
位	字 段 名 称	属　　性	复　　位	描　　述
[3:0]	wdogscale	RW	X	计数器刻度值
[7:4]	保留			
8	wdogrsten	RW	0x0	控制比较器输出是否可以设置 wdogrst 位，从而使之完全复位
9	wdogzerocmp	RW	X	匹配后将计数器复位为 0
[11:10]	保留			
12	wdogenalways	RW	0x0	使能连续运行
13	wdogencoreawake	RW	0x0	在处理器未休眠的状态下，增加看门狗计数器
[27:14]	保留			
28	wdogip0	RW	X	中断未决 0
[31:29]	保留			

4 位 wdogscale 字段在将看门狗计数器值送到比较器之前对其进行缩放。wdogscale 中的值是 16 位 wdogs 字段开始时的 wdogcount 寄存器中位的位置。wdogscale 值为 0 表示没有缩放，然后 wdogs 将等于较低的 16 位 wdogcount。wdogscale 中的最大值 15 对应于时钟分频的数值 2^{15}，对于输入时钟 32.768kHz，wdogs 的最低有效位（LSB）每秒增加一次。wdogs 的值是内存映射的，可以在 AON 电源域的 TileLink 总线上作为单个 16 位值读取。

如果设置了 wdogzerocmp 位，则在 wdogs 的计数器值匹配或超过 wdogcmp 中的比较值后的一个周期中，看门狗计数器的 wdogcount 将自动复位为 0。这个特性可以用来实现周期性的计数器中断，在该情况下，周期与中断服务时间无关。

wdogrsten 位控制比较器输出是否可以设置 wdogrst 位，从而导致完全复位。wdogip0 中断未决位可以被读取或写入。

3.10.4 看门狗比较器 0（wdogcmp0）

如表 3-47 所示，wdogcmp0 寄存器是一个 16 位的值，每个周期都将当前的 wdogs 值与之进行比较。只要 wdogs 的值大于或等于 wdogcmp0，就可以确定比较器的输出。

表 3-47　wdogcmp0：比较器 0

wdogcmp0：比较器 0				
寄存器地址偏移量		0x20		
位	字 段 名 称	属 性	复 位	描 述
[15:0]	wdogcmp0	RW	X	比较器 0
[31:16]	保留			

3.10.5 看门狗键值寄存器（wdogkey）

看门狗键值寄存器（wdogkey）只有一个状态。为了防止 WDT 的虚假复位，所有对 wdogcfg、wdogfeed、wdogcount、wdogcmp 和 wdogip0 的写操作之前必须对设置 wdogkey 的 wdogkey 寄存器位置执行一个解锁操作。必须将值 0x51F15E 写入 wdogkey 寄存器地址，以便在对任何其他看门狗寄存器进行写访问之前设置状态位。状态位在 AON 模块复位时才复位，并在写入看门狗寄存器后复位。

看门狗寄存器可以在不设置 wdogkey 的情况下被读取。

3.10.6 喂狗寄存器（wdogfeed）

键值解锁成功后，可以将值 0xD09F00D 写入 wdogfeed 的地址，将 wdogcount 寄存器复位为 0。初始化看门狗的序列如代码清单 3-2 所示。读者注意到，没有与 wdogfeed 地址相关的状态，读取此地址将返回 0。

代码清单 3-2　初始化看门狗的序列

```
li t0, 0x51F15E      #获取键值
sw t0, wdogkey       #解锁狗舍
li t0, 0xD09F00D     #得到一些食物
sw t0, wdogfeed      #喂看门狗
```

⊛ 3.10.7　看门狗配置

WDT 提供了最长超过 18 小时（大约 65 535s）的看门狗时间间隔。

⊛ 3.10.8　看门狗复位

如果在 WDT 使能时，在 wdogcount 寄存器超过 wdogcmp0 之前没有给看门狗喂食，则复位脉冲被发送到复位电路，芯片将运行完整的上电过程。WDT 将在完全复位后初始化，清除 wdogrsten 和 wdogen*位。

⊛ 3.10.9　看门狗中断（wdogip0）

WDT 可以配置为通过禁用看门狗复位（wdogrsten=0），和在比较器触发时使能计数器的自动归零（wdogzerocmp=1），来提供周期性计数器中断。只有一位的 wdogip0 寄存器捕获比较器输出，并保持它以提供中断未决信号。wdogip0 寄存器位于 wdogcfg 寄存器中，可以通过 TileLink 读取和写入来清除中断。

·• 3.11　电源管理单元（PMU）

FE310-G003 微控制器的电源管理单元（PMU）在 AON 电源域内实现，并在上电复位期间转换"大部分关闭"的 MOFF 模块进入和退出睡眠模式，对系统的电源和复位信号进行排序。

⊛ 3.11.1　PMU 概述

PMU 是由 lfclk 在 AON 电源域中进行同步计时的单元。PMU 处理由上电复位、唤醒和睡眠操作启动的复位、唤醒事件和睡眠请求。当"大部分关闭"的 MOFF 模块关闭时，PMU 监控 AON 信号来启动唤醒序列。当 MOFF 模块通电时，PMU 等待来自 MOFF 模块的睡眠请求，MOFF 模块启动睡眠序列。PMU 是基于一个简单的可编程微码排序器，通过短程序对控制电源的输出信号进行排序，并将信号复位到系统中的时钟、内核和芯片引脚。

电源管理单元电路图如图 3-8 所示。

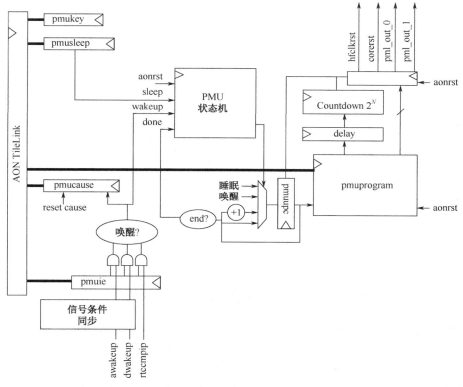

图 3-8 电源管理单元电路图

⊙ 3.11.2 内存映射

PMU 内存映射如表 3-48 所示。内存映射被设计为只需要自然对齐的 32 位内存访问。

表 3-48 PMU 内存映射

偏 移 量	名 称	描 述
0x100	pmuwakeupi0	唤醒程序指令 0
0x104	pmuwakeupi1	唤醒程序指令 1
0x108	pmuwakeupi2	唤醒程序指令 2
0x10C	pmuwakeupi3	唤醒程序指令 3
0x110	pmuwakeupi4	唤醒程序指令 4
0x114	pmuwakeupi5	唤醒程序指令 5

续表

偏 移 量	名　　称	描　　述
0x118	pmuwakeupi6	唤醒程序指令 6
0x11C	pmuwakeupi7	唤醒程序指令 7
0x120	pmusleepi0	睡眠程序指令 0
0x124	pmusleepi1	睡眠程序指令 1
0x128	pmusleepi2	睡眠程序指令 2
0x12C	pmusleepi3	睡眠程序指令 3
0x130	pmusleepi4	睡眠程序指令 4
0x134	pmusleepi5	睡眠程序指令 5
0x138	pmusleepi6	睡眠程序指令 6
0x13C	pmusleepi7	睡眠程序指令 7
0x140	pmuie	PMU 中断使能信号
0x144	pmucause	PMU 唤醒原因
0x148	pmusleep	初始化 PMU 睡眠序列
0x14C	pmukey	PMU 键值寄存器，当 PMU 被解锁时读取为 1

➤ 3.11.3　PMU 键值寄存器（pmukey）

pmukey 寄存器有一位状态。为了防止伪造的睡眠或 PMU 程序修改，所有对 PMU 寄存器进行写操作之前必须对 pmukey 寄存器位置进行解锁操作，该操作将 pmukey 设置为 1。必须将值 0x51F15E 写入 pmukey 寄存器地址，以便在对任何其他 PMU 寄存器进行写访问之前设置状态位。状态位在 AON 复位时及写入 PMU 寄存器后会被复位。

可以在不设置 pmukey 的情况下读取 PMU 寄存器。

➤ 3.11.4　PMU 编程

PMU 是一个可编程的序列器，以支持对唤醒和睡眠序列的定制和调优。一个唤醒或睡眠程序包含 8 个指令。一条指令包含一个延迟，编码为二进制数量级，并为所有 PMU 输出信号设置一个新的延迟值。PMU 指令格式如表 3-49 所示。例如，针对时钟周期的指令 0x108 延迟 2^8 时钟周期，然后提高 hfclkrst 并降低所有其他输出信号。

PMU 输出信号被记录，并且只在 PMU 指令边界上切换。输出寄存器都被 aonrst 异步设置为 1。

上电复位时，PMU 程序内存复位为保守的默认值。如表 3-50 所示为默认 PMU 唤醒程序，如表 3-51 所示为默认 PMU 睡眠程序。

表 3-49　PMU 指令格式

PMU 指令格式 [pmu(sleep/wakeup)ix]				
寄存器地址偏移量		0x100		
位	字 段 名 称	属　　性	复　　位	描　　述
[3:0]	delay	RW	X	延迟乘法器
4	pmu_out_0_en	RW	X	驱动 PMU 输出 En 0 高
5	pmu_out_1_en	RW	X	驱动 PMU 输出 En 1 高
7	corerst	RW	X	内核复位
8	hfclkrst	RW	X	高频时钟复位
9	isolate	RW	X	隔离 moff 到 aon 的电源域

表 3-50　默认 PMU 唤醒程序

程 序 指 令	值	含　　义
0	0x3F0	确定所有复位并启动所有电源
1	0x2F8	空闲 2^8 周期，然后在 hfclkrst 无效
2	0x030	在 corerst 和 padrst 无效
3-7	0x030	重复

表 3-51　默认 PMU 睡眠程序

程 序 指 令	值	含　　义
0	0x2F0	在 corerst 有效
1	0x3F0	在 hfclkrst 有效
2	0x3D0	在 pmu_out_1_en 无效
3	0x3C0	在 pmu_out_0_en 无效
4-7	0x3C0	重复

⊙ 3.11.5　初始化睡眠序列寄存器（pmusleep）

任何值被写入初始化睡眠序列寄存器（pmusleep），将启动存储在睡眠程序内存中的睡眠序列，MOFF 模块将休眠，直到 pmuie 寄存器中的使能事件发生。

⊙ 3.11.6　唤醒信号调理

外部数字输入唤醒信号（dwakeup）可以唤醒 PMU，信号调理模块对 PMU 进行预处理。dwakeup 信号有一个固定的毛刺去除电路，要求 dwakeup 信号在被接受之前保持两个 AON 时钟边缘的状态。调节电路还将 dwakeup 信号重新同步到 AON 电源域的低频时钟信号 lfclk。

⊙ 3.11.7 PMU 中断使能寄存器（pmuie）和唤醒原因寄存器（pmucause）

PMU 中断使能寄存器（pmuie）指示哪些事件可以将 MOFF 模块从睡眠中唤醒，如表 3-52 所示。dwakeup 位表示 dwakeup_n 引脚上的逻辑 0 可以唤醒 MOFF 模块，rtc 位表示 rtc 比较器可以唤醒 MOFF 模块。

表 3-52　pmuie：PMU 中断使能寄存器

pmuie：PMU 中断使能寄存器				
寄存器地址偏移量		0x140		
位	字段名称	属　性	复　位	描　述
[3:0]	pmuie	RW	0x1	PMU 中断使能
[31:4]	保留			

在唤醒之后，唤醒原因寄存器（pmucause）指示引起唤醒的事件，如表 3-53 所示。wakeupcause 字段中的值对应于 pmuie 中事件位的位置，如值 2 表示 dwakeup，值 0 表示从复位中唤醒，如表 3-54 所示。

如果从复位中唤醒，resetcause 字段指示是哪个复位源触发了唤醒。表 3-55 列出了 resetcause 字段可能接受的值，resetcause 中的值将持续到下一次复位。

表 3-53　pmucause：PMU 唤醒原因寄存器

pmucause：PMU 唤醒原因寄存器				
寄存器地址偏移量		0x144		
位	字段名称	属　性	复　位	描　述
[31:0]	pmucause	RO	X	PMU 唤醒原因

表 3-54　唤醒原因值

索　引	含　义
0	复位
1	RTC 唤醒（rtc）
2	数字输入唤醒（dwakeup）

表 3-55　复位原因值

索　引	含　义
0	上电复位
1	外部复位
2	看门狗定时器复位

3.12 实时时钟（RTC）

实时时钟（RTC）位于始终上电域中，由一个可选的低频时钟源进行计时。为了获得最佳的精度，RTC 应该由一个用于手表的外接 32.768kHz 晶体振荡器驱动，但是为了降低系统成本，可以由一个其精度在代工厂时可校准的片上振荡器驱动。如图 3-9 所示为实时时钟电路图。

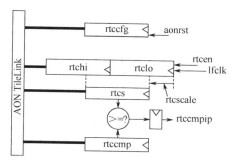

图 3-9　实时时钟电路图

3.12.1 RTC 计数器（rtccounthi/rtccountlo）

如表 3-56 与表 3-57 所示是 rtccounthi/rtccountlo 寄存器，当使能 RTC 时，这对寄存器会以低频时钟速率递增。rtccountlo 寄存器持有 RTC 的低 32 位，而 rtccounthi 寄存器持有 RTC 的高 16 位。总的≥48 位计数器宽度保证在假设 32.768kHz 低频实时时钟源的情况下，超过 270 年不会发生计数器翻转。RTC 计数器可以在 TileLink 总线上读取或写入。

表 3-56　rtccounthi 寄存器

rtccounthi：计数器高位				
寄存器地址偏移量		0x4C		
位	字 段 名 称	属　性	复　位	描　述
[31:0]	rtccounthi	RW	X	计数器高位

表 3-57　rtccountlo 寄存器

rtccountlo：计数器低位				
寄存器地址偏移量		0x48		
位	字　段	属　性	复　位	描　述
[31:0]	rtccountlo	RW	X	计数器低位

⊙ 3.12.2　RTC 配置寄存器（rtccfg）

如表 3-58 所示，RTC 配置寄存器（rtccfg）中的 rtcenalways 位控制是否使能 RTC，并在 AON 电源域上复位。

4 位的 rtcscale 字段在向实时中断比较器馈电之前对实时计数器的值进行缩放。rtcscale 中的值是 32 位字段 rtcs 开始时的 rtccountlo/rtccounthi 寄存器中位的位置。rtcscale 的值为 0 表示没有缩放，这时 rtcs 将等于 rtclo。rtcscale 中的最大值 15 对应于将时钟速率除以 2^{15}，因此对于输入时钟 32.768kHz，rtcs 的最低有效位（LSB）将每秒增加一次。rtcs 的值是内存映射的，可以在 AON TileLink 总线上作为单个 32 位寄存器读取。

表 3-58　rtccfg：rtc 配置

rtccfg：rtc 配置				
寄存器地址偏移量		0x40		
位	字 段 名 称	属　　性	复　　位	描　　述
[3:0]	rtcscale	RW	X	计数器刻度值
[11:4]	保留			
12	rtcenalways	RW	0x0	使能连续运行
[27:13]	保留			
28	rtcip0	RW	X	中断等待 0
[31:29]	保留			

⊙ 3.12.3　RTC 比较器（rtccmp）

如表 3-59 所示，rtccmp 寄存器具有 32 位的值，可以与刻度化的实时时钟计数器（rtcs）进行比较。如果 rtcs 大于或等于 rtccmp，则设置 rtccmpip 中断未决位。rtccmpip 中断未决位是只读的，通过向 rtccmp 写入一个大于 rtcs 的值可以清除 rtccmpip 位。

表 3-59　rtccmp0：比较器 0

rtccmp0：比较器 0				
寄存器地址偏移量		0x60		
位	字 段 名 称	属　　性	复　　位	描　　述
[31:0]	rtccmp0	RW	X	比较器 0

3.13　通用输入输出控制器（GPIO）

本节将讲解通用输入输出控制器（GPIO）在 FE310-G003 微控制器上的操作。GPIO 控制器是一个映射到内部内存映射中的外围设备，负责设备上实际 GPIO 引脚的低阶配置，如方向、上拉使能和驱动值等，以及在这些信号的各种控制源之间进行选择。GPIO 控制器允许独立配置每个 ngpio GPIO 位。如图 3-10 所示为带有控制寄存器的单个 GPIO 引脚结构，而且每个引脚重复此结构。

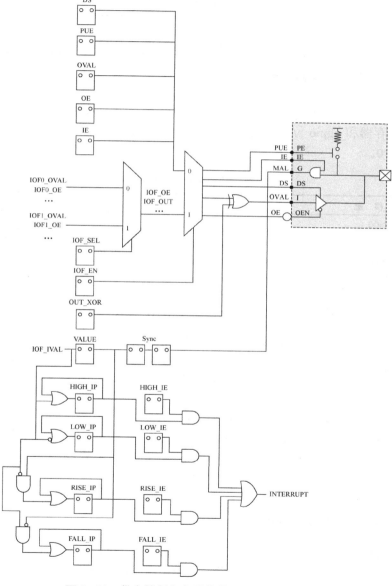

图 3–10 带有控制寄存器的单个 GPIO 引脚结构

⊙ 3.13.1　FE310-G003 微控制器中的 GPIO 实例

FE310-G003 微控制器包含一个 GPIO 实例，如表 3-60 所示。

表 3-60　GPIO 实例

实 例 编 号	地　　址	ngpio
0	0x10012000	32

⊙ 3.13.2　内存映射

GPIO 内存映射如表 3-61 所示。GPIO 内存映射被设计为只需要自然对齐的 32 位内存访问。每个寄存器和 ngpio 位宽相同，用*标记的寄存器被异步复位为 0，所有其他寄存器被同步复位为 0。

表 3-61　GPIO 内存映射

偏　移　量	名　　称	描　　述
0x00	input_val	引脚值
0x04	input_en	输入引脚使能*
0x08	output_en	输出引脚使能*
0x0C	output_val	输出值
0x10	pue	内部上拉使能*
0x14	ds	引脚驱动
0x18	rise_ie	上升中断使能
0x1C	rise_ip	上升中断未决
0x20	fall_ie	下降中断使能
0x24	fall_ip	下降中断未决
0x28	high_ie	高中断使能
0x2C	high_ip	高中断未决
0x30	low_ie	低中断使能
0x34	low_ip	低中断未决
0x40	out_xor	输出异或 XOR（反转）

⊙ 3.13.3　输入/输出值

可以按位方式配置 GPIO 来表示输入和/或输出，由 input_en 和 output_en 寄存器设置。写入 output_val 寄存器将更新位，而不考虑三态值；读取 output_val 寄存器将返回写入的值。读取 input_val 寄存器将返回 input_en 门控引脚的实际值。

⊙ 3.13.4 中断

可以为每个 GPIO 位生成一个中断位。中断可以由上升或下降的边或电平值驱动，可以为每个 GPIO 位单独使能中断。

输入在被中断逻辑采样之前是同步的，因此输入的脉冲宽度必须足够长才能被同步逻辑检测到。

要使能中断，请将 rise_ie 和/或 fall_ie 中相应的位设置为 1。如果设置了 rise_ip 或 fall_ip 中相应的位，就会触发一个中断引脚。

一旦中断未决将保持设置，直到 1 被写入*_ip 寄存器。中断引脚可以路由到 PLIC，也可以直接路由到本地中断。

⊙ 3.13.5 内部上拉

当配置为输入时，每个引脚都有一个内部上拉，可以通过软件使能。在复位时，所有的引脚都设置为输入，并且不能上拉。

⊙ 3.13.6 驱动强度

当配置为输出时，每个引脚具有软件可控制的驱动强度。

⊙ 3.13.7 输出反转

当配置为被软件或 IOF 控制的输出时，软件可写的 out_xor 寄存器与输出结合以反转它。

⊙ 3.13.8 硬件 I/O 功能（IOF）

每个 GPIO 引脚最多可以实现两个硬件 I/O 功能（IOF），iof_en 寄存器使能了这些功能，使用哪个 IOF 可以用 iof_sel 寄存器来选择。

当一个引脚被设置为执行一个 IOF 时，可能软件寄存器端口 output_en、pullup、ds、input_en 不能用来直接控制引脚；相反，这些引脚可以由驱动 IOF 的硬件来控制。有些功能是在每个 IOF 功能的基础上固定在硬件中的，而那些不受硬件控制的继续由软件寄存器控制。

如果配置了 IOFx 的引脚没有 IOFx，则引脚将恢复为完全软件控制。如表 3-62 所示为 GPIO IOF 映射。

表 3–62　GPIO IOF 映射

GPIO 编号	IOF0	IOF1
0		PWM0_PWM0

GPIO 编号	IOF0	IOF1
1		PWM0_PWM1
2	SPI1_CS0	PWM0_PWM2
3	SPI1_DQ0	PWM0_PWM3
4	SPI1_DQ1	
5	SPI1_SCK	
6	SPI1_DQ2	
7	SPI1_DQ3	
8	SPI1_CS1	
9	SPI1_CS2	
10	SPI1_CS3	PWM2_PWM0
11		PWM2_PWM1
12	I2C0_SDA	PWM2_PWM2
13	I2C0_SCL	PWM2_PWM3
14		
15		
16	UART0_RX	
17	UART0_TX	
18	UART0_TX	
19		PWM1_PWM0
20		PWM1_PWM1
21		PWM1_PWM2
22		PWM1_PWM3
23	UART1_RX	
24		
25		
26	SPI2_CS0	
27	SPI2_DQ0	
28	SPI2_DQ1	
29	SPI2_SCK	
30	SPI2_DQ2	
31	SPI2_DQ3	

3.14 通用异步收发机（UART）

本节主要介绍串行通信的基本概念，以及 FE310-G003 微控制器的通用异步收发机

（UART）工作原理。

⊙ 3.14.1 UART 概述

微控制器中的 UART 特点如下：

（1）传输 7 位或 8 位数据，可采用奇校验位或偶校验位或无校验。

（2）独立的发送和接收移位寄存器。

（3）独立的发送和接收缓存寄存器。

（4）从 LSB 或 MSB 开始的数据发送和接收。

（5）多机系统内置的空闲、地址位通信协议。

（6）通过有效的起始位边沿检测将微控制器从低功耗唤醒。

（7）可编程实现分频因子为整数或小数的波特率。

（8）错误检测和抑制的状态标志位。

（9）独立的发送和接收中断。

FE310-G003 微控制器中的 UART 外设支持以下功能：

（1）8- N -1 和 8- N -2 格式：8 个数据位，没有奇偶校验位，1 个起始位，1～2 个停止位。

（2）8 深度发射和接收的 FIFO 缓冲区与可编程的水印中断。

（3）16×Rx 过采样，每比特 2/3 多数同意制。

FE310-G003 微控制器中的 UART 外设不支持硬件流控制或其他调制解调器控制信号，以及同步串行数据传输。

⊙ 3.14.2 FE310-G003 微控制器中的 UART 实例

FE310-G003 微控制器包含两个 UART 实例，如表 3-63 所示。

表 3–63 UART 实例

实例编号	地址	div_width	div_init	TX FIFO 深度	RX FIFO 深度
0	0x10013000	16	3	8	8
1	0x10023000	16	3	8	8

⊙ 3.14.3 内存映射

UART 内存映射如表 3-64 所示。UART 内存映射被设计为只需要自然对齐的 32 位内存访问。

表3-64 UART 内存映射

寄存器地址偏移量	名　称	类 型 描 述
0x00	txdata	发送数据寄存器
0x04	rxdata	接收数据寄存器
0x08	txctrl	发送控制寄存器
0x0C	rxctrl	接收控制寄存器
0x10	ie	UART 中断使能寄存器
0x14	ip	UART 中断未决寄存器
0x18	div	波特率除数寄存器

⊙ 3.14.4　发送数据寄存器（txdata）

发送数据寄存器（txdata）如表 3-65 所示。如果 FIFO 能够接受新的条目，则写入 txdata 寄存器的操作会将数据字段中包含的字符序列发送到 FIFO。从 txdata 使用读取的操作将返回 full 标志的当前值和数据字段中的 0。full 标志表示发送的 FIFO 是否能够接受新的条目；将其设置为 set 时，数据的写操作将被忽略。可以使用 RISC-V 指令 amoor.w 来读取完整状态并尝试对数据进行排列，若得到一个非 0 的返回值则表示该字符未被接受。

表3-65 发送数据寄存器（txdata）

发送数据寄存器（txdata）				
寄存器地址偏移量		0x0		
位	字段名称	属　性	复　位	描　述
[7:0]	data	RW	X	发送数据
[30:8]	保留			
31	full	RO	X	发送 FIFO full 标志

⊙ 3.14.5　接收数据寄存器（rxdata）

接收数据寄存器（rxdata）如表 3-66 所示。读取 rxdata 寄存器的操作将从接收 FIFO 中取出一个字符并返回数据字段中的值。empty 标记表示接收 FIFO 是否为空；将其设置为 set 时，数据字段不包含有效字符，对 rxdata 的写操作将被忽略。

⊙ 3.14.6　发送控制寄存器（txctrl）

发送控制寄存器（txctrl）如表 3-67 所示。读写 txctrl 寄存器可用于控制发射通道的操作。txen 位控制 Tx 通道是否激活；清除后，Tx FIFO 内容的发送被抑制，txd 引脚被驱使到高位。

（1）nstop 字段指定停止位的数量：一个停止位为 0，两个停止位为 1。

（2）txcnt 字段指定 Tx FIFO 水印中断触发的阈值。

（3）txctrl 寄存器被复位为 0。

表 3-66　接收数据寄存器（rxdata）

接收数据寄存器（rxdata）				
寄存器地址偏移量			0x4	
位	字 段 名 称	属　性	复　位	描　述
[7:0]	data	RO	X	接收数据
[30:8]	保留			
31	empty	RO	X	接收 FIFO empty 标志

表 3-67　发送控制寄存器（txctrl）

发送控制寄存器（txctrl）				
寄存器地址偏移量			0x8	
位	字 段 名 称	属　性	复　位	描　述
0	txen	RW	0x0	发送使能
1	nstop	RW	0x0	停止位的数量
[15:2]	保留			
[18:16]	txcnt	RW	0x0	发送水印等级
[31:19]	保留			

3.14.7　接收控制寄存器（rxctrl）

接收控制寄存器（rxctrl）如表 3-68 所示。读写 rxctrl 寄存器可用于控制接收通道的操作。rxen 位控制 Rx 通道是否激活。当清除时，rxd 引脚的状态将被忽略，并且没有字符会被排列进入 Rx FIFO。

（1）rxcnt 字段指定 Rx FIFO 水印中断触发的阈值。

（2）将 rxctrl 寄存器复位为 0。当看到起始位为低位 0 时，字符将进入队列。

表 3-68　接收控制寄存器（rxctrl）

接收控制寄存器（rxctrl）				
寄存器地址偏移量			0xC	
位	字 段 名 称	属　性	复　位	描　述
0	rxen	RW	0x0	接收使能
[15:1]	保留			
[18:16]	rxcnt	RW	0x0	接收水印等级
[31:19]	保留			

⊚ 3.14.8 中断寄存器 (ip 和 ie)

UART 中断使能寄存器（ie）如表 3-69 所示，读写 ie 寄存器用于控制使能 UART 中断，ie 被复位为 0。UART 中断未决寄存器（ip）如表 3-70 所示，ip 寄存器是一个只读寄存器，指示未决的中断条件。

（1）当发送 FIFO 中的条目严格小于 txctrl 寄存器 txcnt 字段指定的计数时，将引发 txwm 条件。当足够多的条目被加入队列以超过水印时，将清除中断未决的位。

（2）当接收 FIFO 中的条目严格大于 rxctrl 寄存器 rxcnt 字段指定的计数时，将引发 rxwm 条件。当有足够多的条目从队列中移出并落在水印之下时，将清除中断未决的位。

表 3-69　UART 中断使能寄存器（ie）

UART 中断使能寄存器（ie）				
寄存器地址偏移量		0x10		
位	字 段 名 称	属 性	复 位	描 述
0	txwm	RW	0x0	发送水印中断使能
1	rxwm	RW	0x0	接收水印中断使能
[31:2]	保留			

表 3-70　UART 中断未决寄存器（ip）

UART 中断未决寄存器（ip）				
寄存器地址偏移量		0x14		
位	字 段 名 称	属 性	复 位	描 述
0	txwm	RO	X	发送水印中断未决
1	rxwm	RO	X	接收水印中断未决
[31:2]	保留			

⊚ 3.14.9 波特率除数寄存器 (div)

div 寄存器的可读写 div_width 位用于指定波特率生成为 Tx 和 Rx 通道使用的除数。输入时钟与波特率的关系为

$$f_{baud} = \frac{f_{in}}{div+1}$$

输入时钟是总线时钟 tlclk。寄存器的复位设置为 div_init，根据 tlclk 的预期频率，将其调优为在复位之外提供 115 200Hz 的输出。

如表 3-71 所示为通用内核时钟速率和常用波特率除数。读者需要注意的是，该表显示了除法比例，比存储在 div 寄存器中的值大 1。常见的波特率（MIDI = 31 250, DMX =

250 000）和所需的除法值，需要使用给定的总线时钟频率实现它们。

表3-71　通用内核时钟速率和常用波特率除数

tlclk/MHz	目标波特率/Hz	除 数 因 子	实际波特率/Hz	误差/%
2	31 250	64	31 250	0
2	115 200	17	117 647	2.1
16	31 250	512	31 250	0
16	115 200	139	115 107	0.08
16	250 000	64	250 000	0
200	31 250	6400	31 250	0
200	115 200	1736	115 207	0.006 4
200	250 000	800	250 000	0
200	1 843 200	109	1 834 862	0.45
384	31 250	12 288	31 250	0
384	115 200	3333	115 211	0.01
384	250 000	1536	250 000	0
384	1 843 200	208	1 846 153	0.16

接收通道以 16×波特率采样，并以超过 3 个相邻位的多数表决来决定接收值。因此，接收通道的除数必须大于等于 16。如表 3-72 所示为波特率除数寄存器。

表3-72　波特率除数寄存器

波特率除数寄存器（div）				
寄存器地址偏移量		0x18		
位	字 段 名 称	属　　性	复　　位	描　　述
[15:0]	div	RW	X	波特率除数，div_width 位宽，复位值为 div_init
[31:16]	保留			

3.15　串行外围接口（SPI）

通过本节，读者将了解 SiFive 串行外围接口（SPI）控制器的操作，并掌握 SPI 初始化与 SPI 中断的原理及编程技巧。

⊙ 3.15.1 SPI 概述

微控制器的 SPI 模式特点如下:

(1) 支持 3 线或 4 线 SPI 操作。

(2) 支持 7 位或 8 位数据格式。

(3) 接收和发送有单独的移位寄存器。

(4) 接收和发送有独立的引脚。

(5) 接收和发送有独立的中断能力。

(6) 时钟的极性和相位可编程。

(7) 主设备模式的时钟频率可编程。

(8) 传输速率可编程。

(9) 支持连续收发操作。

(10) 支持主/从设备模式。

SPI 控制器支持单通道、双通道和四通道协议上的主设备操作,基线控制器提供了一个基于 FIFO 的接口来执行可编程 I/O。软件通过在发送 FIFO 中对一帧进行排列来发起传输,当传输完成时,从设备的响应被放置在接收 FIFO 中。

此外,SPI 控制器可以实现 SPI 闪存读序列器,它将外部 SPI NOR 闪存内的内容作为只读/执行内存映射设备公开。这样控制器被复位为允许内存映射读取的状态,假设输入时钟速率小于 100MHz,并且外部 SPI 闪存设备支持常见 Winbond 或 Numonyx 公司的串行读取 (0x03) 命令。顺序访问被自动合并为一个长读命令,以获得更高的性能。

如果适用的话,fctrl 寄存器控制在内存映射和可编程 I/O 模式之间切换。而在可编程 I/O 模式下,内存映射读取不会访问外部 SPI 闪存设备,而是立即返回 0。硬件互锁确保当前传输在模式转换和控制寄存器更新生效之前完成。

⊙ 3.15.2 FE310-G003 微控制器中的 SPI 实例

FE310-G003 微控制器包含三个 SPI 实例,如表 3-73 所示。

表 3-73 SPI 实例

实　例	闪存控制器	地　址	cs_width	div_width
QSPI 0	Y	0x10014000	1	12
SPI 1	N	0x10024000	4	12
SPI 2	N	0x10034000	1	12

⊙ 3.15.3 SPI 内存映射

SPI 内存映射如表 3-74 所示。SPI 内存映射被设计为只需要自然对齐的 32 位内存访问，其中标有*的寄存器仅出现在带有直接映射闪存接口的控制器上。

表 3-74 SPI 内存映射

寄存器地址偏移量	名　称	描　述
0x00	sckdiv	串行时钟除数寄存器
0x04	sckmode	串行时钟模式寄存器
0x08	保留	
0x0C	保留	
0x10	csid	芯片选择 ID 寄存器
0x14	csdef	芯片选择默认寄存器
0x18	csmode	芯片选择模式寄存器
0x1C	保留	
0x20	保留	
0x24	保留	
0x28	delay0	延迟控制寄存器 0
0x2C	delay1	延迟控制寄存器 1
0x30	保留	
0x34	保留	
0x38	保留	
0x3C	保留	
0x40	fmt	帧格式寄存器
0x44	保留	
0x48	txdata	发送数据寄存器
0x4C	rxdata	接收数据寄存器
0x50	txmark	发送水印寄存器
0x54	rxmark	接收水印寄存器
0x58	保留	
0x5C	保留	
0x60	fctrl	SPI 闪存接口控制寄存器*
0x64	ffmt	SPI 闪存指令格式寄存器*
0x68	保留	
0x6C	保留	
0x70	ie	SPI 中断使能寄存器
0x74	ip	SPI 中断未决寄存器

⊚ 3.15.4 串行时钟除数寄存器（sckdiv）

SPI 数据的传输是在串行同步时钟信号（Serial Clock，SCK）的控制下进行的。主设备的时钟发生器一方面控制主设备的移位寄存器；另一方面通过从设备的 SCK 信号线来控制从设备的移位寄存器，从而保证主设备与从设备的数据交换同步进行。

串行时钟除数寄存器（sckdiv）如表 3-75 所示，sckdiv 寄存器的 div_width 位指定用于生成串行时钟 SCK 的除数。输入时钟与 SCK 的关系为

$$f_{sck} = \frac{f_{in}}{2(div+1)}$$

输入时钟是总线时钟 tlclk，div 字段的复位值是 0x3。

表3-75 串行时钟除数寄存器（sckdiv）

串行时钟除数寄存器（sckdiv）				
寄存器地址偏移量			0x0	
位	字段名称	属性	复位	描述
[11:0]	div	RW	0x3	串行时钟的除数。div_width 位宽
[31:12]	保留			

⊚ 3.15.5 串行时钟模式寄存器（sckmode）

SPI 串行同步时钟 SCK 可以设置为不同的极性（Clock Polarity，CPOL）与相位（Clock Phase，CPHA）。时钟的相位 CPHA 用来决定何时进行信号采样，当时钟相位为 0 时，表示数据在时钟 SCK 的前缘采样；当时钟相位为 1 时，表示数据在时钟 SCK 的后缘采样。时钟的极性 CPOL 用来决定在总线空闲时，同步时钟 SCK 信号线上的电位是高电平还是低电平。当时钟极性为 0 时，SCK 信号线在空闲时为低电平；当时钟极性为 1 时，SCK 信号线在空闲时为高电平。

串行时钟模式寄存器（sckmode）如表 3-76 所示，sckmode 寄存器定义了串行时钟的相位（pha）和极性（pol）字段，sckmode 的复位值为 0。表 3-77 和表 3-78 分别描述了串行时钟相位和串行时钟极性。

表3-76 串行时钟模式寄存器（sckmode）

串行时钟模式寄存器（sckmode）				
寄存器地址偏移量			0x4	
位	字段名称	属性	复位	描述
0	pha	RW	0x0	串行时钟相位
1	pol	RW	0x0	串行时钟极性
[31:2]	保留			

表 3-77　串行时钟相位

值	描　　述
0	数据在 SCK 的前缘采样，在 SCK 的后缘移位
1	数据在 SCK 的前缘移位，在 SCK 的后缘采样

表 3-78　串行时钟极性

值	描　　述
0	SCK 时钟空闲时为逻辑值 0，激活时为高（逻辑值 1）
1	SCK 时钟空闲时为逻辑值 1，激活时为低（逻辑值 0）

⊙ 3.15.6　芯片选择 ID 寄存器（csid）

芯片选择 ID 寄存器（csid）如表 3-79 所示。csid 是一个 $\log_2(cs\_width)$ 位寄存器，对 CS 引脚的索引进行编码，由硬件芯片选择控制进行切换，复位值是 0x0。

表 3-79　芯片选择 ID 寄存器（csid）

芯片选择 ID 寄存器（csid）				
寄存器地址偏移量		0x10		
位	字 段 名 称	属　　性	复　　位	描　　述
[31:0]	csid	RW	0x0	芯片选择 ID，$\log_2(cs\_width)$ 位宽

⊙ 3.15.7　芯片选择默认寄存器（csdef）

芯片选择默认寄存器（csdef）如表 3-80 所示。该寄存器指定 CS 引脚与极性有关的空闲状态，所有 CS 引脚的复位都为高。csdef 寄存器是一个 cs_width 位寄存器，cs_width 可以参考表 3-73 的 SPI 实例。

表 3-80　芯片选择默认寄存器（csdef）

芯片选择默认寄存器（csdef）				
寄存器地址偏移量		0x14		
位	字 段 名 称	属　　性	复　　位	描　　述
[31:0]	csdef	RW	0x1	芯片选择默认值。cs_width 位宽，全部复位为 1

⊙ 3.15.8　芯片选择模式寄存器（csmode）

芯片选择模式寄存器（csmode）定义了硬件芯片选择行为，如表 3-81 所示。如表 3-82 所示为芯片选择模式，复位值是 0x0 (AUTO)。在 HOLD 模式下，CS 引脚只有在下列情况下会失效。

（1）一个不同的值被写入 csmode 或 csid。

（2）写入 csdef 将改变所选引脚的状态。

（3）使能直接映射的闪存模式。

表 3-81　芯片选择模式寄存器（csmode）

芯片选择模式寄存器（csmode）				
寄存器地址偏移量		0x18		
位	字 段 名 称	属　　性	复　　位	描　　述
[1:0]	mode	RW	0x0	芯片选择模式
[31:2]	保留			

表 3-82　芯片选择模式

值	名　　称	描　　述
0	AUTO	有效 CS 在每个帧的开头，无效 CS 在每个帧的结尾
2	HOLD	保持 CS 在初始帧后连续有效
3	OFF	禁用 CS 引脚的硬件控制

⊗ 3.15.9　延迟控制寄存器（delay0 和 delay1）

如表 3-83 所示为延迟控制寄存器 0，如表 3-84 所示为延迟控制寄存器 1，两个寄存器的具体说明如下：

（1）delay0 寄存器和 delay1 寄存器允许插入以一个 SCK 周期为单位指定的任意延迟。

（2）cssck 字段指定 CS 的有效与 SCK 的第一个前缘之间的延迟。当 sckmode.pha = 0，则隐含一个额外的半周期延迟，复位值为 0x1。

（3）sckcs 字段指定 SCK 的最后一个后沿与 CS 的有效之间的延迟。当 sckmode.pha = 1，则隐含了额外的半周期延迟，复位值为 0x1。

（4）intercs 字段指定删除和有效之间的最小 CS 非活动时间，复位值为 0x1。

（5）interxfr 字段指定在 CS 未失效的情况下两个连续帧之间的延迟，仅适用于 sckmode HOLD 或 OFF 时，复位值为 0x0。

表 3-83　延迟控制寄存器 0

延迟控制寄存器 0（delay0）				
寄存器地址偏移量		0x28		
位	字 段 名 称	属　　性	复　　位	描　　述
[7:0]	cssck	RW	0x1	CS 到 SCK 延迟

续表

延迟控制寄存器 0（delay0）				
寄存器地址偏移量		0x28		
位	字 段 名 称	属　　性	复　位	描　　述
[15:8]	保留			
[23:16]	sckcs	RW	0x1	SCK 到 CS 延迟
[31:24]	保留			

表 3-84　延迟控制寄存器 1

延迟控制寄存器 1（delay1）				
寄存器地址偏移量		0x2C		
位	字 段 名 称	属　　性	复　位	描　　述
[7:0]	intercs	RW	0x1	最小 CS 不活跃时间
[15:8]	保留			
[23:16]	interxfr	RW	0x0	最大帧间延迟
[31:24]	保留			

⊙ 3.15.10　帧格式寄存器（fmt）

帧格式寄存器（fmt）如表 3-85 所示。fmt 寄存器定义了通过可编程 I/O（FIFO）接口发起传输的帧格式。如表 3-86 所示为 SPI 协议（proto 字段），未使用的 DQ 引脚是三态的。如表 3-87 所示为 SPI 字节顺序（endian 字段）。如表 3-88 所示为 SPI I/O 的方向（dir 字段）。len 字段定义了每帧的比特数，允许的范围包括 0～8。

对于支持闪存的 SPI 控制器，对应于 proto = Single、endian = MSB、dir = Tx 和 len = 8，复位值为 0x0008_0008。对于不支持闪存的 SPI 控制器，对应于 proto = Single、endian = MSB、dir = Rx 和 len = 8，复位值为 0x0008_0000。

表 3-85　帧格式寄存器（fmt）

帧格式寄存器（fmt）				
寄存器地址偏移量		0x40		
位	字 段 名 称	属　　性	复　　位	描　　述
[1:0]	proto	RW	0x0	SPI 协议
2	endian	RW	0x0	SPI 字节顺序
3	dir	RW	X	SPI I/O 方向。对于启用闪存的 SPI 控制器，此值复位为 1，否则为 0
[15:4]	保留			
[19:16]	len	RW	0x8	每帧位数
[31:20]	保留			

表 3-86　SPI 协议（proto 字段）

值	描　　述	数　据　引　脚
0	单通道（Single）	DQ0 (MOSI), DQ1 (MISO)
1	双通道（Dual）	DQ0, DQ1
2	四通道（Quad）	DQ0, DQ1, DQ2, DQ3

表 3-87　SPI 字节顺序（endian 字段）

值	描　　述
0	首先发送最高有效位（MSB）
1	首先发送最低有效位（LSB）

表 3-88　SPI I/O 的方向（dir 字段）

值	描　　述
0	Rx:对于双通道和四通道协议，DQ 引脚是三态的。对于单通道协议，DQ0 引脚驱动，发送数据正常
1	Tx:接收 FIFO 没有被增添数据

⊙ 3.15.11　发送数据寄存器（txdata）

发送数据寄存器（txdata）如表 3-89 所示。写入 txdata 寄存器会加载 data 字段中包含的值到发送 FIFO。当 fmt.len < 8 且 fmt.endian = MSB 时，值应该左对齐；当 fmt.endian= LSB 时，值应该右对齐。

full 标志表示发送 FIFO 是否准备好接收的新条目；当设置为 set 时，将忽略对 txdata 的写操作。数据字段在读取时返回 0x0。

表 3-89　发送数据寄存器（txdata）

发送数据寄存器（txdata）				
寄存器地址偏移量		0x48		
位	字 段 名 称	属　　性	复　　位	描　　述
[7:0]	data	RW	0x0	发送数据
[30:8]	保留			
31	full	RO	X	FIFO full 标志

⊙ 3.15.12　接收数据寄存器（rxdata）

接收数据寄存器（rxdata）如表 3-90 所示。读取 rxdata 寄存器将从接收 FIFO 中取出一个帧。当 fmt.len < 8 且 fmt.endian = MSB 时，值应该左对齐；当 fmt.endian= LSB 时，值应该右对齐。

empty 标志表示发送 FIFO 是否包含要读取的新条目；当设置为 set 时，数据字段不包含有效的帧，将忽略对 rxdata 的写操作。

表 3–90   接收数据寄存器（rxdata）

接收数据寄存器（rxdata）				
寄存器地址偏移量			0x4C	
位	字 段 名 称	属　性	复　位	描　述
[7:0]	data	RO	X	接收数据
[30:8]	保留			
31	empty	RW	X	FIFO empty 标志

⊙ 3.15.13　发送水印寄存器（txmark）

发送水印寄存器（txmark）如表 3-91 所示。txmark 寄存器指定 Tx FIFO 水印中断触发的阈值。对于使能闪存的 SPI 控制器，复位值为 1；对于非使能闪存的 SPI 控制器，复位值为 0。

表 3–91   发送水印寄存器（txmark）

发送水印寄存器（txmark）				
寄存器地址偏移量			0x50	
位	字 段 名 称	属　性	复　位	描　述
[2:0]	txmark	RW	X	发送水印。对于使能闪存的控制器，复位为 1，否则为 0
[31:3]	保留			

⊙ 3.15.14　接收水印寄存器（rxmark）

接收水印寄存器（rxmark）如表 3-92 所示。rxmark 寄存器指定 Rx FIFO 水印中断触发的阈值，复位值是 0x0。

表 3–92   接收水印寄存器（rxmark）

接收水印寄存器（rxmark）				
寄存器地址偏移量			0x54	
位	字 段 名 称	属　性	复　位	描　述
[2:0]	rxmark	RW	0x0	接收水印
[31:3]	保留			

⊙ 3.15.15　SPI 中断寄存器（ie 和 ip）

SPI 中断使能寄存器（ie）如表 3-93 所示。ie 寄存器控制使能哪些 SPI 中断，ie 寄存器被复位为 0。SPI 中断未决寄存器（ip）如表 3-94 所示。ip 寄存器是一个只读寄存器，指示未决的中断条件。

（1）当发送 FIFO 中的条目数严格小于 txmark 寄存器指定的计数时，将引发 txwm 条件。当有足够多的条目被加入队列以超过水印时，将清除中断未决的位。

（2）当接收 FIFO 中的条目数严格大于 rxmark 寄存器指定的计数时，将引发 rxwm 条件。当有足够多的条目已从队列中移出并落在水印之下时，将清除中断未决的位。

表 3-93　SPI 中断使能寄存器（ie）

SPI 中断使能寄存器（ie）				
寄存器地址偏移量		0x70		
位	字段名称	属性	复位	描述
0	txwm	RW	0x0	发送水印中断使能
1	rxwm	RW	0x0	接收水印中断使能
[31:2]	保留			

表 3-94　SPI 水印中断未决寄存器（ip）

SPI 水印中断未决寄存器（ip）				
寄存器地址偏移量		0x74		
位	字段名称	属性	复位	描述
0	txwm	RO	0x0	发送水印中断未决
1	rxwm	RO	0x0	接收水印中断未决
[31:2]	保留			

⊙ 3.15.16　SPI 闪存接口控制寄存器（fctrl）

SPI 闪存接口控制寄存器（fctrl）如表 3-95 所示。设置 fctrl 寄存器的 en 位后，控制器进入直接内存映射 SPI 闪存模式。对直接映射内存区域的访问，导致控制器自动对硬件中的 SPI 闪存读取进行排序，复位值为 0x1。

表 3-95　SPI 闪存接口控制寄存器（fctrl）

SPI 闪存接口控制寄存器（fctrl）				
寄存器地址偏移量		0x60		
位	字段名称	属性	复位	描述
0	en	RW	0x1	SPI 闪存模式选择
[31:1]	保留			

⊙ 3.15.17 SPI 闪存指令格式寄存器（ffmt）

SPI 闪存指令格式寄存器（ffmt）如表 3-96 所示。ffmt 寄存器定义了在 SPI 闪存模式下，当直接映射的内存区域被访问时，控制器发出 SPI 闪存读指令的格式。指令由一个命令字节，后面跟一个可变数量的地址字节、填充的空指令周期和数据字节组成。

表 3-96 SPI 闪存指令格式寄存器（ffmt）

SPI 闪存指令格式寄存器（ffmt）				
寄存器地址偏移量		0x64		
位	字段名称	属性	复位	描述
0	cmd_en	RW	0x1	使能发送命令
[3:1]	addr_len	RW	0x3	地址字节数（0~4）
[7:4]	pad_cnt	RW	0x0	空指令周期数
[9:8]	cmd_proto	RW	0x0	发送命令协议
[11:10]	addr_proto	RW	0x0	发送地址和填充的协议
[13:12]	data_proto	RW	0x0	接收数据字节的协议
[15:14]	保留			
[23:16]	cmd_code	RW	0x3	命令字节的值
[31:24]	pad_code	RW	0x0	在空指令周期中发送的前 8 位

3.16 脉宽调制器（PWM）

本节主要使读者了解脉宽调制器（PWM）外设电路的工作原理。

⊙ 3.16.1 PWM 概述

如图 3-11 所示为 PWM 外设。这里描述的默认配置有 4 个独立的 PWM 比较器（pwmcmp0～pwmcmp3），每个 PWM 外设都是由它拥有的比较器的数量（ncmp）来参数化的。该 PWM 模块可在输出引脚上产生多种波形（pwm$X$gpio），也可用于产生多种形式的内部定时器中断。比较器的结果被捕获到 pwmcmp$X$ip 触发器中，然后作为潜在的中断源提供给 PLIC。pwmcmp$X$ip 输出在被馈送到 GPIO 之前，由输出联合级做进一步处理。

PWM 实例可以支持最多 16 位的比较器精度（cmpwidth），这里描述的示例拥有全部 16 位。为了支持时钟缩放，pwmcount 寄存器比比较器精度 cmpwidth 宽 15 位。

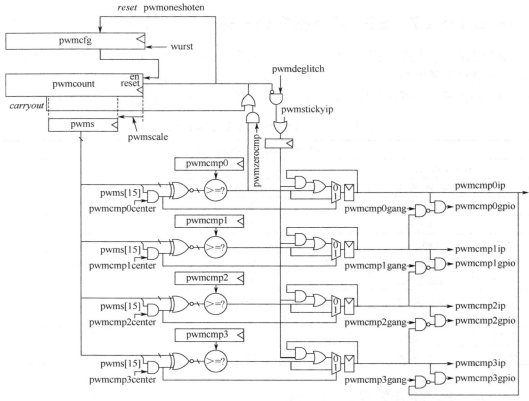

图 3-11　PWM 外设

⊙ 3.16.2　FE310-G003 微控制器中的 PWM 实例

FE310-G003 微控制器包含三个 PWM 实例，如表 3-97 所示。

表 3-97　PWM 实例

实 例 编 号	地　　址	ncmp	cmpwidth
0	0x10015000	4	8
1	0x10025000	4	16
2	0x10035000	4	16

⊙ 3.16.3　PWM 内存映射

PWM 内存映射如表 3-98 所示。

表 3-98　PWM 内存映射

寄存器地址偏移量	名　　称	类 型 描 述
0x00	pwmcfg	PWM 配置寄存器
0x04	保留	
0x08	pwmcount	PWM 计数器
0x0C	保留	
0x10	pwms	刻度化 PWM 计数器
0x14	保留	
0x18	保留	
0x1C	保留	
0x20	pwmcmp0	PWM 0 比较器
0x24	pwmcmp1	PWM 1 比较器
0x28	pwmcmp2	PWM 2 比较器
0x2C	pwmcmp3	PWM 3 比较器

3.16.4　PWM 计数器（pwmcount）

PWM 计数器（pwmcount）如表 3-99 所示。PWM 单元基于 pwmcount 中的计数器。计数器可以在 TileLink 总线上读取或写入。pwmcount 寄存器为（15 + cmpwidth）位宽。例如，对于 16 位的 cmpwidth，计数器保存在 pwmcount[30:0]中，而 pwmcount 的第 31 位在读取时返回 0。

当用于产生 PWM 时，计数器通常以固定的速率递增，然后在每个 PWM 周期结束时复位为 0。PWM 计数器可以在刻度化 PWM 计数器 pwms 达到 pwmcmp0 中的值时复位，也可以简单地设置为 0。计数器也可以在单次（one-shot）模式下使用，在第一次复位后禁用计数。

表 3-99　PWM 计数器（pwmcount）

PWM 计数器（pwmcount）				
寄存器地址偏移量		0x8		
位	字 段 名 称	属　　性	复　　位	描　　述
[30:0]	pwmcount	RW	X	PWM 计数寄存器。cmpwidth + 15 位宽
31	保留			

3.16.5　PWM 配置寄存器（pwmcfg）

pwmcfg 寄存器包含关于 PWM 外设的各种控制和状态信息，如表 3-100 所示。pwmen* 位控制 PWM 计数器 pwmcount 递增的条件。仅当使能的条件为真时，计数器才在每个周期中递增 1。

如果 pwmenalways 位被设置，PWM 计数器将连续递增。当设置 pwmenoneshot 时，计数器可以递增，但是一旦计数器复位，pwmenoneshot 将复位为 0，从而禁用进一步的计数，除非设置 pwmenalways。pwmenoneshot 位为软件提供了一种方法来生成一个单一的 PWM 周期，然后停止。软件可以在任何时候重新设置 pwmenoneshot 来回放一次波形。pwmen* 位在唤醒复位时复位，这将禁用 PWM 计数器并节省电源。

4 位 pwmscale 字段在将 PWM 计数器输入 PWM 比较器之前，先对其进行刻度化。pwmscale 中的值是 cmpwidth 位 pwms 字段开始时 pwmcount 寄存器中的位置。pwmscale 的值为 0 表示没有刻度化，然后 pwms 将等于 pwmcount 的低 cmpwidth 位。pwmscale 中的最大值 15 对应于将时钟速率除以 2^{15}，因此对于 16MHz 的输入总线时钟，pwms 的 LSB 将以 488.3Hz 递增。

如果设置 pwmzerocmp 位，则会使 PWM 计数器 pwmcount 在 pwms 计数器值与 pwmcmp0 中的比较值匹配后自动复位为 0，通常用于设置 PWM 时钟周期的时间。这个特性还可以用来实现周期性的计数器中断，在该情况下，周期与中断服务时间无关。

表 3-100　PWM 配置寄存器（pwmcfg）

PWM 配置寄存器（pwmcfg）				
寄存器地址偏移量			0x0	
位	字 段 名 称	属　性	复　位	描　述
[3:0]	pwmscale	RW	X	PWM 计数器刻度
[7:4]	保留			
8	pwmsticky	RW	X	不允许清除 pwmcmp*X*ip 位
9	pwmzerocmp	RW	X	计数器在匹配后复位为 0
10	pwmdeglitch	RW	X	锁存同一周期内的 pwmcmp*X*ip
11	保留			
12	pwmenalways	RW	0x0	PWM 连续运行
13	pwmenoneshot	RW	0x0	PWM 运行一个周期
[15:14]	保留			
16	pwmcmp0center	RW	X	PWM0 比较中心
17	pwmcmp1center	RW	X	PWM1 比较中心
18	pwmcmp2center	RW	X	PWM2 比较中心
19	pwmcmp3center	RW	X	PWM3 比较中心
[23:20]	保留			
24	pwmcmp0gang	RW	X	PWM0/PWM1 比较组合
25	pwmcmp1gang	RW	X	PWM1/PWM2 比较组合
26	pwmcmp2gang	RW	X	PWM2/PWM3 比较组合

续表

PWM 配置寄存器（pwmcfg）				
寄存器地址偏移量				0x0
位	字 段 名 称	属 性	复 位	描 述
27	pwmcmp3gang	RW	X	PWM3/PWM4 比较组合
28	pwmcmp0ip	RW	X	PWM0 中断未决
29	pwmcmp1ip	RW	X	PWM1 中断未决
30	pwmcmp2ip	RW	X	PWM2 中断未决
31	pwmcmp3ip	RW	X	PWM3 中断未决

⊛ 3.16.6　刻度化 PWM 计数器（pwms）

刻度化 PWM 计数器（pwms）如表 3-101 所示。pwms 报告 pwmcount 的 cmpwidth 位的部分（见表 3-97），该部分从 pwmscale 开始，用于与 pwmcmp 寄存器进行比较。

表 3-101　刻度化 PWM 计数器（pwms）

刻度化 PWM 计数器（pwms）				
寄存器地址偏移量				0x10
位	字 段 名 称	属 性	复 位	描 述
[15:0]	pwms	RW	X	刻度化 PWM 计数器。cmpwidth 位宽
[31:16]	保留			

⊛ 3.16.7　PWM 比较器（pwmcmp0～pwmcmp3）

PWM 比较器的主要用途是在 PWM 周期内定义 PWM 波形的边缘。每个比较器是一个 cmpwidth 位值，在每个周期中对当前 pwms 值进行比较。每当 pwms 的值大于或等于相应的 pwmcmp$X$（X 为 0～3）时，每个比较器的输出都是高的。PWM 比较器如表 3-102 至表 3-105 所示。

表 3-102　PWM 0 比较器

PWM 0 比较器（pwmcmp0）				
寄存器地址偏移量				0x20
位	字 段 名 称	属 性	复 位	描 述
[15:0]	pwmcmp0	RW	X	PWM 0 比较值
[31:16]	保留			

表 3-103　PWM 1 比较器

PWM 1 比较器（pwmcmp1）				
寄存器地址偏移量		0x24		
位	字 段 名 称	属　性	复　位	描　述
[15:0]	pwmcmp1	RW	X	PWM 1 比较值
[31:16]	保留			

表 3-104　PWM 2 比较器

PWM 2 比较器（pwmcmp2）				
寄存器地址偏移量		0x28		
位	字 段 名 称	属　性	复　位	描　述
[15:0]	pwmcmp2	RW	X	PWM 2 比较值
[31:16]	保留			

表 3-105　PWM 3 比较器

PWM 3 比较器（pwmcmp3）				
寄存器地址偏移量		0x2C		
位	字 段 名 称	属　性	复　位	描　述
[15:0]	pwmcmp3	RW	X	PWM 3 比较值
[31:16]	保留			

如果设置 pwmzerocomp 位，当 pwms 达到或超过 pwmcmp0 时，pwmcount 被清除为 0，当前 PWM 周期结束。否则，计数器是允许循环的。

⊙ 3.16.8　去毛刺和黏性电路

为了避免 PWM 波形在改变 pwmcmp$X$ 寄存器值时出现毛刺，pwmcfg 中的 pwmdeglitch 位可以为 pwmcmp$X$ 设置为在一个黏性位（pwmcmp$X$ip）中捕获 PWM 比较器的任何高输出，并防止输出在同一个 PWM 周期内再次下降。pwmcmp$X$ip 位只允许在下一个 PWM 周期开始时改变。

读者需要注意，当 pwmdeglitch 和 pwmzerocmp 被设置为 pwmcmp0 来定义 PWM 周期时，pwmcmp0ip 位只会在一个周期内高，而 pwmdeglitch 和 pwmzerocmp 被设置为 pwmcmp0 来定义 PWM 周期。但是 pwmcmp0ip 位可以作为常规的 PWM 边缘使用。

如果设置了 pwmdeglitch 但是 pwmzerocmp 已清除，那么去毛刺电路仍然处于工作状态，但在 pwms 包含所有 1 时触发，并将导致在计数器复位为 0 之前执行 pwms 增量器的高位进位操作。

pwmsticky 位不允许 pwmcmp$X$ip 寄存器在它们已经被置位的情况下进行清除，并用于确保从 pwmcmp$X$ip 位看到中断。

⊚ 3.16.9 产生左向或右向的 PWM 波形

如图 3-12 所示为各种可能产生的基本右对齐 PWM 波形，所有可能的基本波形显示了一个 7 个时钟的 PWM 周期（pwmcmp0=6）。该图表明，如果 pwmcmp0 设置为小于最大计数值（本例中为 6），则可以使用其他比较器生成 100%（pwmcmp$X$=0）和 0%（pwmcmp$X$>pwmcmp0）右对齐的占空比。pwmcmp$X$ip 位被路由到 GPIO 引脚，这些信号可以在 GPIO 处选择性地和单独地反转，从而产生左对齐的 PWM 波形（在周期开始时高）。图 3-12 中简单的 PWM 波形会随着占空比变化而改变波形的相位。

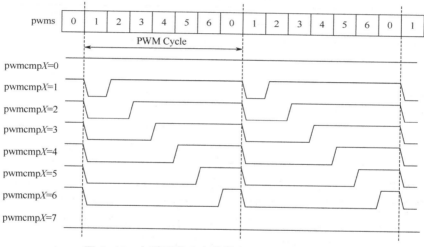

图 3-12　各种可能产生的基本右对齐 PWM 波形

⊚ 3.16.10 产生中心对齐（相位校正）PWM 波形

pwmcfg 中的每个比较器 pwmcmp$X$center 位允许单个 PWM 比较器产生一个中心对齐的对称占空比。如图 3-13 所示为由一个比较器产生的中心对准 PWM 波形，所有可能的波形显示为 3 位 PWM 精度。信号可以在 GPIO 处反转，产生相反的相位波形。每当 pwms 的最高有效位（MSB）高时，pwmcmp$X$center 位会更改比较器以与按位反转的 pwms 值进行比较。如表 3-106 所示，使用 3 位 pwms 值说明当选择 pwmcmp$X$center 时，计数值在呈现给比较器之前是如何反转的。

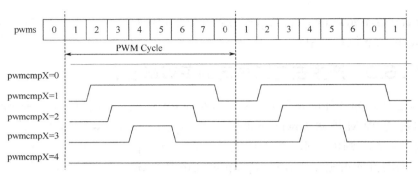

图 3-13　由一个比较器产生的中心对准 PWM 波形

表 3-106　3 位 pwms 值与 pwmscenter 值的关系

pwms	pwmscenter
000	000
001	001
010	010
011	011
100	011
101	010
110	001
111	000

这种技术提供了对称的 PWM 波形，但最大周期和精度有关，只有当 PWM 周期是支持的最大尺寸才适用。例如，在总线时钟率 16MHz 与 16 位精度的情况下，限制了最快的 PWM 周期为 8 位精度 244Hz 时或 8 位精度 62.5kHz 时才会产生对称波形。更高的总线时钟率允许比例更快的 PWM 周期使用单比较器中心对齐的波形。该技术还将有效宽度分辨率降低了 50%。

当比较器在中心模式下工作时，去毛刺电路允许在周期的前半部分进行一次 0 到 1 的转换，在周期的后半部分进行一次 1 到 0 的转换。

⊙ 3.16.11　使用组合生成任意的 PWM 波形

一个比较器可以与它的下一个最高数字的邻位组合起来产生任意的 PWM 脉冲。当 pwmcmp$X$gang 位设置好后，pwmcmp$X$ 触发并产生 pwm$X$gpio 信号。pwmcmp$(X+1)$（或 pwmcmp3 之于 pwmcmp0）触发时，pwm$X$gpio 输出被复位为 0。

⊙ 3.16.12　生成单次波形

PWM 外设可以用来产生精确定时的单次脉冲，首先初始化 pwmcfg 的其他部分，然后将 1 写入 pwmenoneshot 位。计数器将运行一个 PWM 周期，然后一旦复位条件发生，pwmenoneshot 位在硬件上复位，以防止进入第二个周期。

3.16.13　PWM 中断

当 pwmcmp0 触发时（pwmzerocmp=1），可以通过使能计数器的自动归零来配置 PWM，从而提供周期性的计数器中断；还应该设置 pwmsticky 位，以确保在等待运行处理程序时不会忘记中断。

可以使用对 pwmcfg 寄存器的写入来清除中断未决位 pwmcmp$X$ip。PWM 外设也可以用作不带计数器复位的常规计时器（pwmzerocmp=0），其中比较器用于提供计时器中断。

3.17　集成电路（I²C）主设备接口

FE310-G003 微控制器的集成电路（I²C）主设备接口是基于 OpenCores® I²C 的主设备核，读者可以在 https://opencores.org/projects/i2c 下载原始文档进行参考。所有 I²C 控制寄存器地址均为 4 字节对齐。

FE310-G003 微控制器包含一个 I²C 实例，如表 3-107 所示。

表 3-107　I²C 实例

实 例 编 号	地　址
0	0x10016000

3.18　调试接口

FE310-G003 微控制器包括在 RISC-V 调试规范 0.13 中描述的 JTAG 调试传输模块（Debug Transport Module，DTM），它允许使用单个外部行业标准 1149.1 JTAG 接口来测试和调试系统，JTAG 接口直接连接到输入引脚。

3.18.1　JTAG TAPC 状态机

JTAG 控制器包含标准 TAPC 状态机，如图 3-14 所示，状态机用 TCK 计时。除了在 TRST=0 时显示异步复位的弧外，所有转换都用 TMS 上的值标记。

3.18.2　复位 JTAG 逻辑

必须通过有效上电复位信号来异步复位 JTAG 逻辑。这将驱动一个内部 jtag_reset 信号。

有效的 jtag_reset 信号复位 JTAG DTM 和调试模块测试逻辑。因为部分调试逻辑需要同步复位，所以 jtag_reset 信号在 FE310-G003 微控制器中是同步的。

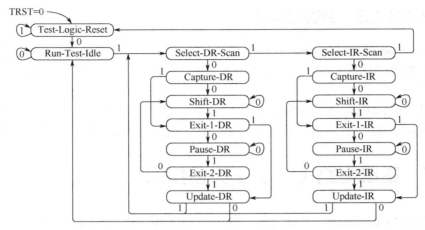

图 3-14　JTAG TAPC 状态机

在运行过程中，JTAG DTM 逻辑也可以在没有 jtag_reset 信号的情况下被复位，方法是使用 jtag_TMS 有效发出 5 个 jtag_TCK 时钟信号。此操作仅复位 JTAG DTM，而不复位调试模块。

⊛ 3.18.3　JTAG 计时器

JTAG 逻辑是由 jtag_TCK 时钟在自己的时钟域内运行。JTAG 逻辑是完全静态的，没有最小的时钟频率。最大 jtag_TCK 频率是部分特定的。

⊛ 3.18.4　JTAG 标准说明

JTAG DTM 实现了 BYPASS 和 IDCODE 指令。在 FE310-G003 微控制器上，IDCODE 被设置为 0x20000913。

⊛ 3.18.5　JTAG 调试命令

JTAG 调试命令通过连接 jtag_TDI 和 jtag_TDO 之间的调试扫描寄存器来访问 SiFive 调试模块。

调试扫描寄存器包括一个 2 位的操作码字段、一个 7 位的调试模块地址字段和一个 32 位的数据字段，允许使用调试扫描寄存器的一次扫描来指定各种内存映射的读/写操作。这些在 RISC-V 调试规范 0.13 中有描述。

第 4 章

使用 Freedom E-SDK 进行软件开发

本章介绍 SiFive Freedom Studio 的 Windows 集成开发环境，对 SiFive Learn Inventor 开发系统进行基于 Freedom E-SDK 的软件开发和调试，并对 E31 处理器进行 Dhrystone 与 CoreMark 基准测试以确认性能指标。

4.1 SiFive Freedom Studio 集成开发环境安装与介绍

本节简要介绍 SiFive Freedom Studio 集成开发环境，以及如何安装基于 SiFive Freedom Studio 的 Windows 集成开发环境，为在 SiFive Learn Inventor 开发系统上进行软件开发和调试奠定基础。

4.1.1 Freedom Studio 简介与安装

1. Freedom Studio 简介

一款高效易用的集成开发环境（Integrated Development Environment，IDE）对于任何微控制单元（Microcontroller Unit，MCU）都显得非常重要，软件开发人员需要借助 IDE 进行实际的项目开发与调试。ARM 架构的 MCU 目前占据了很大的市场份额，ARM 的商业 IDE 软件 Keil 也非常深入人心，很多嵌入式软件工程师都对其非常熟悉。但是商业 IDE 软件如 Keil 存在授权及收费的问题，各大 MCU 厂商也会推出自己的免费 IDE 供用户使用，如 NXP 的 LPCXpresso 等。这些 IDE 都是基于开源的 Eclipse 框架，Eclipse 几乎成了开源免费 MCU IDE 的主流选择。

Freedom Studio 是一个基于行业标准 Eclipse 平台，用于编写和调试 SiFive 处理器的集成开发环境。Freedom Studio 将 Eclipse 与 RISC-V GCC Toolchain、OpenOCD 和 freedom-e-sdk 捆绑在一起，其中 freedom-e-sdk 是一个目标为 SiFive 处理器的完整软件开发工具包。它让初次使用 Freedom Studio 的开发者很容易在基于 RISC-V 内核的微控制器平台开发软件。

Freedom Studio 具有以下优势：

（1）社区规模大。Eclipse 自 2001 年推出以来已形成大规模社区，为设计人员提供了许多资源，包括图书、教程和网站等，而基于 Eclipse 的 Freedom Studio 自然也可以使用这些资源，便于设计人员进行开发学习。

（2）兼容性。Freedom Studio 平台采用 Java 语言编写，可在 Windows 与 Linux 等多种开发工作站上使用。开放式源代码工具支持多种语言、多种平台及多种厂商环境。

Freedom-E-SDK 支持一系列广泛的 SiFive 内核、SoC 和仿真环境，读者使用 Freedom-E-SDK 之前需要设置一系列的工具链和配置 SDK。4.1.2 节和 4.1.3 节将通过两个实例介绍使用 Freedom-E-SDK 的具体方法。若想了解更多信息，请参考 GitHub 库中的说明文档（https://github.com/sifive/freedom-e-sdk）。

2．SiFive 驱动库和 BSP

Freedom Studio 在建立工程后会自动导入相应的 SiFive 驱动库 Freedom Metal 及 Freedom E SDK 标准 BSP。

Freedom Metal 是 SiFive 开发的一个底层驱动库，用于为 SiFive 的所有 RISC-V 内核 IP、RISC-V FPGA 评估板和开发板编写可移植应用软件。针对 Freedom Metal API 编写的程序旨在为所有 SiFive RISC-V 目标构建和运行。这使得 Freedom Metal 适合编写可移植测试、裸机应用程序设计，以及作为将操作系统移植到 RISC-V 的硬件抽象层。

目前，我们仍然在对 Freedom Metal 提供的 API 进行改进。因此，Freedom Metal API 应该在 beta 版中考虑，直到获得稳定版本。

● Freedom Metal 库：https://github.com/sifive/freedom-metal。

● Freedom Metal API 文档：https://sifive.github.io/freedom-metal-docs/。

Freedom Metal 兼容库层使用开发板支持包文件（bsp）所提供的硬件抽象层。这些 bsp 文件可以在 Freedom-E-SDK 中的 bsp 文件夹下找到，并且完全封装在每个目标目录中。

Freedom Metal 的 SiFive Learn Inventor 开发系统支持文件与 HiFive1 Rev B 兼容，在 bsp/sifive-hifive1b/中，包括以下内容。

（1）design.dts：对目标的描述。该文件用于为目标设备参数化 Freedom Metal 库。它是作为一个参考，以便 Freedom Metal 用户知道哪些功能和外设是可用的目标。

（2）metal.h：Freedom Metal machine header，在内部用于 Freedom Metal 实例化结构来支持目标设备。

（3）metal.lds：目标设备的链接器脚本。

（4）settings.mk：用于在 RISC-V GNU 工具链中设置-march 和-mabi 参数。

3. Freedom Studio 下载

Freedom Studio 分为 Windows、MacOS 和 Linux 三个版本，本章将重点讲述有关 Windows 系统的 Freedom Studio 环境配置。Freedom Studio 工具可从 SiFive 公司的官网上下载（https://www.sifive.com/boards/#software）。

4. Freedom Studio 安装

文件下载之后，使用解压缩命令进行 Freedom Studio 的安装。在安装过程中，请注意以下内容：

（1）安装路径中不要含有空格。Freedom Studio 将在启动时检查安装路径，并在检测到路径包含空格时发出警告。

（2）在解压缩软件之前，必须启用 Windows 长路径支持。Freedom Studio 安装文件夹包含的路径深度超过了 Windows 设置的 MAX_PATH（=260）字符限制。可以通过使用 Windows regedit 工具安装如下特定的注册键/值：HKEY_LOCAL_MACHINE\SYSTEM\ CurrentControlSet\Control\FileSystemLongPathsEnabled REG_DWORD = 0x1

Windows 10（1607 版本之后）允许使用该注册键/值禁用这个限制。

读者也可以选择在 SiFive 网站下载对应的注册表文件，下载地址为 https://static.dev. sifive.com/dev-tools/FreedomStudio/misc/EnableLongPaths.reg，双击文件将自动安装注册键。

（3）尽可能缩短安装路径。我们建议在安装驱动器的根目录下创建一个名为 "FreedomStudio" 的文件夹（没有空格）。在该文件夹中，读者可以将多个版本的 Freedom Studio 安装到子文件夹下。

安装完成后将获得 Freedom Studio 压缩包文件内容，如图 4-1 所示。

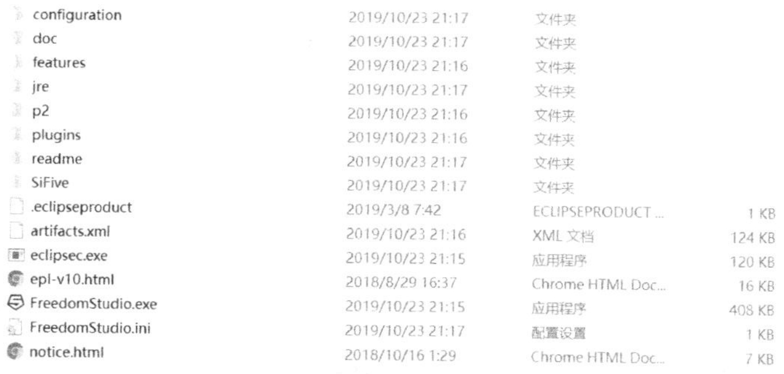

图 4-1　Freedom Studio 压缩包文件内容

目录内容如下：

（1）FreedomStudio：安装根目录。

（2）FreedomStudio.exe：打开操作系统的可执行文件。

（3）SiFive：SiFive 文件目录。

（4）SiFive/doc：SiFive 文档。

（5）SiFive/Licenses：SiFive 开源证书。

（6）SiFive/Misc：包含 OpenOCD 配置等文件的文件目录。

（7）SiFive/openocd：包含绑定的 OpenOCD 的文件目录。

（8）SiFive/toolchain：包含 RISC-V GCC 工具链的文件目录。

（9）Build Tools：允许 Eclipse CDT 在诸如 make、echo 等 Windows 环境中工作的工具。

（10）jre：Java 运行环境（Java Runtime Environment）。

⊙ 4.1.2 启动 Freedom Studio

启动 Freedom Studio 的步骤如下：

（1）直接双击 FreedomStudio 文件夹下的可执行文件 FreedomStudio.exe。

（2）第一次启动 Freedom Studio 时，将会弹出如图 4-2 所示的对话框。该对话框用于设置 Workspace 目录，该目录用于防止后续创建项目文件夹。若勾选上 Use this as the default and do not ask again 选项，则以后启动时将不再出现该对话框，而是使用现在选择的路径作为默认 Workspace 目录。启动后的所有项目将默认保存在 Workspace 中，也可以保存至其他位置。

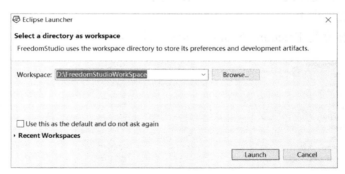

图 4-2 设置 Freedom Studio 的 Workspace 目录

（3）设置好之后单击 Launch 按钮，就会启动 Freedom Studio，第一次启动 Freedom Studio 的界面如图 4-3 所示。

图 4-3　第一次启动 Freedom Studio 的界面

⊙ 4.1.3　创建 sifive-welcome 项目

下面介绍如何使用手动方式在 Freedom Studio 中创建一个简单的 sifive-welcome 项目。

1. 创建工程

在菜单栏中选择 File→New→Freedom E SDK Project，如图 4-4 所示。

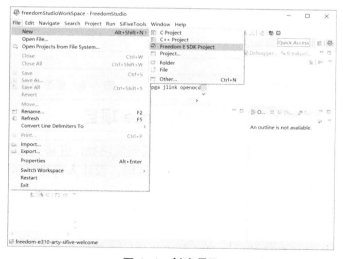

图 4-4　创建项目

2. 设置平台与项目

如图 4-5 所示，选择平台为 sifive-hifive1-revb，选择示例项目为 sifive-welcome，确认项目名称。debug 选项默认（且只能）为 J-Link（需提前安装 SEGGER J-Link OB 调试器，安装方法见 4.1.6 节）。如果对项目名称或项目路径不满意，则单击 Next 按钮进行修改，若认为已经设置完毕，则直接单击 Finish 按钮。

3. 更改项目名称和路径

在如图 4-6 所示的界面可以更改项目名称和路径，更改完毕之后单击 Finish 按钮。

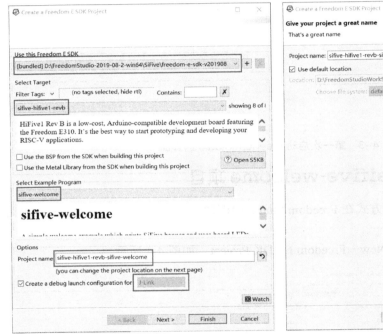

图 4-5 选择项目

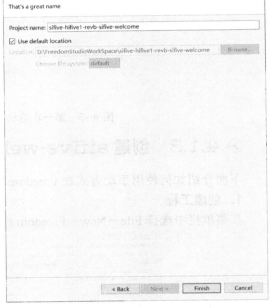

图 4-6 更改项目名称和路径

⊙ 4.1.4 配置 sifive-welcome 项目

Freedom Studio 将在第一次运行时自动检测其安装路径，并将其配置为使用 4.1.1 节中所描述的绑定工具。但是为了更好地编译项目源代码，设计人员也可以自己配置工具链。

1. 工具路径范围

工具路径可以设置为三种范围，包括全局（Global）、工作区（Workspace）和项目（Project）。

全局范围设置安装的默认值，是最低的优先级。工作区范围允许设置特定的给定工作空间的工具链首选项，并将覆盖全局设置。在项目范围里，Freedom Studio 允许根据每个项目设置首选项，项目范围总是优先于全局范围和工作区范围。这种灵活的路径范围设置允许用户使用安装在同一系统上的许多不同工具，同时仍然保持项目的可移植性。

2．更改工具路径

如图 4-7 所示，若想更改全局范围或工作区范围的工具路径，可以在菜单栏中选择 Window→Preferences。

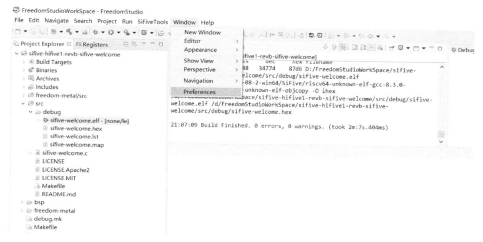

图 4-7　选择 Window→Preferences

如图 4-8 所示，展开 Freedom Studio 后，选择要更改的工具并根据需要单击 Workspace…、File System…或 Variables…，即可更改工具路径。

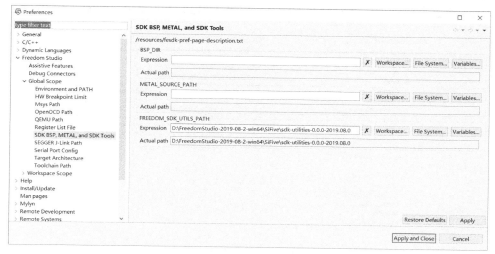

图 4-8　更改工具路径

如图 4-9 所示，若想更改项目范围的工具路径，可以先单击工作区中的一个项目，然后在菜单栏中选择 File→Properties，展开 Freedom Studio 之后选择要更改的工具并根据需要单击 Workspace...、File System...或 Variables...，即可更改工具路径。

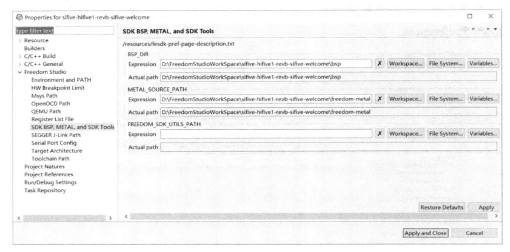

图 4-9 更改项目范围工具路径

⊙ 4.1.5 编译 sifive-welcome 项目

1. 清理项目

为了保险起见，建议先将项目空间清理一下。在 Project Explorer 栏中展开 Build Targets，双击 clean 即可完成清理，此时会在 Console 中显示 Build Finished，如图 4-10 所示。

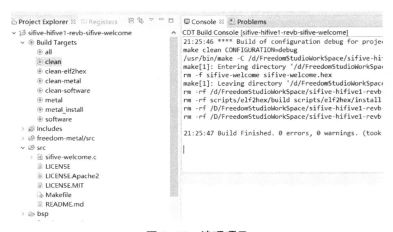

图 4-10 清理项目

2. 编译项目

清理完项目空间后，可以直接选择在 Build Targets 中双击 all 进行编译；也可以单击工作区中的一个项目，并在菜单栏中选择 Build 图标进行编译，如图 4-11 所示。

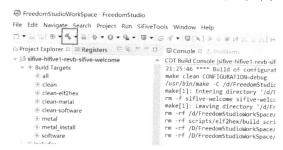

图 4-11 菜单栏 Build 图标

⊙ 4.1.6 运行 sifive-welcome 项目

1. 安装 SEGGER J-Link OB 调试器

如果已经独立于 Freedom Studio 安装了 J-Link 软件，那么无须重新安装 USB 驱动程序；如果没有安装，则可以使用 Sifive 文件夹中包含的驱动。64 位系统的驱动程序安装文件路径为：

< install-folder>/SiFive/jlink-6.52.5-2019.08.0/USBDriver/x64/dpinst_x64.exe

32 位系统的驱动程序安装文件路径为：

< install-folder>/SiFive/jlink-6.52.5-2019.08.0/USBDriver/x86/dpinst_x86.exe

其中，< install-folder>为 FreedomStudio 文件夹路径。双击该驱动程序，即可开始安装，安装界面如图 4-12 所示。请注意，安装驱动时 SiFive Learn Inventor 开发系统暂时不要连接到 PC 端，以免引起驱动配置错误。

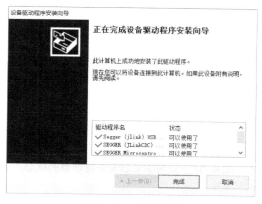

图 4-12 安装界面

连接 SiFive Learn Inventor 开发系统，打开设备管理器，可以看到安装驱动之前的设备管理器，如图 4-13 所示。安装驱动后设备管理器的状态如图 4-14 所示。其中两个原本识别为通用串行总线控制器中的 USB Serial Converter A 消失，转变为通用串行总线控制器/J-Link driver 及两个 COM 端口（这里是 COM3 和 COM5，串口号以安装的实际情况为准）。

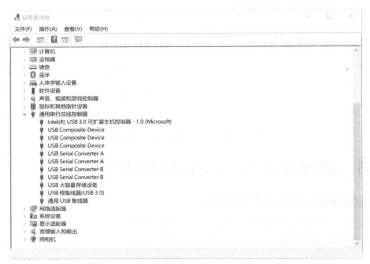

图 4-13　安装驱动前设备管理器的状态

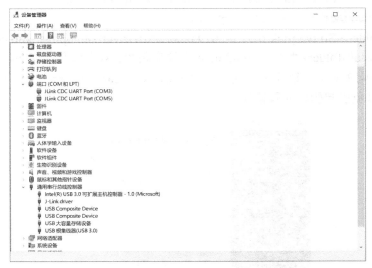

图 4-14　安装驱动后设备管理器的状态

2. 更改项目代码

该项目的目标是使 SiFive Learn Inventor 开发系统能向计算机发送一个 SiFive 图标，而原本的代码并不能做到这一点，故我们需要更改示例项目中的代码。

单击项目中的 src 文件夹，双击其中的 welcome.c 代码，我们可以看到原本历程的代码，然后将原本历程中该执行的内容改为如图 4-15 所示内容（或直接调用 display_banner 函数），便可实现需要的目标。更改完代码之后，使用 Ctrl+S 快捷键对更改进行保存，并使用 4.1.5 节中讲述的方法进行编译。

```
if ((led0_red == NULL) || (led0_green == NULL) || (led0_blue == NULL)) {
        printf("\n");
        printf("\n");
        printf("                                SIFIVE, INC.\n");
        printf("\n");
        printf("                  5555555555555555555555555\n");
        printf("                 5555                   5555\n");
        printf("                5555                     5555\n");
        printf("               5555                       5555\n");
        printf("              5555       5555555555555555555555\n");
        printf("             5555       555555555555555555555555\n");
        printf("            5555                             5555\n");
        printf("           5555                               5555\n");
        printf("          5555                                 5555\n");
        printf("         5555555555555555555555555555          55555\n");
        printf("          55555           555555555           55555\n");
        printf("            55555           55555           55555\n");
        printf("              55555           5           55555\n");
        printf("                55555                   55555\n");
        printf("                  55555               55555\n");
        printf("                    55555           55555\n");
        printf("                      55555       55555\n");
        printf("                        55555   55555\n");
        printf("                          555555555\n");
        printf("                            55555\n");
        printf("                              5\n");
        printf("\n");

        printf("\n");
        printf("               Welcome to SiFive!\n");
    return 1;
}
```

图 4-15　修改代码内容

3. 下载程序至 SiFive Learn Inventor 开发系统

如图 4-16 所示，第一次下载程序，需右键单击工作区中的 sifive-hifive1-revb-sifive-welcome 项目，选择 Run As→Run Configurations...。然后选择左侧 SiFive GDB SEGGER J-Link Debugging 下的 sifive-hifive1-revb-sifive-welcome，双击打开，单击右下角的 Run，如图 4-17 所示。

第二次及以后下载程序，单击工作区中的 sifive-hifive1-revb-sifive- welcome 项目，然后单击项目的运行（run）图标，如图 4-18 所示。

若 Console 显示刻录正确，则可以进行测试，如图 4-19 所示。

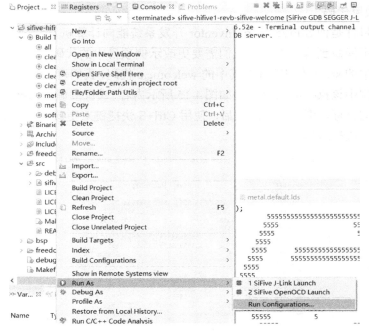

图 4-16　第一次下载程序（Run As）

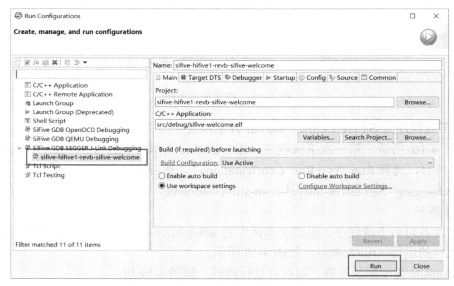

图 4-17　第一次下载程序（Run Configurations）

图 4-18　左侧图标为 build，右侧为 debug 和 run

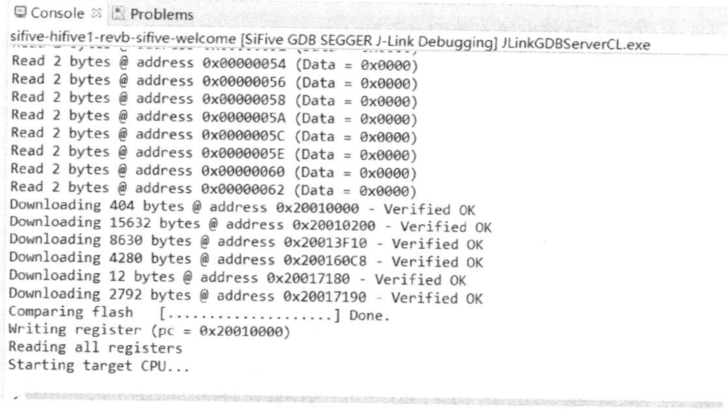

图 4-19　程序刻录完成

4. 测试程序

由于该项目使用 UART 进行通信，将 SiFive Learn Inventor 开发系统所需设置的波特率（Baud Rate）修改为 115 200。我们需要相应地设置 UART 连接，通过图 4-20 所示图标进入串口设置。

图 4-20　进入串口设置

如图 4-21 所示，对串口进行相应的设置。先单击 new...按钮设置新串口，然后调整下方的 Serial port 和 Baud rate，之后进入 Command Shell Console 进行通信。

图 4-21　设置串口

项目的结果是按 reset 按钮就可以打印一个 SiFive 图标到串口，如图 4-22 所示。通过是否能正确打印出图标，我们可以检查编写的程序是否被正确下载。

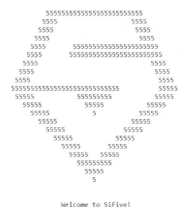

图 4-22　打印图标效果

◉ 4.1.7　调试程序

在程序已经能正确下载到 SiFive Learn Inventor 开发系统的基础上，如果程序员希望能够调试运行在开发系统中的程序，也可以使用 Freedom Studio。由于 Freedom Studio 运行于主机 PC 端，而程序运行于开发系统上，因此这种调试也称为"在线调试"或"远程调试"。下面介绍如何使用 Freedom Studio 进行调试。

1．进入调试模式

进入调试模式和运行程序的步骤基本一致，单击工作区中的 sifive-hifive1-revb-sifive-welcome 项目，然后单击项目的调试（debug）图标。同样，若 Console 显示刻录正确，则可以进行调试。

2．设置断点

Breakpoints 视图允许创建、启用和禁用断点。我们可以通过右键单击断点并选择 properties 来设置断点的属性。在"属性"菜单中，可以设置断点的硬、软类型和忽略计数等属性。

双击文本框左侧的蓝条可以设置断点，通过右键单击蓝条可以改变当前选择断点的类型，如图 4-23 所示。

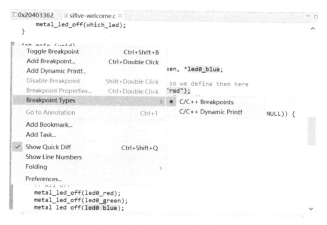

图 4-23　改变断点的类型

3．运行程序

如图 4-24 所示，框中从左往右分别为 Resume、Suspend、Terminate 按钮。单击菜单栏中的 Resume 按钮即可开始运行程序，直至下一个断点或手动选择 Suspend。单击 Terminate 按钮即可退出调试。

图 4-24　菜单栏

4.2 Hello World 实例

介绍完 Freedom Studio 的安装、配置、基本界面及项目实例之后，本节将通过导入和运行 Hello World 项目来进一步了解正常流程下一个完整的开发实际操作过程。

（1）在安装软件时，已经导入 SDK 包。

（2）在此之前需要完成微控制器的配置工作，确保硬件正常工作。

⊙ 4.2.1 新建 Freedom 工程

启动 Freedom Studio 程序，进入主界面，单击 Sifive 工具中的新建工程按钮，选择目标平台（sifive-hifive-revb）、示例工程（hello）、项目名称（自定义项目名称）和调试工具（J-Link），然后单击 Finish 按钮，如图 4-25 所示。

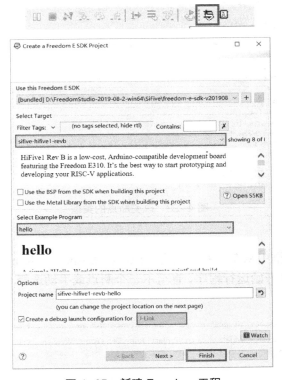

图 4-25 新建 Freedom 工程

⊙ 4.2.2　编译生成可执行文件

如图 4-26 所示，单击编译按钮，或者右键单击 Project Explorer 进行编译生成可执行文件（选择 debug 模式）。

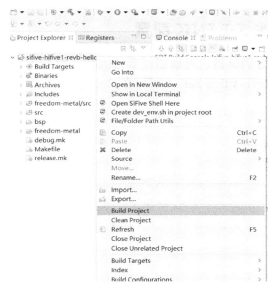

图 4-26　编译生成可执行文件

在编译生成过程中，控制台会显示相应信息。如图 4-27 所示，完成后在项目管理视窗中可以看到生成的二进制文件，控制台也会显示编译生成完成的信息及二进制文件的数据大小。

图 4-27　成功生成可执行文件

⊙ 4.2.3　连接 SiFive Learn Inventor 开发系统

在下载程序调试之前，我们需要将 SiFive Learn Inventor 开发系统与计算机连接。这里需要使用到 SEGGER J-Link OB 调试器，其具体安装方法参见 4.1.6 节。

⊙ 4.2.4　修改 J-LINK 配置

由于使用的是第三方调试器，可根据需要修改默认的 SEGGER J-Link 配置。单击工作区中的 sifive-hifive1-revb-sifive-hello 项目，在 Debugger 下即可修改相应配置，如图 4-28 所示。

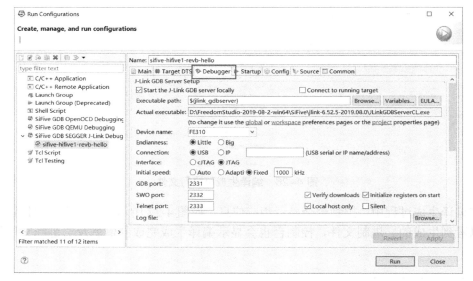

图 4-28　修改 SEGGER J-Link 配置

这里仅仅实现演示任务，并不需要对默认设置进行修改。上述内容仅针对需要对配置进行修改的用户提供必要的补充说明。另外，若对配置进行修改，需要将配置文件存放在指定的目录下。

⊙ 4.2.5　程序下载及调试

完成以上步骤后，连上 SiFive Learn Inventor 开发系统并启动，然后单击 Freedom Studio 中的运行按钮（或者调试按钮），如图 4-29 所示，程序开始下载生成的可执行文件至 SiFive Learn Inventor 开发系统的闪存中。完成下载程序，同时在控制台中显示相应信息，如图 4-30 所示。

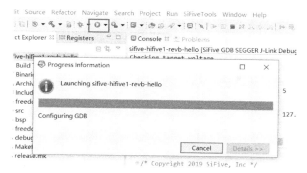

图 4-29　下载生成的可执行文件至 SiFive Learn Inventor 开发系统中

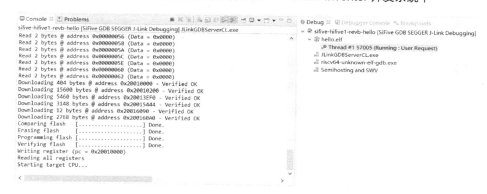

图 4-30　完成下载程序

　　如图 4-31 所示，下载完成后打开了串口终端，可以在终端界面显示打印的信息"Hello, World!"，如图 4-32 所示。每次单击 SiFive Learn Inventor 开发系统上的 RESET 按钮，程序都会重新运行并打印信息。

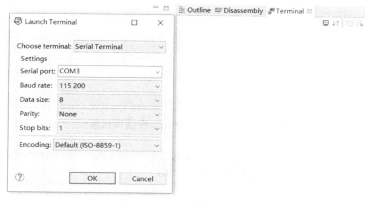

图 4-31　终端操作界面

```
Hello, World!
Hello, World!
Hello, World!
Hello, World!
Hello, World!
Hello, World!
Hello, World!
```

图 4-32　串口终端显示打印信息

⊙ 4.2.6　使用 Freedom Studio 在线调试程序

单击调试按钮进入程序在线调试模式，可以在寄存器视窗中看到当前 CPU 的寄存器列表及值，也可以在变量视窗中看到当前程序变量列表及值，通过工具栏中的调试按钮控制程序运行，如图 4-33 所示。读者可参考 4.1.7 节内容从而加深对 Freedom Studio 的使用。

图 4-33　Freedom Studio 在线调试模式

4.3　Dhrystone 基准程序介绍

本节主要介绍 Dhrystone 基准程序的功能、代码结构与存在的问题。

⊛ 4.3.1　Dhrystone 基准程序功能介绍

　　Dhrystone 是 1984 年由 Reinhold P. Weicker 设计的一套综合基准程序，该程序用来测试 CPU（整数）计算性能。Dhrystone 是为与另一算法"Whetsone"区分而设计的名字。与 Whetsone 不同，Dhrystone 并不包括浮点运算，其输出结果为每秒钟运行 Dhrystone 的次数，即每秒钟迭代主循环的次数。

　　在 Dhrystone 程序中，作者收集了众多不同类型程序中的典型特性，采用了各种典型的方法，如函数调用、间接指针、赋值等，使得该程序测试的性能极具代表性。C 语言版本的 Dhrystone 是由 Rick Richardson 开发的，也让 Dhrystone 得到了更加广泛的流行。

　　我们常用 MIPS（Million Instructions Per Second）来衡量计算机性能指标，它反映了处理器在汇编指令级别执行的速度。但是 C 语言通过不同处理器架构的编译器编译生成的汇编代码可能会有巨大差异。单纯的 MIPS 指标仅能反应出处理器执行汇编指令的硬件效率，而不能反映出处理器软硬件系统的综合性能。

　　Dhrystone 的跑分结果使用的是 Dhrystone Per Second，表示处理器每秒能执行的 Dhrystone 主循环的次数。如代码清单 4-1 所示，Dhrystone 程序的主循环由一个 For 循环组成，且可以通过参数控制具体的循环次数。For 循环内部调用各种子函数，这些子函数是 Dhrystone 开发者可以构造的具有代表性的程序代码，如代码清单 4-2 所示。在 For 主循环的开始和结束部分均通过计时器读出当前的时间值，如代码清单 4-3 所示。我们通过计算开始和结束时间的差值得出运行特定循环次数的总执行时间。总执行时间由以下两方面效率决定：

　　（1）指令集架构的效率和编译器的优劣会决定 C 语言编写的 Dhrystone 程序能够编译成多少汇编指令。

　　（2）处理器的硬件性能会决定处理器执行这些命令的速度。

代码清单 4-1　Dhrystone 程序片段——主循环

```
for (Run_Index = 1; Run_Index <= Number_Of_Runs; ++Run_Index)
{

  Proc_5();
  Proc_4();
    /* Ch_1_Glob == 'A', Ch_2_Glob == 'B', Bool_Glob == true */
  Int_1_Loc = 2;
  Int_2_Loc = 3;
  strcpy (Str_2_Loc, "DHRYSTONE PROGRAM, 2'ND STRING");
  Enum_Loc = Ident_2;
  Bool_Glob = ! Func_2 (Str_1_Loc, Str_2_Loc);
```

```
      /* Bool_Glob == 1 */
    while (Int_1_Loc < Int_2_Loc)  /* loop body executed once */
    {
      Int_3_Loc = 5 * Int_1_Loc - Int_2_Loc;
        /* Int_3_Loc == 7 */
      Proc_7 (Int_1_Loc, Int_2_Loc, &Int_3_Loc);
        /* Int_3_Loc == 7 */
      Int_1_Loc += 1;
    } /* while */
      /* Int_1_Loc == 3, Int_2_Loc == 3, Int_3_Loc == 7 */
```

代码清单4-2　Dhrystone 程序片段——子函数

```
Proc_8 (Arr_1_Par_Ref, Arr_2_Par_Ref, Int_1_Par_Val, Int_2_Par_Val)
/***********************************************************************/
    /* executed once      */
    /* Int_Par_Val_1 == 3 */
    /* Int_Par_Val_2 == 7 */
Arr_1_Dim      Arr_1_Par_Ref;
Arr_2_Dim      Arr_2_Par_Ref;
int            Int_1_Par_Val;
int            Int_2_Par_Val;
{
  REG One_Fifty Int_Index;
  REG One_Fifty Int_Loc;

  Int_Loc = Int_1_Par_Val + 5;
  Arr_1_Par_Ref [Int_Loc] = Int_2_Par_Val;
  Arr_1_Par_Ref [Int_Loc+1] = Arr_1_Par_Ref [Int_Loc];
  Arr_1_Par_Ref [Int_Loc+30] = Int_Loc;
  for (Int_Index = Int_Loc; Int_Index <= Int_Loc+1; ++Int_Index)
    Arr_2_Par_Ref [Int_Loc] [Int_Index] = Int_Loc;
  Arr_2_Par_Ref [Int_Loc] [Int_Loc-1] += 1;
  Arr_2_Par_Ref [Int_Loc+20] [Int_Loc] = Arr_1_Par_Ref [Int_Loc];
  Int_Glob = 5;
} /* Proc_8 */
```

代码清单4-3　Dhrystone 程序片段——时间记录

```
#ifdef TIMES
  times (&time_info);
  Begin_Time = (long) time_info.tms_utime;
#endif
```

```
#ifdef TIME
  Begin_Time = time ( (long *) 0);
#endif
#ifdef MSC_CLOCK
  Begin_Time = clock();
```

Dhrystone 跑分结果的另一种更常见的表示单位是 DMIPS（Dhrystone MIPS），它使用早期的 VAX 11/780 处理器作为标称值。VAX 11/780 处理器被公认能达到 1 MIPS 的性能，使用它运行 Dhrystone 跑分程序能达到的性能为 1 757 Dhrystone Per Second，以此作为标准参考，将 1 757 Dhrystone Per Second 作为 1 DMIPS。在此基础上，还需要去除处理器主频的因素。

假设处理器以 1GHz 的主频能够每秒执行 1 000 000 次 Dhrystone 主循环，其性能可以表示为 1 000 000/1 757 = 569 DMIPS，也可以表示为 569/1 000 = 0.569 DMIPS/MHz。

⊛ 4.3.2 Dhrystone 基准程序代码结构

Dhrystone 代码结构如下：

```
hbird-e-sdk                      //存放hbird-e-sdk的目录
  |----software                  //存放示例程序的源代码
     |----dhrystone              //Dhrystone程序目录
        |----dhry_1.c            //源代码
        |----dhry_2.c            //源代码
        |----shry_stubs.c        //源代码
        |----Makefile            //Makefile脚本
```

Makefile 为主控制脚本，Makefile 部分代码如代码清单 4-4 所示。

代码清单 4-4 Makefile 部分代码

```
//指明生成的elf文件名
TARGET = dhrystone

//指明Dhrystone程序所需要的特别的GCC编译选项
DHRY-LFLAGS =

DHRY-CFLAGS := -O3 -DTIME -DNOENUM -Wno-implicit -save-temps
DHRY-CFLAGS += -fno-builtin-printf -fno-common -falign-functions=4

//指明Dhrystone程序所需要的C源文件
SRC = dhry_1.c dhry_2.c
HDR = dhry.h
```

⊙ 4.3.3　Dhrystone 基准程序存在的问题

Dhrystone 的重要性在于其能作为处理器整数计算性能的指标。很多现代的编译器应用了静态代码分析技术，会将对输出没有影响的代码忽略，这会使很多基准测试代码不能正常运行，包括早些版本的 Dhrystone。之后 Weicker 于 1988 年开发出了 2.0 版本，并于同年 5 月开发出了 2.1 版本，基本解决了这一问题。此版本的代码与 2010 年 6 月所定义的 Dhrystone 代码相同，其作为一项基准已达数十年时间。

除了编译器优化这一问题外，Dhrystone 自开发时便有代码过小、数据过小的问题。另外，Dhrystone 还有很多小问题，其中一个典型为字符串操作的问题。在 Ada 和 Pascal 语言中均把字符串当作一个基本变量，而在 C 语言中并没有字符串这一变量，所以简单的变量赋值语句在 C 语言中变成了缓冲赋值语句。另一个问题是运行所得的分数对所使用的编译器、系统的优化程度均相关联，并不能准确的表示 CPU 的性能。

作为一项基准程序，Dhrystone 具有以下缺陷：

（1）它的代码与具有代表性的实际程序代码并不相同。

（2）它易受编译器影响。举例来说，在 Dhrystone 中有大量的字符串复制语句，用来测量字符串复制的性能。然而 Dhrystone 中字符串的长度不变，并且均开始于自然对齐的边界，这两点便与真实的程序不同。因此一个优化性能好的编译器能够在去掉循环的情形下通过一连串字的移动替代对字符串的复制，这将会快很多，可能会提高 30%。

（3）Dhrystone 代码量过小，在现代 CPU 中能够被放进指令缓存中，对于只有一级缓存的 CPU 是没有问题的，但是它并不能测试多级缓存 CPU 的性能。

对于使用低端处理器的用户来说，Dhrystone 基准测试是一个有参考价值的评估性能工具。由于 Dhrystone 基准测试的性质，高端应用程序处理器性能不能完全用 Dhrystone 分数来表示，只有发布了测试环境才能公平地比较 Dhrystone 分数。

⊙ 4.3.4　在 SiFive Learn Inventor 开发系统上运行 Dhrystone 基准程序

根据 4.1 节和 4.2 节所述的项目创建过程，读者可以创建 Dhrystone 测试程序的工程，并下载该工程的可执行文件至 SiFive Learn Inventor 开发系统上运行，如图 4-34 所示。Dhrystone 测试结果如图 4-35 所示，在处理器主频为 32.5MHz 时得到 Dhrystone per Second：94 786，Dhrystone 测试分数：94 786/(32.5×1757) = 1.66 DMIPS/MHz。

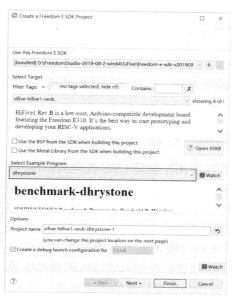

图 4-34　创建 Dhrystone 测试程序

图 4-35　Dhrystone 测试结果

4.4 CoreMark 基准程序介绍

本节主要介绍 CoreMark 基准程序的功能与代码结构,以及比较 CoreMark 与 Dhrystone 两种基准程序。

⊛ 4.4.1 CoreMark 基准程序功能介绍

CoreMark 是在嵌入式系统中用来测量 CPU 性能的基准程序。该标准于 2009 年由嵌入式微处理器基准协会(Embedded Microprocessor Benchmark Consortium,EEMBC)组织的 Shay Gal-On 提出,并且试图将其发展成为工业标准,从而代替陈旧的 Dhrystone 标准。CoreMark 代码使用 C 语言写成,包含的运算法则有列举运算(查找与排序)、矩阵处理(基本矩阵运算)、状态机(用来确定输入流中是否包含有效数字)和循环冗余校验(Cyclic Redundancy Check,CRC)。这些算法在嵌入式领域的软件中极为常见,很多嵌入式领域的 CPU 都公布 CoreMark 的跑分作为衡量标准的重要参数。

CoreMark 结果的表示方法和 Dhrystone 相似,使用 Number of iterations per second 作为衡量标准,表示处理器每秒能执行的 CoreMark 主循环的次数。如代码清单 4-5 所示,CoreMark 的主循环由一个迭代循环组成,且可通过参数控制具体循环的次数。循环内部电泳各种编写好的子函数,如代码清单 4-6 所示。在主循环的开始和结束部分均通过计时器(Timer)读取当前的时间值,如代码清单 4-7 所示。CoreMark 最后也是通过开始与结束的时间差得到运行特定循环次数的总执行时间,并以此计算出单位时间内能够运行的循环次数。与 Drystone 相似,每秒执行主循环的次数除以处理器主频的因数,可以计算出 CoreMark/Hz。

代码清单 4-5 CoreMark 程序片段——主循环

```
start_time();
#if (MULTITHREAD>1)
if (default_num_contexts>MULTITHREAD) {
    default_num_contexts=MULTITHREAD;
}
for (i=0 ; i<default_num_contexts; i++) {
    results[i].iterations=results[0].iterations;
    results[i].execs=results[0].execs;
    core_start_parallel(&results[i]);
}
for (i=0 ; i<default_num_contexts; i++) {
    core_stop_parallel(&results[i]);
}
```

```
#else
 iterate(&results[0]);
#endif
```

代码清单 4-6　CoreMark 程序片段——子函数

```
ee_s16 matrix_sum(ee_u32 N, MATRES *C, MATDAT clipval) {
MATRES tmp=0,prev=0,cur=0;
ee_s16 ret=0;
ee_u32 i,j;
for (i=0; i<N; i++) {
    for (j=0; j<N; j++) {
        cur=C[i*N+j];
        tmp+=cur;
        if (tmp>clipval) {
            ret+=10;
            tmp=0;
        } else {
            ret += (cur>prev) ? 1 : 0;
        }
        prev=cur;
    }
}
return ret;
}
```

假设某处理器以 10MHz 的主频运行 CoreMark 程序能达到每秒执行 100 次主循环，其性能可表示为 100/10 = 10 CoreMark/MHz。

代码清单 4-7　CoreMark 程序片段——计时

```
start_time();
#if (MULTITHREAD>1)
...
#else
 iterate(&results[0]);
#endif
 stop_time();
 total_time=get_time();
```

⊙ 4.4.2 CoreMark 基准程序代码结构

CoreMark 代码结构如下：

```
hbird-e-sdk                                //存放hbird-e-sdk的目录
    |----software                          //存放示例程序的源代码
        |----CoreMark                      //CoreMark程序目录
            |----core_list_join.c          //源代码
            |----core_main.c               //源代码
            |----core_matrix.c             //源代码
            |----core_state.c              //源代码
            |----core_util.c               //源代码
            |----Makefile                  //Makefile脚本
```

Makefile 为主控制脚本，Makefile 部分代码如代码清单 4-8 所示。

代码清单 4-8　Makefile 部分代码

```
//指明生成的elf文件名
TARGET = dhrystone

 //指明CoreMark程序所需要的特别的GCC编译选项
CFLAGS += -DITERATIONS=$(ITERATIONS)

 //指明Dhrystone程序所需要的C源文件
C_SRCS = \
core_list_join.c \
core_main.c \
core_matrix.c \
core_state.c \
core_util.c \
HEADERS = coremark.h
```

⊙ 4.4.3 在 SiFive Learn Inventor 开发系统上运行 CoreMark 基准程序

同样的，根据 4.1 节和 4.2 节所述的项目创建过程，读者可以创建 CoreMark 测试程序的工程，并下载该工程的可执行文件至 SiFive Learn Inventor 开发系统上运行，如图 4-36 所示。CoreMark 测试结果如图 4-37 所示，在主频为 32.5MHz 时得到 Iterations/Sec：104，Coremark 测试分数：104/32.5 = 3.2 Coremark/MHz。

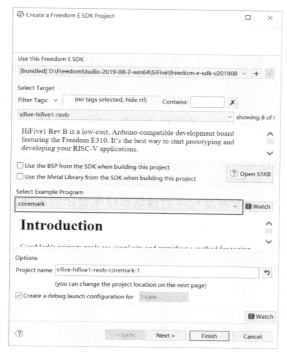

图 4-36　创建 CoreMark 测试程序

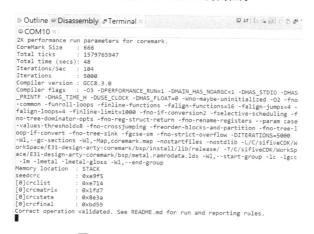

图 4-37　CoreMark 测试结果

⊗ 4.4.4　CoreMark 与 Dhrystone 两种基准程序的比较

CoreMark 基准程序的 CRC 算法提供了双重的功能：它模拟了在嵌入式应用中经常见到的工作，也确保了 CoreMark 基准程序的操作准确，因为它提供了一项必不可少的确认机制。具体地说，为了保证操作准确，在链接表中添加了 16 位的 CRC。

为了确保编译器在编译时不会预先计算结果，程序的每次计算均会即时得到一项数据，而此数据不会在编译时被得到。另外，在计时中，所有的代码均为基准自身的代码，而不是调用库中的代码。

CoreMark 基准程序与 Dhrystone 基准程序相似，其足够小而且能够适用于大多数处理器，其中包括微控制器。CoreMark 基准程序避免了编译器对得分的影响，并且 CoreMark 基准程序用的是实际的算法，而 Dhrystone 基准程序所用的为合成的算法。另外，在 Dhrystone 基准程序计时过程中应用到了库调用，而且库调用占用了大量的时间，对于所使用的库不同时，很难比较他们的得分；而 CoreMark 基准程序在计时过程中没有库调用。CoreMark 基准程序建立了运行基准程序的规则和结果显示的规则。

第5章

FreeRTOS 实时多任务操作系统原理与应用

第 4 章介绍了如何设计简单的裸机程序，但是在实际项目中是远远不够的。试想一下如果程序等待一个超时事件，在裸机情况下，要么在原地一直等待而不能执行其他任务，要么使用复杂的状态机制。

如果能有一个机制可以很方便地把当前任务阻塞在该事件下，然后去执行别的任务，显然更加方便，也能更高效地利用 CPU 资源，这就是实时多任务操作系统（Real Time Operating System，RTOS）。RTOS 可应用于任务复杂的场合，随着物联网的发展，未来的嵌入式产品必然需要更为复杂、连接性更强及更丰富的用户界面，因此，一个好的 RTOS 变得不可或缺。

5.1 嵌入式操作系统

嵌入式操作系统（Embedded Operating System）是指用于嵌入式系统的操作系统。嵌入式操作系统是一种用途广泛的系统软件，通常包括与硬件相关的底层驱动软件、系统内核、设备驱动接口、通信协议、图形界面、标准化浏览器等。嵌入式操作系统负责嵌入式系统的全部软、硬件资源的分配、任务调度，控制、协调并发活动。

与在 MCU 中使用的通用例程，即在 while（1）的循环中直接编程、对 CPU 和内存等直接进行管理的开发方式不同，嵌入式操作系统在较为简单的项目上虽然没有"裸跑"那样高的运行效率，但当项目复杂时，它所具有的任务调度、同步机制、中断处理等功能，能够很好地简化程序结构，增强项目的可读性、可维护性，加快项目的开发。

在目前的嵌入式开发领域，随着工程规模越来越大，人们开始对专业应用和复杂的多任务处理有直接的需求，因而越来越多的开发者选择在一个统一的操作系统上进行软件开发。这样，开发者更多地将程序的维护直接交给了嵌入式操作系统。

⊙ 5.1.1 为什么使用操作系统

前面简单介绍了嵌入式操作系统，我们也很熟悉像 Windows 这样的操作系统。那么，到底为什么要使用操作系统呢？它与"裸机"有什么本质上的区别呢？

我们知道 C 语言是以函数为单位实现功能的，函数串行执行从而执行一个完整的功能。然而当系统的功能变得庞大且复杂时，该方法几乎无法使用。此时各个功能之间有着千丝万缕的联系，不同的运行状态、不同的用户指令需要系统做出不同的响应，并立刻改变其状态，因此系统很难依次串行完成每个功能，各个功能必然需要交替执行。以函数为功能单元的程序会使整个系统结构变的混乱不堪，不利于维护和扩展。在这种情况下就需要使用操作系统。操作系统可以理解为是对函数运行进行管理的系统，它可以在一个函数还没有运行完时转而去执行另一个函数，并且还可以恢复到原来的函数继续执行，这样就可以根据需要及时调整到需要运行的函数，从而满足各种要求。

这种类似于在函数间跳转的运行方式是操作系统最核心的功能——系统调度功能。从原理上来说，这个实现过程并不复杂。但与函数的跳转不同的是，操作系统是以任务为执行单元的，每个任务就是一个相对独立的功能单元，各个任务之间可以并行运行，因此操作系统也就实现了多个功能的并行运行功能。每个任务是使用一个函数创建的，没有操作系统的一般函数和操作系统中创建任务的函数是没有什么太大不同的，主要区别在于操作系统可以使用一些技巧，让以任务形式存在的函数可以在运行时互相切换，我们将在后面介绍这种"技巧"。当然，为了实现这个功能，还需要为操作系统的函数增加一些额外的属性，将函数变成任务。我们使用操作系统为每个功能建立一个任务，每个任务只重点关心自己的功能，至于任务间的跳转执行就交给了操作系统，这样就使得整个程序的结构变得清晰简单。

得益于现代处理器的高速处理能力，从宏观来看，操作系统可以实现多功能同时运行，这种同时运行是建立在微观上从一个函数的运行过程切换到另一个函数的运行过程实现的。可以说，使用操作系统，就是为了实现这种宏观上的多任务并行。

除了任务调度外，操作系统一般还具有文件管理和设备管理功能。

⊙ 5.1.2 RTOS

实时多任务操作系统（RTOS）强调的是系统的实时性。相比于常见的通用的操作系统（如 Linux）来说，ROTS 不仅满足实时性的要求，并且其软硬件可以自由裁剪，以针对低成本、低功耗、高可靠性的场合。它的主要特征有三个：高精度计时系统、多级中断机制和实时调度机制。

为了方便读者进一步学习关于 FreeRTOS 的内容，下面简单介绍一些嵌入式操作系统的基本概念。如果想要了解更多的相关知识，可以参考嵌入式操作系统的专业书籍。

1．任务

任务也称一个线程，是一个简单的程序。每个任务被赋予一定的优先级，有它自己的一套 CPU 寄存器和栈空间。一般地，每个任务都是一个无限的循环，并处在以下 5 个状态下：休眠态、就绪态、运行态、挂起态、被中断态。多个任务可以同时在一个 CPU 上进行，各个任务之间反复切换。微观上看每个时刻只有一个任务在运行，宏观上看便实现了并行操作。

2．同步

同步是任务执行时的同步。当多任务同时执行时，为了保证同时执行的任务其执行过程不会相互影响，保证任务的执行顺序，保证各自占有资源的独立性，这都需要系统的同步机制来防止混乱。RTOS 会提供事件、消息队列、信号量等方式来执行同步机制。

3．存储管理

存储管理即操作系统提供的内存管理机制，它可以保护内存的正确分配和执行，防止同时刻和不同时刻的不同任务间相互干扰。另外，存储管理能根据任务所使用内存的大小动态申请内存，并在使用完之后对相关内存进行释放。

4．文件

文件是操作系统独有的概念，这种功能是区别于无操作系统程序的重要特点。它通过向内存中的原始数据中加入特定的代码段，从而对数据进行划分。文件是操作系统提供的外部存储设备的抽象，它是程序和数据的最终存放地点。操作系统要做的就是让用户的数据存放变得容易、方便和可靠，便于数据的管理。

5．系统调用

操作系统是一个系统程序，即为别的程序提供服务的程序。而操作系统正是通过系统调用为别的程序提供服务。系统调用相当于操作系统提供的服务功能的接口，用户通过调用这些接口从而在内核上进行操作，完成程序的功能，最后将结果返回。

5.2 FreeRTOS——小型实时操作系统内核

由 Richard Barry 开发的 FreeRTOS 是一个开源的、可移植的、小型的多任务实时操作系统内核，支持多种架构，适用于构建嵌入式微控制器的应用程序。作为开源内核，它在商业上应用广泛，并且对于初次接触 RTOS 的人来说是一个非常好的选择。

⊙ 5.2.1 为什么选择 FreeRTOS

从用户层面来说，选择 FreeRTOS 的原因是多方面的。

（1）由 FreeRTOS 发展而来的 SafeRTOS 是经过安全认证的 RTOS，因此人们对于 FreeRTOS 的安全性也有了信心。这说明 FreeRTOS 的代码可靠性很高。例如，FreeRTOS 不支持任何不确定性的操作；或者软件定时器不会包括任何需要计数到 0 的变量。

（2）有大量开发者使用，并保持高速增长趋势。自 2011 年以来，FreeRTOS 在所有的 EETimes 嵌入式的市场调查中均位居同类产品之首。2017 年，FreeRTOS 在 RTOS 使用排行榜中排名第二，如图 5-1 所示。2018 年，FreeRTOS 平均每 175s 被下载一次。

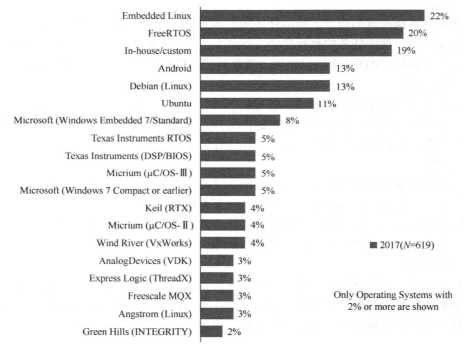

图 5-1　2017 年 RTOS 使用排行榜

（3）简单。核心内核只有 3 个 C 语言文件，对资源的占用很少，全部围绕任务调度，没有任何其他干扰，便于初学者理解学习。

（4）开放源码。其可以免费用于商业产品，更便于学习操作系统原理，从全局掌握 FreeRTOS 运行机理，以及对操作系统进行深度裁剪以适应自己的硬件。

《实时内核指南》和《参考手册》目前已经免费开放下载，这对初学者来说十分友好。若想了解更多内容可以访问官网（https://freertos.org/RTOS.html）或亚马逊的帮助文档

（https://docs.aws.amazon.com/freertos/index.html）。

⟩ 5.2.2 FreeRTOS 内核基础知识介绍

虽然 FreeRTOS 是一个小型的 ROTS 内核，但它的功能非常齐全，包括任务管理、时间管理、信号量、消息队列、内存管理、记录功能等，可基本满足较小系统的需要。FreeRTOS 内核支持优先级调度算法，每个任务可根据重要程度被赋予一定的优先级，CPU 总是让处于就绪态的、优先级最高的任务先运行；它同时支持轮换调度算法，系统允许不同的任务使用相同的优先级，在没有更高优先级任务就绪的情况下，同一优先级的任务共享 CPU 的使用时间。

FreeRTOS 的内核可根据用户需要设置为可剥夺型内核和不可剥夺型内核。当 FreeRTOS 被设置为可剥夺型内核时，处于就绪态的高优先级任务能剥夺低优先级任务的 CPU 使用权，这样可保证系统满足实时性的要求；当 FreeRTOS 被设置为不可剥夺型内核时，处于就绪态的高优先级任务只有等当前运行任务主动释放 CPU 的使用权后才能获得运行，这样可提高 CPU 的运行效率。

除此之外，FreeRTOS 本身也涉及了非常多的内容。这里只介绍一些基本知识，以为后续 FreeRTOS 的移植工作打下基础。如果想了解更多内容，可以访问官网或亚马逊的帮助文档。

1. 任务管理

在\freertos_kernel\include 目录下的 task.h 头文件中定义了各种对任务进行管理的函数。通过这些用 C 语言实现的函数，用户可以对任务进行操作，如创建任务、删除任务、为任务设置优先级等，也可以为任务分配处理时间、分配堆栈。下面举例来说明。

任务创建函数 xTaskCreate()定义如代码清单 5-1 所示。

代码清单 5-1 任务创建函数 xTaskCreate()定义

```
BaseType_t xTaskCreate(
    TaskFunction_t pxTaskCode,
        const char * const pcName,
        const configSTACK_DEPTH_TYPE usStackDepth,
        void * const pvParameters,
    UBaseType_t uxPriority,
    TaskHandle_t * const pxCreatedTask )
```

其中，pxTaskCode 是指向任务实现函数的指针，相当于函数名；pcName 是具有描述性的任务名；usStackDepth 指定了任务堆栈的大小（默认单位是字 word 而不是字节 byte）；pvParameters 作为一个参数传向被创建的任务；uxPriority 指定了任务的优先级；pxCreatedTask 是用于传递任务的句柄，可以引用它从而对任务进行其他操作。

需要注意，任务函数是开发者需要自己编写的函数。具体来说，任务创建函数实现了将任务函数中的任务纳入操作系统的任务管理功能的操作，这样 FreeRTOS 就可以对该任务进行其他相关的操作了。

同样的，FreeRTOS 还定义了其他任务管理函数，如任务删除函数 void vTaskDelete()（并不是删除开发者编写的任务，而是将任务从操作系统中移除）、任务延时函数 void vTaskDelay()等。这些函数的定义都可以在 task.h 头文件中查到。

2．任务调度器

任务调度器是 FreeRTOS 操作系统的核心，主要负责任务切换，找出最高优先级的就绪任务，并使之获得 CPU 运行权。但任务调度器并非自动运行，需要人为启动它。task.h 中定义了实时内核处理函数 vTaskStarScheduler()，它用来启动任务调度器。当操作系统调用 vTaskStarScheduler()函数时，它先创建一个优先级为 0 的空闲任务，创建成功后会暂时关闭中断（在调度器启动结束后再重新使能）并初始化一些静态变量，随后启动系统的节拍定时器，启动第一个任务。系统节拍时钟能够在多个任务共享一个优先级时为任务提供执行的时间片段，即多个任务轮流执行，在宏观上表现为同时运行。

3．队列管理

FreeRTOS 可以处理多个任务，而这些任务往往都有自己独立的资源和被分配的内存，因此在执行这些函数时需要一些机制来进行交互，建立内部通信，在任务和任务之间及任务和中断之间发送消息，从而保证任务能够有序进行。FreeRTOS 使用队列来完成这个机制。队列遵循先进先出（FIFO）的访问方式，多个任务都可以向队列中写入数据，同时也可以从队列中读取数据。

对队列进行管理的函数定义在\freertos_kernel\include 目录下的 queue.h 头文件中。

（1）创建新队列：xQueueCreate(uxQueueLength,uxItemSize)。

其中，uxQueueLength 是队列中包含最大项目的数量，uxItemSize 是队列中每个项目所需的字节数。

（2）向队列中写入任务：xQueueSend(xQueue,*pvItemToQueue,xTicksToWait)。

（3）从队列中读取任务：xQueueReceive(xQueue,*pvItemToQueue,xTicksToWait)。

更多的队列管理函数可参考 queue.h 头文件。

4．同步管理与信号量

FreeRTOS 还提供了数据同步的服务，而使用最多的是信号量。为了便于读者理解，这里只讨论最简单的二值信号量，有些地方也把它称作互斥量。信号量是表明数据调用者合法身份的唯一标识符。例如，若 A 任务要使用系统中的某个数据资源（如 GPIO 输出），A 必须有这个标识符。获得这个标识符即信号量的过程称为"获取"（Take）；当 A 使用 GPIO 结束后，它必须释放这个信号量，这样也要使用 GPIO 输出的任务 B 才能获取该信号量从而继续使用 GPIO，释放信号量的过程称为"归还"（Give）。每种资源的信号量只有一个，因而在同一时间只有一个任务可以使用该信号量作为使用该资源的合法身份标识符。当任务 A 使用 GPIO 输出时，并未归还信号量，任务 B 没有该信号量便无法使用 GPIO 输出，任务 B 必须等待并处于阻塞状态，直到任务 A 使用完 GPIO 输出并释放信号量。

5. Hook 函数

Hook 函数称为钩子函数，也称回调（callback）函数。FreeRTOS 为了满足某些功能从而调用 Hook 函数，但 Hook 函数的实现是由开发者来完成的。FreeROTS 中有以下几种 Hook 函数。

（1）空闲任务 Hook 函数。

函数原型：void vApplicationIdleHook(void)

空闲任务是在调用 vTaskStartScheduler() 时由调度器创建的。它具有最低的优先级（优先级为 0），不会妨碍具有更高优先级的应用任务进入运行态。而空闲任务 Hook 函数可以直接在空闲任务中添加相关功能。空闲任务 Hook 函数会使这些功能随着空闲任务每执行一次就自动调用一次。这样可以使一些需要不停处理的代码功能持续运行，并且可以帮助将处理器配置到低功耗模式。

需注意的是，只有 FreeRTOSConfig.h 中的常量 configUSE_IDLE_HOOK 定义为 1 时，空闲任务 Hook 函数才能被调用。

（2）Tick 滴答 Hook 函数。

函数原型：void vApplicationTickHook(void)

该 Hook 函数调用的功能可以随系统的 Tick 周期性地执行。

同样的，在 FreeRTOSConfig.h 中的常量 configUSE_TICK_HOOK 定义为 1 时，Tick 滴答 Hook 函数才能被调用。

（3）栈溢出 Hook 函数。

函数原型：void vApplicationStackOverHook(TaskHandle_t xTask,char *pcTaskName)

该 Hook 函数调用的功能在栈溢出时被执行。

当 FreeRTOSConfig.h 中常量 configCHECK_FOR_STACK_OVERFLOW 的值为 1 时，栈溢出 Hook 函数可以被调用；当常量值为 2 时，可以进行裁剪。

（4）动态内存分配错误 Hook 函数。

函数原型：void vApplicationMallocFailedHook(void)

（5）进程守护 Hook 函数。

函数原型：void vApplicationDaemonTaskStartupHook(void)

⊙ 5.2.3 关于 FreeRTOS 的软件授权

随着全世界知识产权意识和版权意识的不断提高，很多开发者都会面临 FreeRTOS 的授权问题。虽然 FreeRTOS 是一个完全免费的开源内核，不需要使用者缴纳专利税，但应注意以下几点。

（1）FreeRTOS 的任何基准测试（Benchmark）的发表必须得到相关许可。

（2）在发表源代码时，必须声明该代码为 FreeRTOS。

（3）若用户对 FreeRTOS 的内核进行了修改，也必须将修改后的内核开源。但用户自己基于 FreeROTS 开发的应用和程序代码不需要开源。

5.3　FreeRTOS 的 RISC-Ⅴ平台移植

FreeRTOS 的移植是指在特定的主板上，实现该平台支持的 FreeRTOS 的 API 和 FreeRTOS 库。通过移植，API 可在该主板上工作，并实现设备驱动程序与平台供应商提供的 BSP 之间的集成。移植还应包含对主板所需的所有配置的调整（如时钟频率、堆栈大小等）。

为了保证 FreeRTOS 内核能够正常运行，被移植 FreeRTOS 的主板最低要满足以下基本条件。

（1）25MHz 的处理速度。

（2）64KB RAM。

（3）可为每个可执行映像提供 128KB 的程序内存。

（4）如果读者需要移植 OTA 库，还需满足 MCU 上存储两个可执行映像。

SiFive Learn Inventor 开发系统是一款经过 Amazon FreeRTOS 认证的 RISC-Ⅴ设备，该开发系统为连接到 AWS IoT Core 服务的物联网（IoT）设备的 RISC-Ⅴ产品和软件开发提供了平台。FE310 微控制器和支持软件是使用 SiFive Core Designer 和独特的方法创建的。希望创建针对其目标应用优化的 AWS，可以适用所有使用 Core Designer 生成适当 SiFive Core IP 的微控制器公司。我们介绍的 SiFive Learn Inventor 开发系统可作为将来其他微控制器设计 Amazon FreeRTOS 的起点，使它们可以轻松地进行更新和重新认证。

读者可以从 SiFive 的 Amazon FreeRTOS 存储库下载 FreeRTOS（https://github.com/sifive/Amazon-FreeRTOS）。

请从"release"分支下载最新的发布代码。读者应该将存储库导入到自己的私有 GitHub 存储库，并配置为关注 Amazon FreeRTOS 公共存储库。

下面介绍 FreeRTOS 移植到 SiFive Learn Inventor 开发系统上的过程，并对 FreeRTOS 内核做简要分析，帮助读者在 SiFive Learn Inventor 开发系统上使用 FreeRTOS 实现自己的功能。在移植前，需要下载 FreeRTOS 内核源码，还需要安装 SEGGER J-Link OB 调试器以连接主板到 PC 端，并且安装 Freedom Studio 作为开发的 IDE。详细过程可参考第 4 章。

⊙ 5.3.1　FreeRTOS 的移植

FreeRTOS 官方提供了适用于 SiFive Learn Inventor 开发系统的示例工程，该示例工程使用 Freedom Studio 进行移植和执行。这里使用 Amazon 的 FreeRTOS 示例工程。

示例工程的导入步骤如下：

（1）打开 FreedomStudio 并为工程文件空间命名。

（2）进入 FreedomStudio 后，在菜单的 File 中找到 Import 并单击，然后在弹出的窗口中展开 General，选择 Existing Projects into Workspace，然后单击 Next 按钮。

（3）导入工程目录使用读者下载的 Amazon FreeRTOS 文件夹所在的位置作为根目录，然后选择 projects\sifive\hifive1_rev_b\freedom_studio\aws_demos，之后 aws_demos 将被自动选中。

（4）单击 Finish 按钮，将工程导入 Freedom Studio。

（5）在菜单栏的 Project 中单击 Build All，确定编译没有错误发生。

这时已经完成了示例工程的导入，下面便要将 FreeRTOS 移植到 SiFive Learn Inventor 开发系统上并进行调试。

（1）将 SiFive Learn Inventor 开发系统用 USB 连接线连接至 PC，并保证 PC 能正确识别它。打开 Freedom Studio，进入刚才建立的工程。

（2）在左侧的 Project Explorer 中选中 asw_demos 并单击右键，选中 Debug As，单击 Debug Configurations。

（3）在弹出的 Debug Configurations 窗口中，右键单击 SiFive GDB SEGGER J-Link Debugging，选择 new debug configuration。

（4）在弹出的窗口中单击 Target DTS 页面，在 DTS File 中选择以下路径：aws_demos\application_code\sifive_code\bsp\PapayaConfig.dts。

（5）选择 Debugger 页面，在 Device Name 下拉框中选择 FE310(use for HiFive1-revB)。

（6）单击 Apply 按钮，然后单击 Debug 按钮开始调试。

（7）当调试结束后，在菜单栏的 Run 中单击 Resume，此时 FreeRTOS 已经在 SiFive Learn Inventor 开发系统上成功运行。

⊚ 5.3.2　FreeRTOS 内核源码结构

下载的 Amazon FreeRTOS 中包括每个处理器端口和每个演示应用程序的源代码。其目录结构非常简单，FreeRTOS 实时内核仅包含在 3 个文件中。如果需要软件计时器、事件组或协同例程功能，则需要其他文件。下面根据目录结构简要介绍 FreeRTOS 内核源码的结构。

在 Amazon FreeRTOS 目录下，demos 文件夹中包含了多个示例工程；doc 文件夹中有我们可能需要的文档资料；projects 文件夹中包含了与 SiFive Learn Inventor 开发系统有关的工程文件；vendors 文件夹中也是相关的工程文件；tests、tools 文件夹中均是与这些示例工程有关的代码文件。需特别注意的是，freertos_kernel 文件夹中包含了 FreeRTOS 内核所需的重要的.c 和.h 文件，这些文件是 FreeRTOS 的内核文件。其中，portable 目录下包含了不同编译器下不同指令集架构上 FreeRTOS 内核非常重要的几个文件（portmacro.h、port.c 及 portASM.s），如果需要向其他平台进行移植，一般主要针对这几个文件进行改写。本书稍后将对其中的一些内容进行说明。SiFive Learn Inventor 开发系统对应的文件在 portable\GCC\RISC-V 目录下，可以自行查阅。libraries 文件夹中包含 FreeRTOS 各种不同的库，可以根据自己的实际需求选择使用其中的某些库。

⊗ 5.3.3　FreeRTOSConfig.h 内核配置头文件

在 FreeRTOS 中，FreeRTOSConfig.h 头文件对 FreeRTOS 内核的相关配置进行了定义。这些定义是根据不同开发者的需求来决定的，开发者可以通过改变参数的值来对 FreeRTOS 操作系统本身进行配置。

该文件可以在 vendors\vendor\boards\board\aws_demos\config_files 目录下找到，当然它不仅仅只存在于此目录下。由于 FreeRTOSConfig.h 是使 RTOS 内核适合正在构建的应用程序的配置文件，它的内容是由应用程序而不是 RTOS 决定的，并且应位于应用程序目录中，因而它不在 FreeRTOS 内核源代码目录中。

如代码清单 5-2 所示为典型 FreeRTOSConfig.h 文件的部分内容。

代码清单 5-2　典型 FreeRTOSConfig.h 文件的部分内容

```
#ifndef FREERTOS_CONFIG_H
#define FREERTOS_CONFIG_H

/* #define configCPU_CLOCK_HZ                               0*/
#define configUSE_DAEMON_TASK_STARTUP_HOOK                  1
#define configENABLE_BACKWARD_COMPATIBILITY                 0
#define configUSE_PREEMPTION                                1
#define configUSE_PORT_OPTIMISED_TASK_SELECTION             1
#define configMAX_PRIORITIES                              ( 7 )
#define configTICK_RATE_HZ                             ( 1000 )
#define configMINIMAL_STACK_SIZE           ( ( unsigned short ) 60 )
#define configTOTAL_HEAP_SIZE        ( ( size_t ) ( 2048U * 1024U ) )
#define configMAX_TASK_NAME_LEN                          ( 15 )
#define configUSE_TRACE_FACILITY                            1
#define configUSE_16_BIT_TICKS                              0
#define configIDLE_SHOULD_YIELD                             1
#define configUSE_CO_ROUTINES                               0
#define configUSE_MUTEXES                                   1
#define configUSE_RECURSIVE_MUTEXES                         1
#define configQUEUE_REGISTRY_SIZE                           0
```

```
#define configUSE_APPLICATION_TASK_TAG                    0
#define configUSE_COUNTING_SEMAPHORES                     1
#define configUSE_ALTERNATIVE_API                         0
#define configNUM_THREAD_LOCAL_STORAGE_POINTERS           3
/* FreeRTOS+FAT requires 2 pointers if a CWD is supported. */
#define configRECORD_STACK_HIGH_ADDRESS                   1

/* Hook function related definitions. */
#define configUSE_TICK_HOOK                               0
#define configUSE_IDLE_HOOK                               1
#define configUSE_MALLOC_FAILED_HOOK                      1
#define configCHECK_FOR_STACK_OVERFLOW                    0
/* Not applicable to the Win32 port. */

/* Software timer related definitions. */
#define configUSE_TIMERS                                  1
#define configTIMER_TASK_PRIORITY       ( configMAX_PRIORITIES - 1 )
#define configTIMER_QUEUE_LENGTH                          5
#define configTIMER_TASK_STACK_DEPTH
( configMINIMAL_STACK_SIZE * 2 )
......
......
```

关于这些参数是如何影响程序的实现的，下面举几个例子进行说明。

● configUSE_PREEMPTION：设置为 1 以使用抢占式 RTOS 调度程序，或者设置为 0 以使用协作式 RTOS 调度程序。

● configUSE_TICKLESS_IDLE：将 configUSE_TICKLESS_IDLE 设置为 1 以使用低功耗无 Tick（滴答）模式；或者设置为 0，始终保持滴答中断运行。

● configTICK_RATE_HZ：定义了 Tick（滴答）中断的频率。

滴答中断用于测量时间。因此，较高的滴答频率意味着可以有较高的时间测量分辨率。但是，较高的滴答频率也意味着 RTOS 内核将使用更多的 CPU 时间，因此效率较低。

一个以上的任务可以共享相同的优先级。通过在每个 RTOS 滴答之间切换任务，RTOS 调度程序将在优先级相同的任务之间共享处理器时间。因此，较高的滴答频率会减少分配给每个任务的"时间片"。

● configUSE_IDLE_HOOK：设置为 1 则可以使用空闲任务 Hook 函数，为 0 则不能。

若希望了解更详细的内容或更多相关参数的具体意义，请访问官方说明文档（https://freertos.org/a00110.html）。

⊙ 5.3.4　portmacro.h 宏定义文件

portmacro.h 文件是 freertos_kernel\portable 目录下的一个宏定义头文件，该文件针对不同平台上运行的 FreeRTOS 内核，统一定义了各自的数据类型和内核函数。这样统一的定义有利于 FreeRTOS 在不同平台上的移植，不用在底层源代码上进行大量修改。

如代码清单 5-3 所示，SiFive Learn Inventor 开发系统中定义了数据类型。

代码清单 5-3　数据类型的定义

```
/* Type definitions. */
#if __riscv_xlen == 64
    #define portSTACK_TYPE            uint64_t
    #define portBASE_TYPE             int64_t
    #define portUBASE_TYPE            uint64_t
    #define portMAX_DELAY             ( TickType_t ) 0xffffffffffffffffUL
    #define portPOINTER_SIZE_TYPE     uint64_t
#elif __riscv_xlen == 32
    #define portSTACK_TYPE            uint32_t
    #define portBASE_TYPE             int32_t
    #define portUBASE_TYPE            uint32_t
    #define portMAX_DELAY ( TickType_t )   0xffffffffUL
#else
    #error Assembler did not define __riscv_xlen
#endif
```

TickType_t 既可以定义为 32 位的无符号整数，也可以定义为 64 位的无符号整数，具体用哪种定义，要看 riscv_xlen 的具体值。

portmacro.h 中也定义了关于切换任务的宏和内核调度函数 portYIELD()，用来保证 FreeRTOS 任务切换的正常进行。portYIELD() 用于实现任务切换，如代码清单 5-4 所示。

代码清单 5-4　任务切换的定义

```
/* Scheduler utilities. */
extern void vTaskSwitchContext( void );
#define portYIELD() __asm volatile( "ecall" );
#define portEND_SWITCHING_ISR( xSwitchRequired ) if( xSwitchRequired )
vTaskSwitchContext()
#define portYIELD_FROM_ISR( x ) portEND_SWITCHING_ISR( x )
```

另外，该文件也定义了与任务调度有关的临界区的处理方式，如代码清单 5-5 所示。

代码清单 5-5　临界区的处理方式的定义

```
/* Critical section management. */
#define portCRITICAL_NESTING_IN_TCB
```
1

```
extern void vTaskEnterCritical( void );
extern void vTaskExitCritical( void );

#define portSET_INTERRUPT_MASK_FROM_ISR() 0
#define portCLEAR_INTERRUPT_MASK_FROM_ISR( uxSavedStatusValue ) ( void )
uxSavedStatusValue
#define portDISABLE_INTERRUPTS()__asm volatile( "csrc mstatus, 8" )
#define portENABLE_INTERRUPTS()  __asm volatile( "csrs mstatus, 8" )
#define portENTER_CRITICAL()          vTaskEnterCritical()
#define portEXIT_CRITICAL()           vTaskExitCritical()
```

其中，portENTER_CRITICAL() 函数调用 vTaskEnterCritical() 从而进入临界区，portEXIT_CRITICAL()调用 vTaskExitCritical()退出临界区。另外，还包括一些关于屏蔽中断位的清除和置位操作。关于这些函数的具体实现将在 5.3.5 节进行详细介绍。

除此之外，portmacro.h 中还定义了关于处理器的相关设置，包括数据对齐方式、堆栈增长方向及 Tick（滴答）速率的内容，如代码清单 5-6 所示。

代码清单 5-6　处理器的相关设置的定义

```
/* 32-bit tick type on a 32-bit architecture, so reads of the tick count
do not need to be guarded with a critical section. */
#define portTICK_TYPE_IS_ATOMIC 1
/*-------------------------------------------------------------*/

/* Architecture specifics. */
#define portSTACK_GROWTH ( -1 )
#define portTICK_PERIOD_MS   ((TickType_t)1000/configTICK_RATE_HZ )
#ifdef __riscv64
 #error This is the RV32 port that has not yet been adapted for 64.
 #define portBYTE_ALIGNMENT     16
#else
 #define portBYTE_ALIGNMENT 8
#endif
```

其中，portSTACK_GROWTH 定义为-1，表示堆栈为逆向生长。一般的堆栈生长方向均为倒生，这里定义为(-1)。portTICK_PERIOD_MS 表示 Tick 之间间隔的时间，单位是 ms。

⊙ 5.3.5 port.c 文件

port.c 文件是 FreeRTOS 内核移植的关键文件，该文件中实现的函数均来自 portmacro.h 头文件中定义的函数。通过修改 portmacro.h 和 port.c 以实现 FreeRTOS 内核对不同平台的适配。port.c 中主要定义了以下 3 个函数。

（1）设置定时中断的频率：void vPortSetupTimerInterrupt(void)。

（2）开启任务调度器：BaseType_t xPortStartScheduler(void)。

（3）结束任务调度器：void vPortEndScheduler(void)。

5.3.6 portASM.s 汇编实现文件

portASM.s 文件是一个汇编文件，使用汇编语言实现了最底层的一些函数功能，主要包括以下几个函数。

（1）freertos_risc_v_trap_handler：名称为 freertos_risc_v_trap_handler 的函数是所有中断和异常的统一入口。在外部中断时，FreeRTOS trap handler 调用外部中断处理程序。该函数还行使了定义整个系统的 System Tick（心跳时钟）中断服务的功能，在 handle_asynchronous 代码段中，每次时钟 Tick（滴答）一次就增加 1，如代码清单 5-7 所示。

代码清单 5-7 freertos_risc_v_trap_handler 函数

```
handle_asynchronous:

#if( portasmHAS_CLINT != 0 )

 test_if_mtimer:

    addi t0, x0, 1

    slli t0, t0, __riscv_xlen - 1
    addi t1, t0, 7
    bne a0, t1, test_if_external_interrupt

    load_x t0, pullMachineTimerCompareRegister
    load_x t1, pullNextTime

    #if( __riscv_xlen == 32 )

        lw t2, 0(t1)
        lw t3, 4(t1)
        sw t2, 0(t0)
        sw t3, 4(t0)
        lw t0, uxTimerIncrementsForOneTick
        add t4, t0, t2
        sltu t5, t4, t2
        add t6, t3, t5
        sw t4, 0(t1)
```

```
        sw t6, 4(t1)
    #endif


    #if( __riscv_xlen == 64 )

        ld t2, 0(t1)
        sd t2, 0(t0)
        ld t0, uxTimerIncrementsForOneTick
        add t4, t0, t2
        sd t4, 0(t1)
    #endif /* __riscv_xlen == 64 */


    load_x sp, xISRStackTop
    jal xTaskIncrementTick
    beqz a0, processed_source
    jal vTaskSwitchContext
    j processed_source

  test_if_external_interrupt:
    addi t1, t1, 4
    bne a0, t1, as_yet_unhandled
#endif /* portasmHAS_CLINT */


    load_x sp, xISRStackTop
    jal portasmHANDLE_INTERRUPT
    j processed_source
```

（2）pxPortInitialiseStack：该函数对堆栈进行初始化。

（3）xPortStartFirstTask：开始执行第一个任务。在 portmacro.h 文件中的 xPortStartScheduler() 函数里被调用。

具体的汇编代码，这里只列出了第一个函数中的一小部分，如果想了解更多，可以自行查阅 portASM.s 文件。

基于 SiFive Learn Inventor 开发系统的 FreeRTOS 内核与其他（如基于 STM32）的内核在 port.c 和 portASM.s 上有一些不同。前者把一些函数定义在了汇编文件中，在 port.c 中找不到相关函数的定义；但是在 STM32 内核中，portmacro.h 文件中声明的函数更多的定义在 port.c 中而不是汇编代码文件中。也就是说，如果想更多地了解关于本书介绍的开发系统上 FreeRTOS 内核的详细内容，需要一些汇编语言的基础。

5.4　FreeRTOS 的 UART 驱动结构分析、移植及应用

本节主要介绍 FreeRTOS 的 UART 驱动结构分析，以及在 SiFive Learn Inventor 开发系统上的移植和应用。

5.4.1　UART 简介

通用异步收发传输器（Universal Asynchronous Receiver/Transmitter，UART）是一种工作于数据链路层的异步收发传输器，它将要传输的资料在串行通信与并行通信之间加以转换。UART 作为异步串口通信协议的一种，其工作原理是将传输数据的每个字符一位接一位地传输。其中各位的意义如下。

（1）起始位：先发出一个逻辑"0"的信号，表示传输字符的开始。

（2）资料位：紧接着起始位之后。个数可以是 4、5、6、7、8 等，构成一个字符。通常采用 ASCII 码。从最低位开始传送，靠时钟定位。

（3）奇偶校验位：资料位加上这一位后，使得"1"的位数应为偶数（偶校验）或奇数（奇校验），以此来校验资料传送的正确性。

（4）停止位：是一个字符数据的结束标志，可以是 1 位、1.5 位、2 位的高电平。

（5）空闲位：当前线路上没有资料传送时，处于逻辑"1"状态。

（6）波特率：是衡量资料传送速率的指标，表示每秒钟传送的二进制位数。

其中，最重要的参数是波特率、数据位、停止位和奇偶校验位。需要注意的是，对于两个进行通信的端口，这些参数必须匹配。

UART 的功能包括发送/接收逻辑、产生波特率、数据收发、中断控制等。

5.4.2　UART 驱动结构分析

由于 FreeRTOS 只提供了一个操作系统内核，不具备硬件驱动框架，所以需要进行基本的硬件驱动程序设计以减少嵌入式系统开发的工作量。这里主要介绍 FreeRTOS 的 UART 驱动。

基于 FreeRTOS 的 UART 驱动一共有 7 个基本函数。下面将其中 5 个函数与裸跑的函数进行了对比，如表 5-1 所示。可以看出，FreeRTOS 的 API 和裸跑的数据传输的 API 有一定相似之处。

表 5-1　UART 驱动的简单对比

函 数 功 能	基于 FreeRTOS	裸　机
初始化	metal_uart_init()	UART_Init()
发送	metal_uart_putc()	UART_putc()
接收	metal_uart_getc()	UART_getc()
获取波特率	metal_uart_get_baud_rate()	UART_get_baud_rate()
设置波特率	metal_uart_set_baud_rate()	UART_set_baud_rate()

UART 的初始化原型为 void metal_uart_init(struct metal_uart *uart, int baud_rate)，该函数包括两个形参，第一个参数是 UART 设备的 Handle，后续所有的函数调用，第一个参数都是该结构体；第二个参数是 UART 波特率。

结构体 metal_uart 的定义为：

```
struct metal_uart {
    const struct metal_uart_vtable *vtable;
};
```

它是一个 UART 串行设备的 Handle。

其中，定义结构体 metal_uart_vtable 的代码如代码清单 5-8 所示。后续部分，调用了裸跑的函数。

代码清单 5-8　定义结构体 metal_uart_vtable 的代码

```
struct metal_uart_vtable {
    void (*init)(struct metal_uart *uart, int baud_rate);
    int (*putc)(struct metal_uart *uart, unsigned char c);
    int (*getc)(struct metal_uart *uart, unsigned char *c);
    int (*get_baud_rate)(struct metal_uart *uart);
    int (*set_baud_rate)(struct metal_uart *uart, int baud_rate);
    struct metal_interrupt* (*controller_interrupt)(struct metal_uart
*uart);
    int (*get_interrupt_id)(struct metal_uart *uart);
};
```

需要注意的是，UART 的初始化函数应在任何 UART 上的其他方法之前调用，并且对一个 UART 多次初始化是无效的。

⊙ 5.4.3　FreeRTOS 下的 UART 发送与接收

首先介绍 UART 的发送函数，最基础的是发送单个字符串的函数 int metal_uart_putc() 和 _metal_driver_sifive_uart0_putc()。

因为 UART 是异步工作的，所以在发送时，开发者要维护很多状态，如要检查当前是否有数据正在发送、数据是否发送完成等。通过 FreeRTOS 所提供的操作系统的各项服务，我们可以很好地维护串口数据收/发过程。

UART 发送的代码如代码清单 5-9 所示。

代码清单 5-9　UART 发送的代码

```
    int __metal_driver_sifive_uart0_putc(struct metal_uart *uart, unsigned
char c)
    {
    control_base = __metal_driver_sifive_uart0_control_base(uart);

        /*检查当前是否有数据正在发送，数据是否发送完成*/
        while ((UART_REGW(METAL_SIFIVE_UART0_TXDATA) & UART_TXFULL) != 0) { }
        UART_REGW(METAL_SIFIVE_UART0_TXDATA) = c;
        return 0;

    }
```

其中，UART_TXFULL 和 UART_REGW 的宏定义为：

```
    #define UART_TXFULL            (1 << 31)
    #define UART_REGW(offset)  (__METAL_ACCESS_ONCE((__metal_io_u32
*)UART_REG(offset)))
```

UART 的接收函数与发送函数基本相似，最基础的函数是接收单个字符串的函数 metal_uart_putc()和__metal_driver_sifive_uart0_getc()。

UART 接收的代码如代码清单 5-10 所示。

代码清单 5-10　UART 接收的代码

```
    int __metal_driver_sifive_uart0_getc(struct metal_uart *uart, unsigned
char *c)
    {
        uint32_t ch = UART_RXEMPTY;
        control_base = __metal_driver_sifive_uart0_control_base(uart);

    /*接收字符，并存入c中*/
        while (ch & UART_RXEMPTY) {
            ch = UART_REGW(METAL_SIFIVE_UART0_RXDATA);
        }
        *c = ch & 0xff;
        return 0;

    }
```

其中，UART_RXEMPTY 的宏定义为：

```
    #define UART_RXEMPTY           (1 << 31)
```

⦿ 5.4.4　基于 FreeRTOS 的 UART 其他功能

1．获取 UART 波特率

函数原型：int metal_uart_get_baud_rate(struct metal_uart *uart)

返回值为当前 UART 波特率。

2．设置 UART 波特率

函数原型：int metal_uart_set_baud_rate(struct metal_uart *uart, int baud_rate)

返回值为新设置的波特率。

3．获取 UART 外部设备的中断控制器

函数原型：struct metal_interrupt* metal_uart_interrupt_controller(structmetal_uart *uart)

返回值为中断控制器的句柄。需要注意的是，控制器必须在任何中断注册或启用之前被初始化。

4．获取 UART 控制器的中断

函数原型：int metal_uart_get_interrupt_id(struct metal_uart *uart)

返回值为 UART 中断 id。

⦿ 5.4.5　FreeRTOS 下的 UART 移植与应用

在 SiFive Learn Inventor 开发系统上移植 UART 驱动，要连接到特定的 UART，需要知道唯一的 UART 端口名称。可以通过 metal_uart_get_device()方法发现设备上可用的 UART 端口，UART 连接管理的核心代码如代码清单 5-11 所示。

代码清单 5-11　UART 连接管理的核心代码

```
struct metal_uart *metal_uart_get_device(int device_num)
{
    //判断是否超出最大UART数
    if(device_num >= __METAL_DT_MAX_UARTS) {
        return NULL;
    }
    return &__metal_uart_table[device_num]->uart;
}
```

第 6 章

RT-Thread 实时操作系统原理与应用

RT-Thread 全称是 Real Time-Thread，是一款嵌入式硬实时多任务操作系统。RT-Thread 完全由中国团队开发维护，具有完全的自主知识产权。随着物联网的兴起，这个有 12 年技术积累的实时操作系统，正演变成为一个功能强大、组件丰富的物联网操作系统。

本章主要介绍使用 Freedom Studio 移植 RT-Thread 到 SiFive FE310 微控制器上。选择 RT-Thread 以实现在 SiFive FE310 微控制器上移植 RTOS。选择 RT-Thread 的主要理由如下：

（1）代码主要使用 C 语言编写，使用类 UNIX 的代码风格，代码风格优雅，架构清晰。

（2）采用模块化设计，具有很好的可裁剪性，方便移植到各种 CPU 架构平台。

（3）体积小、成本低、功耗低、启动快速，此外 RT-Thread 还具有实时性高、占用资源小等特点，非常适用于各种成本、功耗资源受限的场合，裁剪出只需要 3KB 闪存、1.2KB RAM 内存资源的 Nano 版本。

（4）RT-Thread 系统完全开源，从 3.1.0 以后的版本遵循 Apache License 2.0 开源许可协议，可以免费在商业产品中使用，并且不需要公开私有代码。

本章将会从 RT-Thread 的基础知识的介绍开始，到 RT-Thread 的内核原理，最后基于 Freedom Studio 集成开发环境和 freedom-e-sdk 驱动库，将 RT-Thread 移植到 RISC-V 架构的 SiFive FE310 微控制器上，并分析 RT-Tread 的 UART 驱动结构、移植及应用。

6.1 RT–Thread Nano 介绍

6.1.1 RT-Thread 简介

目前，RT-Thread 主要有 RT-Thread 完整版和 RT-Thread Nano 两个版本。RT-Thread 完整版是一个嵌入式实时多线程操作系统，它不仅仅是一个实时内核，还具备丰富的中间层组件，由内核层、组件与服务层、RT-Thread 软件包组成。RT-Thread Nano 是一个极简的硬实时内核，是一款可裁剪的、抢占式实时多任务的 RTOS，可以看作是只有内核层和 FinSH

组件的精简版 RT-Thread，适用于系统资源紧张，或者项目功能较为简单，仅需使用 RTOS 内核的场景。

由于本章主要介绍为 FE310 微控制器移植 RTOS 内核的流程，实现多任务调度，并没有复杂的应用场景，为了简单直观地展示 RT-Thread，所以选择移植 RT-Thread Nano。

（1）内核层：RT-Thread 内核是 RT-Thread 的核心部分，包括内核系统中对象的实现，如多线程及其调度、信号量、邮箱、消息队列、内存管理、定时器等；libcpu/BSP（芯片移植相关文件/板级支持包）与硬件密切相关，由外设驱动和 CPU 移植构成。

（2）组件与服务层：组件是基于 RT-Thread 内核之上的上层软件，如虚拟文件系统、FinSH 命令行界面、网络框架、设备框架等，采用模块化设计，做到组件内部高内聚，组件之间低耦合。

（3）RT-Thread 软件包：运行于 RT-Thread 物联网操作系统平台。RT-Thread 提供了开放的软件包平台，这里存放了官方或开发者提供的软件包，这些软件包具有很强的可重用性，模块化程度高，极大地方便了应用开发者在最短时间内打造出自己想要的系统。

⊙ 6.1.2 RT-Thread Nano 软件结构

RT-Thread Nano 是一款可裁剪的、抢占式实时多任务的 RTOS。其内存资源占用极小，包括任务处理、软件定时器、信号量、邮箱和实时调度等相对完整的实时操作系统特性。

如图 6-1 所示为 RT-Thread Nano 的软件框图。

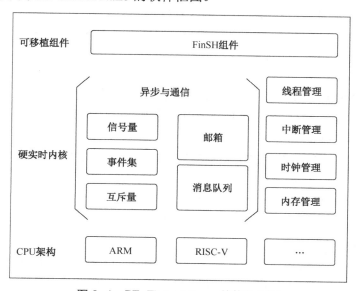

图 6-1　RT-Thread Nano 的软件框图

RT-Thread Nano 支持 ARM Cortex M0/ M3/ M4/ M7、RISC-V等多种CPU架构，同时具有相对完整的实时操作系统特性，可以称得上是麻雀虽小，五脏俱全。

⊚ 6.1.3　RT-Thread Nano 特性

1. 简单

（1）代码简单：与 RT-Thread 完整版不同的是，RT-Thread Nano 只是一个纯净的内核，去除了完整版的 device 框架和组件。因此，移植 RT-Thread Nano 不需要完整版的 Scons、Kconfig 及 Env 配置工具，可以直接把内核源码添加到 Freedom Studio 中进行开发。

（2）移植简单：由于 RT-Thread Nano 是极简内核，并且其中 RT-Thread 内核 C 源码、CPU 支持和板级支持文件的分层设计，RT-Thread Nano 移植过程极为简单。实际上，RT-Thread 已经包含绝大部分主流 CPU 架构的支持，添加 RT-Thread Nano 源码到工程，就已完成90%的移植工作。

（3）使用简单：除了保留 RT-Thread 完整版的众多优点，由于它极精简，所有具有更多对开发者友好的特性。

① 易裁剪：RT-Thread Nano 的配置文件为 rtconfig.h，该文件中列出了内核中的所有宏定义，可以根据自己的需求灵活配置系统。

② 可选的 FinSH 组件：RT-Thread Nano 保留了 FinSH 组件，不再依赖 device 框架，只需要对接两个必要的函数即可完成 FinSH 移植。

③ 自选驱动库：可以使用厂商提供的固件驱动库。本章将会使用 freedom-e-sdk 作为驱动库。

2. 小巧

RT-Thread Nano 对 RAM 与 ROM 资源的开销非常小，在运行两个线程（开启了 semaphore 和 mailbox 特性）且包含 FinSH 组件的情况下，RAM 占用约 1.2KB，ROM 占用约 3KB，如图 6-2 所示。

```
/f/Workspaces/wsFreedomStudio/sifive-learn-inventor-example-rtthread/src/releas
e/example-rtthread.elf
   text    data     bss     dec     hex filename
  34208    4896    6972   46076
```

图 6-2　RT-Thread Nano 在 FE310 微控制器上的资源开销

3. 开源免费

RT-Thread Nano 实时操作系统遵循 Apache 许可证 2.0 版本，实时操作系统内核及所有开源组件可以在商业产品中使用，不需要公布应用程序源码，没有潜在商业风险。

6.2　RT–Thread 内核移植原理

上面简单介绍了 RT-Thread Nano，下面将详细叙述移植 RT-Thread Nano 到 SiFive FE310 微控制器。本章选用的 RT-Thread 版本为 rtthread nano 3.1.3，为了行文简洁，下文使用 RT-Thread 代指 RT-Thread Nano。

内核移植是指让 RT-Thread 内核在不同的芯片架构、不同的板卡上运行，具备线程管理和调度、内存管理、线程间同步和通信、定时器管理等功能。移植 RT-Thread 主要分为两个部分：libcpu 移植与板级移植。本节主要介绍 RT-Thread 的内核移植原理，下一节介绍 RT-Thread 的内核移植操作。在介绍 RT-Thread 内核的移植原理之前，先说明 RT-Thread 的源码目录结构。

⊛ 6.2.1　RT-Thread 目录结构

在 rt-threadnano 源码中，与移植相关的文件和板级移植相关的文件，位于图 6-3 中有灰色标记的路径下。RT-Thread 内核 C 源码在 inlude 和 src 中，不需要进行任何修改。

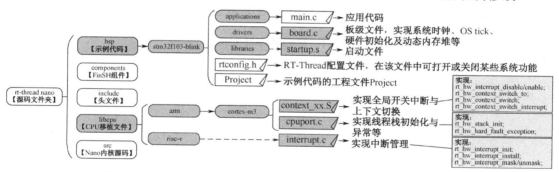

图 6–3　RT–Thread 源码目录结构图（来自 RT–Thread 官方文档）

⊛ 6.2.2　RT-Thread CPU 架构移植

RT-Thread 提供了一个 libcpu 抽象层屏蔽 CPU 架构的差异，以适配嵌入式领域各种 CPU 架构，包括 libcpu 层向上对内核提供统一的接口。移植 CPU 架构，其实就是为 libcpu 层 API 编写不同的实现代码，来适应不同架构的 CPU。如表 6-1 所示是 libcpu 层相关的 API。

表 6-1　libcpu 层相关的 API

函 数 声 明	功 能 描 述
rt_base_trt_hw_interrupt_disable(void);	关闭全局中断
void rt_hw_interrupt_enable(rt_base_t level);	打开全局中断
rt_uint8_t *rt_hw_stack_init(void*tentry, void *parameter, rt_uint8_t *stack_addr, void *texit);	线程栈的初始化，内核在线程创建和线程初始化里面会调用这个函数
void rt_hw_context_switch_to(rt_uint32 to);	没有来源线程的上下文切换，在调度器启动第一个线程的时候调用，以及在 signal 里面会调用
voidrt_hw_context_switch(rt_uint32 from, rt_uint32 to);	从 from 线程切换到 to 线程，用于线程和线程之间的切换
void rt_hw_context_switch_interrupt(rt_uint32 from, rt_uint32 to);	从 from 线程切换到 to 线程，用于中断里面进行切换的时候使用
rt_uint32_t rt_thread_switch_interrupt_flag;	表示需要在中断里进行切换的标志
rt_uint32_t rt_interrupt_from_thread, rt_interrupt_to_thread;	在线程进行上下文切换时，用来保存 from 和 to 线程

libcpu 抽象层如何屏蔽硬件差异，实现统一的接口？下面以最简单的关闭全局中断 hw_interrupt_disable(void)函数举例。在 Cortex-M 架构上的实现如代码清单 6-1 所示。

代码清单 6-1　在 Cortex-M 架构上的实现

```
    .global rt_hw_interrupt_disable
    .type rt_hw_interrupt_disable, %function
rt_hw_interrupt_disable:
    MRS      R0, PRIMASK
    CPSID    I
    BX       LR
```

在 RISC-V 架构上的实现如代码清单 6-2 所示。

代码清单 6-2　在 RISC-V 架构上的实现

```
    .globl rt_hw_interrupt_disable
rt_hw_interrupt_disable:
    csrrci a0, mstatus, 8
    ret
```

内核在调用相应的功能时，只需要关注相应的接口，而不需要知道底层的实现，以实现屏蔽不同 CPU 架构差异，libcpu 层是 RT-Thread 可移植性高的一个原因。RT-Thread 官方已经提供了 ARM、RISC-V 等许多 CPU 架构的 libcpu 层的实现，由于篇幅有限不再赘述每一个 API 的实现方式，感兴趣的读者可以阅读 RT-Thread 源码中 libcpu 的程序。

libcpu API 实现的功能如下：

（1）全局中断开关。在多个线程或中断里面使用变量，可能会导致临界区问题，需要相应的保护。RT-Thread 提供了一系列的线程间同步和通信机制来解决这个问题，这些机制都需要全局中断开关的支持。

（2）线程栈的初始化。在动态创建线程和初始化线程时，都会调用栈初始化函数 rt_hw_stack_init()，在栈初始化函数里会手动构造一个上下文内容，这个上下文内容将被作为每个线程第一次执行的初始值。

（3）上下文切换。上下文切换表示 CPU 从一个线程切换到另一个线程或线程与中断之间的切换等。在上下文切换过程中，CPU 一般会停止处理当前运行的代码，并保存当前程序运行的具体位置以便之后继续运行。

除此之外，对于 RISC-V 架构 CPU 的移植，还需要实现中断与异常挂接，用来管理 PLIC 的中断向量。下节将会详细说明如何实现中断与异常挂接。

⊙ 6.2.3　RT-Thread 板级支持移植

使用相同的 CPU 架构的不同板卡，搭载不同的外设资源，应用场景不同，也需要针对板卡做适配工作。板级移植的基本任务是建立操作系统运行环境。其需要完成的工作如下：

（1）配置系统时钟。系统时钟是给各个硬件模块提供工作时钟的基础，可以调用库函数实现配置，也可以自行实现。

（2）实现 OS 节拍。OS 节拍也叫时钟节拍或 OS tick。任何操作系统都需要提供一个时钟节拍，以供系统处理所有和时间有关的事件。

时钟节拍的实现：通过硬件 timer 实现周期性中断，在定时器中断中调用 rt_tick_increase()函数实现全局变量 rt_tick 自加，从而实现时钟节拍。

（3）硬件外设初始化。

（4）实现动态内存堆。RT-Thread Nano 默认不开启动态内存堆功能。开启 RT_USING_HEAP 将可以使用动态内存功能，可以使用 rt_malloc、rt_free 等动态创建对象的 API。开启 RT_USING_HEAP 后，系统默认使用数组作为 heap。

6.3　移植 RT-Thread 到 FE310 微控制器

6.2 节简单介绍了 RT-Thread 的移植原理。本节将介绍如何将 RT-Thread 内核移植到目标 FE310 微控制器上，使用 freedom-e-sdk 作为库函数，并在 Freedom Studio 中进行开发。其主要步骤如下：

（1）为 Freedom Studio 构建 RT-Thread 包。

（2）构建一个可以引用 RT-Thread 包的 Freedom Studio 例程。

（3）适配内核，主要从中断、时钟、内存、应用几个方面进行适配，实现移植。

（4）通过配置文件 rtconfig.h 实现对系统的裁剪。

接下来，按部就班地进行 RT-Thread 的移植工作。

⊙ 6.3.1　构建 rtthread-metal 包

为 Freedom Studio 使 RT-Thread 可以与 freedom-e-sdk 一同使用构建的 rtthread-metal 包，而不是把 RT-Thread Nano 源码直接添加进工程，是为了能实现移植完成 RT-Thread 代码的复用，能够在移植完成后在不同的项目中使用。

如图 6-4 所示，新建 rtthread 文件夹，并在该文件夹中添加源码中的 include、libcpu、src 文件夹。需要注意的是，libcpu 仅保留与 RISC-V 架构相关的文件。

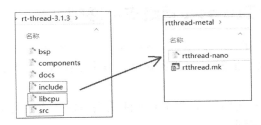

图 6-4　复制源码文件到 rtthread-metal

另外，还需要添加、修改一些文件来构建适配芯片和 Freedom Studio 的包。

1. 修改程序默认函数入口

RT-Thread 在 GCC 环境下的启动是由 entrry() 函数调用了启动函数 rt_thread_startup()，所以需要重新定义一段启动文件中的代码实现将 C 语言函数入口由 main() 函数改为 entry() 函数。如代码清单 6-3 所示，在 freedom-e-sdk 的启动文件中，进入 main() 函数的代码位于 secondary_main 代码中。

代码清单 6-3　修改函数入口

```
.weak    secondary_main
.global  secondary_main
.type    secondary_main, @function
```

如代码清单 6-4 所示，在 rtthread-metal 中添加一段汇编程序，重新定义 secondary_main。

代码清单 6-4　重新定义 secondary_main

```
.section .text.libgloss.start
.global  secondary_main
```

```
    .type    secondary_main, @function

secondary_main:
    addi sp, sp, -16
    … (略)
    call entry
… (略)
    ret
```

如代码清单 6-5 所示，重新定义 secondary_main 后，在启动时先跳转至 entry() 函数执行，而不是跳转至 main()，这样就实现了 RT-Thread 的启动。

代码清单 6-5　启动 RT-Thread

```
/* RT-Thread 在 GCC 下的启动方式 */
int entry(void)
{
    rtthread_startup();
    return 0;
}
```

2. 编写 rtthread.mk

在文件夹中添加 rtthread.mk，以方便其他项目直接引用 Makefile 添加相应的文件依赖。如代码清单 6-6 所示，文件标记了 rtthread-metal 包的绝对路径、需要编译的源文件、已经依赖的头文件路径。

代码清单 6-6　添加 rtthread.mk

```
RTTHREAD_SRC_C = clock.c \
    components.c \
… (略)
RTTHREAD_SRC_S += context_gcc.S
RTTHREAD_SRC_S += entry_gcc.S
RTTHREAD_SRC_S += metal_start_gcc.S
… (略)
RTTHREAD_INC := -I${RTTHREAD_DIR}
RTTHREAD_INC += -I${RTTHREAD_DIR}/include
… (略)
VPATH:=${RTTHREAD_DIR}:${RTTHREAD_DIR}/src:${RTTHREAD_DIR}/finsh:${RTTHREAD_DIR}/libcpu/RISC-V:${VPATH}
```

在项目中引用 rtthread-metal.包，如代码清单 6-7 所示，只需在 Makefile 中引用 rtthread-metal.mk，并使用 RTTHREAD_SRC_C、RTTHREAD_SRC_S 和 RTTHREAD_INC，使 RT-Thread 源文件能和项目中的源文件一起编译。

代码清单 6-7　引用 rtthread-metal.包

```
… (略)
RTTHREAD_SOURCE_PATH ?= ../../rtthread-metal
#      Include RT-Thread source
include $(RTTHREAD_SOURCE_PATH)/rtthread.mk
#      Add RT-Thread include
_COMMON_CFLAGS  += ${RTTHREAD_INC}
#      Update our list of C source files.
C_SOURCES += ${RTTHREAD_SRC_C}
#      Update our list of S source files.
S_SOURCES += ${RTTHREAD_SRC_S}
… (略)
```

⊙ 6.3.2　构建板级支持文件

在项目中加入了 RT-Thread 内核的源码后，还需要添加板级支持文件，使 RT-Thread 能够正常工作在目标平台。如果仅仅需要 RT-Thread 实现最基本的任务调度功能，只需要完成系统时钟的配置即可。但对于 FE310 微控制器，还需要解决中断和异常处理问题。

1. 中断和异常处理 interrupt.c

RISC-V 有 3 种标准的中断源：软件中断、时钟中断和外部中断。软件中断通过向内存映射寄存器中存数来触发，并通常用于由一个 hart（硬件线程）中断另一个 hart（在其他架构中称为处理器间中断机制）。当 hart 的时间比较器（一个名为 mtimecmp 的内存映射寄存器）大于实时计数器 mtime 时，就会触发时钟中断。外部中断由平台级中断控制器（大多数外部设备连接到这个中断控制器）引发。不同的硬件平台具有不同的内存映射，并且运用中断控制器的不同特性，因此产生和消除这些中断的机制因平台而异。

虽然 RT-Thread 官方文档中把中断和异常处理归类为针对 CPU 架构的移植，但 RISC-V 不同硬件平台之间对于中断管理机制存在差异，所以本书把这个部分放在了板级移植中讲。

如代码清单 6-8 所示，RT-Thread 对 RISV-V 的 libcpu 支持中，包含了对中断和异常的处理入口 trap_entry，在 trap_entry 中调用自定义中断和异常处理 handle_trap。

代码清单 6-8　调用 handle_trap 函数

```
// interrupt handle
call rt_interrupt_enter
csrr a0, mcause
csrr a1, mepc
mv a2, sp
call handle_trap
call rt_interrupt_leave
```

　　所有需要用户自己实现 handle_trap 的功能，笔者自己编写了 handle_trap 函数，如代码清单 6-9 所示。

代码清单 6-9　handle_trap 函数

```
uintptr_t handle_trap(uintptr_t _mcause, uintptr_t _epc)
{
    rt_uint32_t mcause, epc;
    mcause = _mcause;
    epc = _epc;
  if (0){
#ifdef USE_PLIC
    // External Machine-Level interrupt from PLIC
    } else if ((mcause & MCAUSE_INT) && ((mcause & MCAUSE_CAUSE) == MET
AL_INTERRUPT_ID_EXT)) {
        handle_m_ext_interrupt();
        return epc;
#endif
#ifdef USE_M_TIME
    // Timer Machine-Level interrupt
    } else if ((mcause & MCAUSE_INT) && ((mcause & MCAUSE_CAUSE) == MET
AL_INTERRUPT_ID_TMR)){
        //rt_kprintf("into m timer int");
        handle_m_time_interrupt();
        return epc;
#endif
#ifdef USE_LOCAL_ISR
    } else if (mcause & MCAUSE_INT) {
        vector_table[mcause & MCAUSE_CAUSE] ();
#endif
    }
    else if(mcause & MCAUSE_INT){
        rt_kprintf("Unhandled Trap:%d\n",mcause);
        _exit(mcause);
    }
    return epc;
}
```

　　该段代码的功能是判断中断类型，以此选择相应的中断函数。其中，handle_m_time_interrupt()是系统时钟中断服务函数，handle_m_ext_interrupt()是对 PLIC 的中断服务函数，用户可以根据需求自行实现中断服务。下文中使用系统时钟中断作为 OS tick 将用到 handle_m_time_interrupt()。

在 interrupt.c 中实现了使用 RT-Thread 中断管理的 PLIC，使中断服务例程通过 RT-Thread 统一的接口进行中断配置和装载。由于不是让 RT-Thread 正常工作的必要操作，在这里就不介绍了，感兴趣的读者可以参考 RT-Thread 官方文档中的《中断管理》。

2. 配置系统时钟

有了开关全局中断和上下文切换功能的基础，RTOS 就可以进行线程的创建、运行、和调度了。有了时钟节拍支持，RT-Thread 可以实现对相同优先级的线程采用时间片轮转的方式来调度，以实现软件定时器功能，实现 rt_thread_delay() 延时函数等。系统时钟给各个硬件模块提供工作时钟的基础，一般在 rt_hw_board_init() 函数中完成，这个操作可以调用库函数实现配置，也可以自行实现。这里使用 RISC-V 内核的系统时钟 MTIME 周期性产生中断作为 OS tick，如代码清单 6-10 所示。

代码清单 6-10　rt_hw_timer_init()的实现

```
#define RTC_FREQ          (32768UL)
#define TICK_COUNT  (RTC_FREQ / RT_TICK_PER_SECOND)
#define MTIME         (*((volatile uint64_t *)( CLINT0_0_BASE_ADDRESS +
METAL_RISCV_CLINT0_MTIME)))
#define MTIMECMP     (*((volatile uint64_t *)(METAL_RISCV_CLINT0_0_BAS
E_ADDRESS + METAL_RISCV_CLINT0_MTIMECMP_BASE)))

//system timer init
static void rt_hw_timer_init(void)
{
    //mtime init
    MTIMECMP = MTIME + TICK_COUNT;
    /*  enable timer interrupt*/
set_csr(mie, METAL_LOCAL_INTERRUPT_TMR);
}
```

如代码清单 6-11 所示，系统时钟产生周期性中断，在中断服务函数中调用 rt_tick_increase() 产生系统节拍。

代码清单 6-11　调用 rt_tick_increase()

```
/* system tick interrupt */
void handle_m_time_interrupt()
{
    MTIMECMP = MTIME + TICK_COUNT;
    rt_tick_increase();
}
```

需要注意，在初始化时钟节拍时，会用到宏 RT_TICK_PER_SECOND。通过修改该宏的值，可以修改系统中一个时钟节拍的时间长度（这里设置成 1000，即 1ms 一个系统节拍）。

实现了系统节拍之后，RT-Thread 内核就能够正常运行了。接下来，我们还可以对 RT-Thread 内核进行裁剪。

⊙ 6.3.3 裁剪 RT-Thread

RT-Thread Nano 的配置在 rtconfig.h 中进行，通过开关宏定义来使能或关闭某些内核特性，配置文件中部分宏定义的说明如下。

1. 基础配置

（1）设置系统最大优先级，可设置范围为 8～256，默认值 8。

```
#define RT_THREAD_PRIORITY_MAX  8
```

（2）设置 RT-Thread 操作系统节拍，表示多少 tick/秒。如默认值为 100，表示一个时钟节拍（os tick）长度为 10ms。常用值为 100 或 1000。时钟节拍率越快，系统的额外开销就越大。

```
#define RT_TICK_PER_SECOND  1000
```

（3）字节对齐时设定对齐的字节个数，默认为 4，常使用 ALIGN(RT_ALIGN_SIZE)进行字节对齐。

```
#define RT_ALIGN_SIZE   4
```

（4）设置对象名称的最大长度，默认 8 个字符，一般无须修改。

```
#define RT_NAME_MAX    8
```

（5）设置使用组件自动初始化功能，默认需要使用，开启该宏则可以使用自动初始化功能。

```
#define RT_USING_COMPONENTS_INIT
```

（6）开启 RT_USING_USER_MAIN 宏，则打开 user_main 功能，默认需要开启，这样才能调用 RT-Thread 的启动代码；main 线程栈大小默认为 256，可修改。

```
#define RT_USING_USER_MAIN
#define RT_MAIN_THREAD_STACK_SIZE    256
```

2. IPC 配置

系统支持的 IPC 有信号量、互斥量、事件集、邮箱、消息队列，通过定义相应的宏打开或关闭该 IPC 的使用。

```
#define RT_USING_SEMAPHORE         // 设置是否使用信号量
//#define RT_USING_MUTEX           // 设置是否使用互斥量
//#define RT_USING_EVENT           // 设置是否使用事件集
#define RT_USING_MAILBOX           // 设置是否使用邮箱
//#define RT_USING_MESSAGEQUEUE    // 设置是否使用消息队列
```

3. 内存配置

RT-Thread 内存管理包含内存池、内存堆、小内存算法，通过开启相应的宏定义使用相应的功能。

```
//#define RT_USING_MEMPOOL          // 是否使用内存池
//#define RT_USING_HEAP             // 是否使用内存堆
#define RT_USING_SMALL_MEM          // 是否使用小内存管理
//#define RT_USING_TINY_SIZE        // 是否使用小体积的算法，牵扯到 rt_memset、
                                     // rt_memcpy 所产生的体积
```

4. FinSH 控制台配置

定义 RT_USING_CONSOLE 则开启控制台功能；关闭该宏则关闭控制台，不能实现打印；修改 RT_CONSOLEBUF_SIZE 配置控制台缓冲大小。

```
#define RT_USING_CONSOLE                    // 控制台宏开关
#define RT_CONSOLEBUF_SIZE          128     // 设置控制台数据 buf 大小，默认
                                            // 128 byte
```

FinSH 组件的使用通过定义 RT_USING_FINSH 开启，开启后可对 FinSH 组件相关的参数进行配置修改，FINSH_THREAD_STACK_SIZE 的值默认较小，读者可以根据实际情况修改大小。

```
#if defined (RT_USING_FINSH)              // 开关FinSH组件
    #define FINSH_USING_MSH               // 使用FinSH组件MSH模式
    #define FINSH_USING_MSH_ONLY          // 仅使用MSH模式
    #define __FINSH_THREAD_PRIORITY  5    // 设置FinSH组件优先级，配置该值后
                                          // 通过下面的公式进行计算
    #define FINSH_THREAD_PRIORITY    (RT_THREAD_PRIORITY_MAX / 8 *
__FINSH_THREAD_PRIORITY + 1)
    #define FINSH_THREAD_STACK_SIZE  512  // 设置FinSH线程栈大小，范围
                                          // 1~4096
    #define FINSH_HISTORY_LINES      1    // 设置FinSH组件记录历史命令个数，
                                          // 值范围1~32
    #define FINSH_USING_SYMTAB            // 使用符号表，需要打开，默认打开
#endif
```

用户可以根据自己的需求选择系统配置。这里选择默认的 rtconfig 配置作为移植系统的配置，即系统最大优先级为 8，IPC 只是要信号量和邮箱，不使用堆内存，不使用 FinSH 组件。

6.4 使用 Freedom Studio 开发 RT-Thread

6.3 节在官方 rtthread-nano 基础上添加修改一些相关文件，构建 rtthread-metal 包，就是为了配合 freedom-e-sdk 在 Freedom Studio 中进行开发。

⊙ 6.4.1 rtthread-metal 包

如图 6-4 所示是 rtthread-metal 包的目录树，项目可以很容易的通过引用 rtthread.mk 把源码加入需要编译的文件中，不需要重复编写 Makefie 文件。在实际使用前，只需要将 rtthread-metal 添加到 freedom-e-sdk 和 Freedom Studio 的 workspace 中。

```
├──rtthread.mk - - - - - - -包含需要编译的文件
├──rtthread-nano
│        ├──src - - - - - - -rtthread源文件
│        ├──libcpu
│        │    ├──RISC-V - - - - -RISC-V的相关文件
│        ├──include - - - - - rtthread头文件
│        ├──finsh - - - - - - FinSH组件(可选的)
```

图 6-4 rtthread-metal 包的目录树

⊙ 6.4.2 example-rtthread 例程

构建一个支持 RT-Thread 的例程 example-rtthread，方便使用 Freedom Studio 导入该例程生成一个开发 RT-Thread 的项目。example-freertos-blinky 是 freedom-e-sdk 中使用 FreeRTOS 的例程，可以参考该例程构建 example-rtthread 例程，如图 6-5 所示。

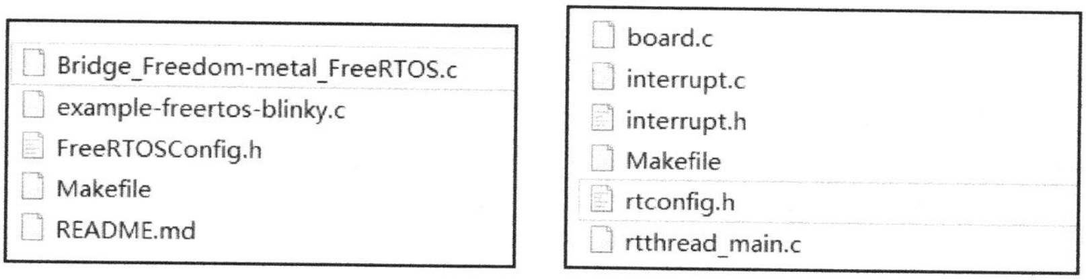

左侧：
- Bridge_Freedom-metal_FreeRTOS.c
- example-freertos-blinky.c
- FreeRTOSConfig.h
- Makefile
- README.md

右侧：
- board.c
- interrupt.c
- interrupt.h
- Makefile
- rtconfig.h
- rtthread_main.c

图 6-5 FreeRTOS 例程和 RT-Thread 例程文件

如代码清单 6-12 所示，将修改好的 RT-Thread 板级支持文件添加到 example-rtthread 目录下，同时添加一个包含 main 函数的源文件。

代码清单 6-12 包含 main 函数的源文件（部分）

```
#include <rtthread.h>

int main(void)
{
    while(1){
        rt_thread_mdelay(100);
    }
    return 0;
```

```
}
```

如代码清单 6-13 所示，可以参考 FreeRTOS 例程编写 Makefile 文件。FreeRTOS 例程将 FreeRTOS-metal 中的源文件和符号添加到项目中。

代码清单 6-13　Makefile 中添加 FreeRTOS 源码

```
… (略)
FREERTOS_SOURCE_PATH ?= ../../FreeRTOS-metal
#      Include FREERTOS source from thirdparty directory
include $(FREERTOS_SOURCE_PATH)/FreeRTOS.mk
#      Add FreeRTOS include
_COMMON_CFLAGS   += -I./
_COMMON_CFLAGS   += ${FREERTOS_INCLUDES}
_COMMON_CFLAGS   += -DportHANDLE_INTERRUPT=FreedomMetal_InterruptHandler
_COMMON_CFLAGS   += -DportHANDLE_EXCEPTION=FreedomMetal_ExceptionHandler
#      Add define needed for FreeRTOS
_COMMON_CFLAGS   += -DMTIME_CTRL_ADDR=0x2000000
ifeq ($(TARGET),sifive-hifive-unleashed)
_COMMON_CFLAGS   += -DMTIME_RATE_HZ=1000000
else
_COMMON_CFLAGS   += -DMTIME_RATE_HZ=32768
endif
#     Create our list of C source files.
C_SOURCES += ${FREERTOS_C_SOURCES}
C_SOURCES += ${FREERTOS_HEAP_4_C}
#     Create our list of S source files.
S_SOURCES += ${FREERTOS_S_SOURCES}
… (略)
```

如代码清单 6-14 所示，用同样的方法将 rtthread-metal 中的源文件添加到 example-rtthread 中。

代码清单 6-14　Makefile 中添加 RT-Thread 源码

```
… (略)
RTTHREAD_SOURCE_PATH ?= ../../rtthread-metal
#      Include FREERTOS source
include $(RTTHREAD_SOURCE_PATH)/rtthread.mk
#      Add RT-Thread include
_COMMON_CFLAGS   += ${RTTHREAD_INC}
#     Update our list of C source files.
C_SOURCES += ${RTTHREAD_SRC_C}

#     Update our list of S source files.
```

```
S_SOURCES += ${RTTHREAD_SRC_S}
… (略)
```

将构建好的例程复制到 freedom-e-sdk 的 software 文件夹下，就可以随时使用这个模板在 Freedom Studio 中生成项目。

⊛ 6.4.3 在 Freedom Studio 中导入 example-rtthread

（1）如图 6-6 所示，新建 Freedom E SDK Project 时，选择使用 example-rtthread 作为项目模板。

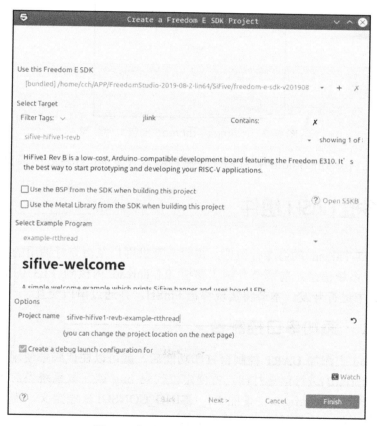

图 6-6 创建 Freedom E SDK Project

（2）如图 6-7 所示，可以看到成功生成了一个 RT-Thread 示例项目。

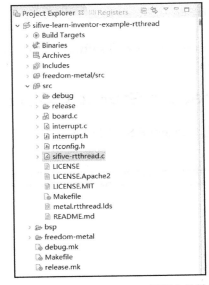

图6-7 example-rtthread 例程文件结构

（3）开始在 Freedom Studio 中为 FE310 微控制器开发 RT-Thread 的项目。

6.5 移植 FinSH 组件

FinSH 是 RT-Thread 的命令行组件，提供一套供用户在命令行调用的操作接口，主要用于调试或查看系统信息。前两节介绍了移植 RT-Thread 内核到 FE310 微控制器，并在 Freedom Studio 中进行开发。本节将实现移植 FinSH，并通过串口交互。

6.5.1 添加串口控制台

在 RT-Thread 上添加 UART 控制台打印功能后，就可以在代码中使用 RT-Thread 提供的打印函数 rt_kprintf()进行信息打印，方便定位代码 bug 或获取系统当前运行状态等。实现控制台打印，首先 rtconfig.h 中使能 RT_USING_CONSOLE 宏定义，需要完成基本的硬件初始化，以及对接一个系统输出字符的函数。

如代码清单 6-15 所示，在 board.c 中的 rt_hw_board_init()函数中初始化串口。

代码清单 6-15 初始化串口

```
void rt_hw_console_init()
{
    metal_uart_init(CONSOLE_UART,115200);
```

```
    }
... (略)
void rt_hw_board_init()
{
...

    //initialize console
    rt_hw_console_init();

... (略)
    }
```

实现 FinSH 组件输出一个字符，即在该函数中实现 uart 输出字符：

```
/* 实现 2：输出一个字符，系统函数，函数名不可更改 */
void rt_hw_console_output(const char *str);
```

如代码清单 6-16 所示，使用库函数实现输出字符。

代码清单 6-16 输出字符

```
void rt_hw_console_output(const char *str)
{
    rt_size_t i, size;
    char c;
    size = rt_strlen(str);
    for (i = 0; i < size; i++){
        c = *(str+i);
        if (c == '\n') {
            metal_uart_putc(CONSOLE_UART, '\r');
        }
        metal_uart_putc(CONSOLE_UART, c);
    }
}
```

编写 main()函数中打印 CPU PLL 时钟的频率，编译下载，在串口终端查看打印结果，
如图 6-8 所示。

```
 \ | /
- RT -     Thread Operating System
 / | \     3.1.3 build Mar 30 2020
 2006 - 2019 Copyright by rt-thread team
do components initialization.
initialize rti_board_end:0 done
CPU Freq: 160000000
```

图 6-8 串口输出结果

⊙ 6.5.2 移植 FinSH 组件

如代码清单 6-17 所示，添加 FinSH 源码到工程，将 FinSH 源码复制到 rtthread-metal 中，修改 rtthread,mk 文件。

代码清单 6-17 添加 FinSH 源码到工程

```
RTTHREAD_SRC_C += \
    cmd.c \
    shell.c \
msh.c

RTTHREAD_INC += -I${RTTHREAD_DIR}/finsh
```

FinSH 组件既可以打印也能输入命令进行调试。控制台已经实现了打印功能，现在还需要在 board.c 中对接控制台输入函数，实现字符输入。

```
/* 实现 3：finsh 获取一个字符，系统函数，函数名不可更改 */
char rt_hw_console_getchar(void);
```

如代码清单 6-18 所示，在工程项目中，使用轮询的方式实现字符输入。

代码清单 6-18 实现串口输入字符的代码

```
char rt_hw_console_getchar(void)
{
    int ch;
    if(metal_uart_getc(CONSOLE_UART,&ch) ==0){
        return ch;
    }
    return -1;
}
```

⊙ 6.5.3 修改 LD 连接文件

进行了上面两步操作发现程序不能正常 FinSH 组件，是因为 RT-Thread 组件的初始化函数都放在特殊的代码段中，默认的编译配置可能不会连接这些没有被显式调用的函数。需要修改 LD 连接文件保证连接时保持特定代码段不被连接器优化，因此需要在 LD 连接脚本的.text 代码段中添加一段代码，如代码清单 6-19 所示。

代码清单 6-19 在链接文件中添加符号

```
/* section information for finsh shell */
        . = ALIGN(4);
        __fsymtab_start = .;
        KEEP(*(FSymTab))
```

```
          __fsymtab_end = .;
          . = ALIGN(4);
          __vsymtab_start = .;
          KEEP(*(VSymTab))
          __vsymtab_end = .;
          . = ALIGN(4);


          . = ALIGN(4);
          __rt_init_start = .;
          KEEP(*(SORT(.rti_fn*)))
          __rt_init_end = .;
          . = ALIGN(4);


          /* section information for modules */
          . = ALIGN(4);
          __rtmsymtab_start = .;
          KEEP(*(RTMSymTab))
          __rtmsymtab_end = .;
```

再次编译下载，确认初始化 FinSH 组件成功，如图 6-9 所示。

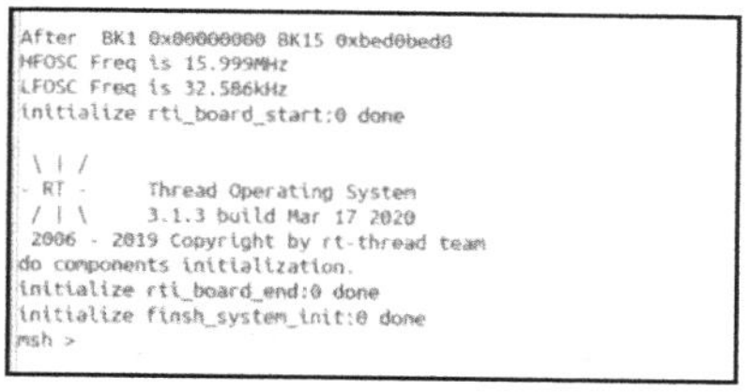

```
After  BK1 0x00000000 BK15 0xbed0bed8
HFOSC Freq is 15.999MHz
LFOSC Freq is 32.586kHz
initialize rti_board_start:0 done

 \ | /
- RT -     Thread Operating System
 / | \     3.1.3 build Mar 17 2020
2006 - 2019 Copyright by rt-thread team
do components initialization.
initialize rti_board_end:0 done
initialize finsh_system_init:0 done
msh >
```

图 6-9　串口输出结果

本节简单介绍了 RT-Thread 和如何将 RT-Thread 移植到 FE310 微控制器上，由于篇幅所限，不能全面介绍 RT-Thread。需要深入了解 RT-Thread 的读者可以阅读 RT-Thread 官方文档 https://www.rt-thread.org/document/site/。

本节中移植的 rtthread-metal 包和 example-rtthread 例程完整代码均可下载（https://github.com/CutClassH/rtthread-metal，https://github.com/CutClassH/example-rtthread），可以直接下载添加到 Freedom Studio 中进行开发。

6.6　RT-Tread 的 UART 驱动结构分析、移植及应用

本节介绍 RT-Tread 外设驱动及 UART 驱动结构分析、移植与应用。

⊙ 6.6.1 RT-Tread 外设驱动

在 RT-Thread 实时操作系统中,各种各样的设备驱动是通过一套 I/O 设备管理框架来管理的。设备管理框架给上层应用提供了一套标准的设备操作 API,开发者通过调用这些标准设备操作 API,可以高效地完成和 SiFive Learn Inventor 开发系统底层硬件外设的交互。

使用 I/O 设备管理框架开发应用程序的优点如下:

(1)使用同一套标准的 API 开发应用程序,使应用程序具有更好的移植性。

(2)底层驱动的升级和修改不会影响上层代码。

(3)驱动和应用程序相互独立,方便多个开发者协同开发。

BSP 提供了 3 类驱动。

(1)板载外设驱动:微控制器之外开发板上的外设。

(2)片上外设驱动:微控制器之内的外设,如硬件定时器、ADC 和看门狗等。

(3)扩展模块驱动:可以通过扩展接口或杜邦线连接的开发板模块。

三种外设的示意图如图 6-10 所示。

图 6-10　三种外设的示意图

⊙ 6.6.2 UART 驱动结构分析

1. UART 简介

通用异步收发传输器（Universal Asynchronous Receiver/Transmitter,UART）作为一种异步串口通信协议,其工作原理是将传输数据的每个字符一位接一位地传输。它是在应用程序开发过程中使用频率最高的低速数据传输协议。

UART 串口的特点是将数据一位一位地顺序传送,只要两根传输线就可以实现双向通信,一根线发送数据的同时用另一根线接收数据。UART 串口通信的重要参数有波特率、起始位、8 个数据位、停止位和奇偶检验位,对于两个使用 UART 串口通信的端口,这些参数必须匹配,否则通信将无法正常完成。UART 串口传输的数据格式如图 6-11 所示。

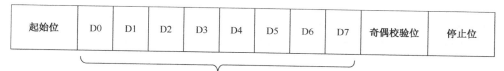

起始位	D0	D1	D2	D3	D4	D5	D6	D7	奇偶校验位	停止位

数据位

图 6-11　UART 串口传输的数据格式

（1）起始位：表示数据传输的开始。

（2）数据位：可能值有 5、6、7、8、9，表示传输这几个比特位数据。一般取值为 8，因为一个 ASCII 字符值为 8 位。

（3）奇偶校验位：用于接收方对接收到的数据进行校验，校验"1"的位数为偶数（偶校验）或奇数（奇校验），以此来校验数据传送的正确性，不是必需位。

（4）停止位：电平逻辑为"1"表示一帧数据的结束。

（5）波特率：串口通信时的速率。

2．驱动结构分析

在裸机平台上，我们通常只需要编写 UART 硬件初始化代码即可。而在 RT-Tread 实时操作系统中，由于它自带 I/O 设备管理层等操作系统的各项服务，驱动的实现及应用与裸机有所不同。I/O 设备管理层是将各种各样的硬件设备封装成具有统一接口的逻辑设备，以方便管理及使用。下面对 UART 驱动函数在 RT-Thread 和裸机上进行了简单对比，如表 6-2 所示。

表 6-2　UART 驱动的简单对比

函 数 功 能	基于 RT-Tread	裸　　机
初始化	rt_hw_uart_init ()	__metal_driver_sifive_uart0_init()
输出一个字符	usart_putc()	__metal_driver_sifive_uart0_putc()
接收一个字符	usart_getc ()	__metal_driver_sifive_uart0_getc()

裸机的 UART 初始化原型为 void__metal_driver_sifive_uart0_init (struct metal_uart *uart, int baud_rate)；该函数包括以下两个形参：

（1）定义的 metal uart 结构体，它是 UART 串行设备的 handle。

（2）设定的波特率。

而基于 RT-Tread 的 UART 初始化原型为 int rt_hw_uart_init(void)，只需要在对应的结构体里改变相关参数、数据即可。

UART 的硬件驱动可以分成以下两个部分：

（1）UART 硬件初始化代码（硬件驱动层）。

（2）RT-Tread 下的 UART 设备驱动（设备无关层）。

RT-Thread 的 hifive1 工程中提供的硬件驱动层文件为 drv_usart.c 文件和 drv_usart.h 文件，实现了需要被实现的硬件驱动函数和相应结构体，如代码清单 6-20 和代码清单 6-21 所示。这些函数与结构体在后文介绍串口数据的收发时会再次介绍。

设备无关层的实现文件为 serial.c 文件和 serial.h 文件。其中，serial.h 文件定义了一系列驱动相关的结构体、函数和参数宏定义；serial.c 文件实现了具体的驱动函数、设备注册函数和向上层提供的接口。

代码清单 6-20　硬件驱动层实现的硬件驱动函数

```
//中断接收函数，调用设备无关层提供的rt_hw_serial_isr()函数，对中断进行处理
static void usart_handler(int vector, void *param);
//配置函数，在初始化的时候被调用，初始化串口相关寄存器
static rt_err_t usart_configure(struct rt_serial_device *serial,struct
serial_configure *cfg);
//实现开关中断
static rt_err_t usart_control(struct rt_serial_device *serial,int cmd,
void *arg);
//向寄存器写入一个字符串并发送
static int usart_putc(struct rt_serial_device *serial, char c);
//读寄存器返回一个字符
static int usart_getc(struct rt_serial_device *serial);
//最终被系统初始化时调用的初始化函数，主要实现串口相关结构体赋值和注册
int rt_hw_uart_init(void);
```

代码清单 6-21　硬件驱动层实现的结构体

```
static struct rt_uart_ops ops =
{
    usart_configure,
    usart_control,
    usart_putc,
    usart_getc,
};//需要实现的基本硬件操作

static struct rt_serial_device serial =
{
    .ops = &ops,
    .config.baud_rate = BAUD_RATE_115200,        //波特率
    .config.bit_order = BIT_ORDER_LSB,           //高位在前或低位在前
    .config.data_bits = DATA_BITS_8,             //数据位
    .config.parity    = PARITY_NONE,             //奇偶校验位
    .config.stop_bits = STOP_BITS_1,             //停止位
```

```
        .config.invert     = NRZ_NORMAL,              //模式
        .config.bufsz      = RT_SERIAL_RB_BUFSZ,       //接收数据缓冲区大小
    };//描述串口的结构体
```

RT-Tread 中 UART 初始化函数 rt_hw_uart_init 是用于初始化 USART 硬件的函数，显然它一定是在使用 USART 之前被调用。如代码清单 6-22 所示是 RTT 下的 UART 初始化函数。

代码清单 6-22　RTT 下的 UART 初始化函数

```
int rt_hw_uart_init(void)
{
    rt_hw_serial_register(
        &serial,                          //指向描述串口的结构体
        "dusart",                         //控制台设备名
        RT_DEVICE_FLAG_STREAM             //流模式
        | RT_DEVICE_FLAG_RDWR
        | RT_DEVICE_FLAG_INT_RX,          //中断接收模式
    RT_NULL);

    rt_hw_interrupt_install(
        INT_UART0_BASE,
        usart_handler,
        (void *) & (serial.parent),
        "uart interrupt");

    rt_hw_interrupt_unmask(INT_UART0_BASE);

    return 0;
}
```

rt_hw_uart_init 函数的形参是 void。首先进行串行设备注册，然后进行中断开关的设置。将 rt_device 数据结构加入 RT-Thread 的设备层中，此过程称为"注册"。rt_device 数据结构将在下面进行简要介绍。

前面分析了硬件驱动层，接下来分析设备无关层。设备无关层的实现文件为 serial.c 和 serial.h。如图 6-12 所示为设备无关层的结构和内容。设备无关层的设计使用了面向对象的思想，将串口的相关信息和操作函数封装为一个结构体 struct rt_serial_device，该结构体继承于 struct rt_device，struct rt_device 包含了应该提供给上层的设备控制接口。此外，struct rt_serial_device 还额外定义了一些用于操作和配置串口的成员，如 struct rt_uart_ops、struct serial_configure 等。要想将某个设备纳入 RT-Thread 的 I/O 设备管理层中，需要为该设备创建一个名为 rt_device 的数据结构。

前面提到将 rt_device 数据结构加入 RT-Thread 设备层中的过程称为"注册"。这样注册

以后，用户调用通用接口 rt_device_open、rt_device_read、rt_device_write 时，实际上调用的就是 serial.c 中的 rt_serial_open、rt_serial_read、rt_serial_write，实现了软件上的分层，将内核程序与用户程序分离。

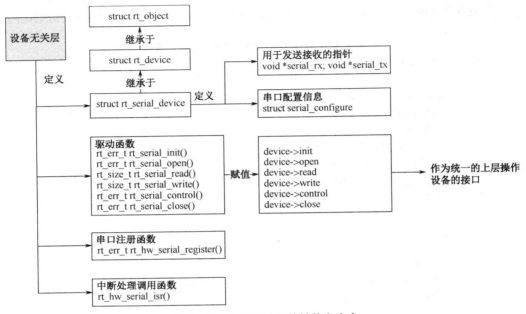

图 6-12　设备无关层的结构和内容

3．RT-Tread 下的 USART 发送与接收

由于 USART 是异步工作的，因此在数据收发时，开发者要维护很多状态，判断是否有数据在发送、数字是否完成发送等情况。但是有了 RT-Thread 提供的 I/O 设备管理层等操作系统的各项服务，能够很好地维护串口数据收发的过程。

根据上面的分析可知，串口数据的发送是由 rt_serial_read 函数执行的。在 rt_serial_read() 中，根据串口设备的打开方式确定数据发送方式，如代码清单 6-23 所示。

代码清单 6-23　rt_serial_read 中串口数据发送的方式

```
//根据设备打开方式确定发送方式
    if (dev->open_flag & RT_DEVICE_FLAG_INT_TX)                //中断方式打开
    {
        return _serial_int_tx(serial, buffer, size);          //中断方式发送
    }
#ifdef RT_SERIAL_USING_DMA
    else if (dev->open_flag & RT_DEVICE_FLAG_DMA_TX)
    {
```

```
        return _serial_dma_tx(serial, buffer, size);        //DMA方式发送
    }
#endif /* RT_SERIAL_USING_DMA */
    else
    {
        return _serial_poll_tx(serial, buffer, size);        //轮询方式发送
    }
```

数据接收方式也有中断方式、DMA 方式和轮询方式。下面介绍轮询方式发送函数和接收函数及中断方式发送函数和接收函数。

轮询方式比较简单，发送函数时调用 rt_uart_ops 中的 putc 方法，接收函数时调用 rt_uart_ops 中的 getc 方法读取串口数据，它们都最终调用到 SiFive Learn Inventor 开发系统底层硬件。如代码清单 6-24 与代码清单 6-25 所示为轮询方式发送和轮询方式接收核心代码。

代码清单 6-24　轮询方式发送核心代码

```
//若以流模式打开则自动添加回车
if (*data == '\n' && (serial->parent.open_flag & RT_DEVICE_FLAG_STREAM))
    {
        serial->ops->putc(serial, '\r');
    }

    serial->ops->putc(serial, *data);

    ++ data;
    -- length;
```

代码清单 6-25　轮询方式接收核心代码

```
    rt_inline int _serial_poll_rx(struct rt_serial_device *serial,
rt_uint8_t *data, int length)
    {
        int ch;
        int size;

        RT_ASSERT(serial != RT_NULL);
        size = length;

        while (length)
        {
            ch = serial->ops->getc(serial);   //从串口读取一个字符
            if (ch == -1) break;                //如果是-1则跳出
```

```
        *data = ch;                    //将读到的数据返回给上层
        data ++; length --;

        if (ch == '\n') break;         //如果是换行则跳出
    }

    return size - length;              //返回实际发送了的数据长度
}
```

一个系统中一般会多线程地进行多个任务。这样多任务运行的情况很可能会导致读取接收到字节时，已经被下一个字节所覆盖，因此要建立缓冲区存放中断接收到的数据，这样用户实际上是从缓冲区读取中断接收的字节。RT-Thread 中定义了 rt_serial_rx_fifo，它就是存放中断接收到的数据的缓冲区。中断发送方式也同理，采用建立缓冲区 rt_serial_tx_fifo 的方式存放待发送的数据。如代码清单 6-26 与代码清单 6-27 所示为中断方式接收和中断方式发送核心代码。

代码清单 6-26　中断方式接收核心代码

```
//获得rt_serial_rx_fifo指针
    rx_fifo = (struct rt_serial_rx_fifo*) serial->serial_rx;
    RT_ASSERT(rx_fifo != RT_NULL);

    /* read from software FIFO */
    while (length)
    {
        int ch;
        rt_base_t level;

        /* disable interrupt */
        level = rt_hw_interrupt_disable();

        /* there's no data: */
        if ((rx_fifo->get_index == rx_fifo->put_index) &&
(rx_fifo->is_full == RT_FALSE))
        {
            /* no data, enable interrupt and break out */
            rt_hw_interrupt_enable(level);
            break;
        }

        /* otherwise there's the data: */
```

```
        ch = rx_fifo->buffer[rx_fifo->get_index];//从fifo中读取一字节数据
        rx_fifo->get_index += 1;
        //指针位置大于等于设置的缓冲区长度则重置指针位置
        if (rx_fifo->get_index >= serial->config.bufsz)
rx_fifo->get_index = 0;

        if (rx_fifo->is_full == RT_TRUE)
        {
            rx_fifo->is_full = RT_FALSE;
        }

        /* enable interrupt */
        rt_hw_interrupt_enable(level);

        *data = ch & 0xff;
        data ++; length --;
```

代码清单 6-27   中断方式发送核心代码

```
//获得rt_serial_tx_fifo指针
    tx = (struct rt_serial_tx_fifo*) serial->serial_tx;
    RT_ASSERT(tx != RT_NULL);

    while (length)
    {
        if (serial->ops->putc(serial, *(char*)data) == -1)
        {
            rt_completion_wait(&(tx->completion), RT_WAITING_FOREVER);
            //等待完成发送事件
            continue;
        }
        data ++; length --;
    }
```

该小节代码清单中的串口收发函数均在 serial.c 中，相关数据结构和定义在 serial.h 中。

⊘ 6.6.3 UART 的移植与应用

如需要使用 RT-Tread 提供的 UART 模块，需要将 drv_uart.c 文件添加到工程项目中，并在 board.c 文件中做出修改。因为 SiFive Learn Inventor 开发系统上的处理器频率是可以通过调整锁相环（PLL）来改变的，所以可以在 drivers/board.c 代码中修改 PLL 的相关描述。

RT-Thread 启动时会调用一个名为 rt_hw_board_init() 的函数，用来初始化 SiFive Learn

Inventor 开发系统硬件，如时钟、串口等，具体初始化哪个模块由用户选择。如果要使用 UART 模块，用户需要在 rt_hw_board_init()函数中添加代码，使之调用 UART 初始化函数 rt_hw_uart_init()。补充说明：在硬件 BSP 初始化时，如 LED、LCD 等都是在此处添加调用。

RT-Tread 中 UART 调用流程如下：

（1）用户编写 drv_uart.c 在 rt_hw_uart_init 注册串口设备；并将 rt_hw_uart_init 作为 board 初始化时调用 INIT_BOARD_EXPORT，INIT_BOARD_EXPORT()宏将其添加到开机初始化列表中，这样在 RT-Thread 启动时就会自动调用。

（2）在 drv_uart.c 中定义 serial 设备；补充 serial 串口设备驱动框架，对 rt_serial_device.ops 和 rt_serial_device.config 成员赋值。

（3）在 serial.c 中对抽象出来的公共成员及方法做对应的处理；回调 drv_uart.c 文件中的方法，传递结构体 rt_serial_device；在 rt_hw_serial_register 函数中找到 rt_device_t 成员，并对 rt_device_t 成员进行初始化，主要是初始化回调函数；执行到 serial.c 中的函数时，再回调 drv_uart.c 的函数。"注册"就是这样从上层一层层到下层；"回调"就是这样从下层一层层到上层。

第7章

SiFive Learn Inventor 开发系统应用开发实例

前面章节介绍了使用 Freedom E-SDK 进行软件开发，本章讲解如何利用 FE310 -G003 微控制器的外设模块，在不使用 Freedom E-SDK 的情况下，针对 SiFive Learn Inventor 开发系统点 LED 灯及使用按键。同时，利用坊间购买的小车套件配合传感器模块实现红外循迹小车与超声波避障小车等有趣的系统设计。

7.1 SiFive Learn Inventor 开发系统组成

SiFive Learn Inventor 开发系统的组件构成如图 7-1 所示。该开发系统非常简洁，内置一颗主频可达 150MHz 的 32 位 FE310-G003 微处理器，外接 4MB SPI 闪存，是市场第一款带 RISC- V 处理器的嵌入式开发系统。该开发系统支持三轴加速度传感器，I^2C 与 SPI 接口的 eCompass 模块包含超低功耗三轴加速度传感器和三维磁力仪。SiFive Learn Inventor 开发系统功耗低、速度快、外设资源丰富、库全面，是一款适用于创客开发物联网应用的开发系统。

⊙ 7.1.1 SPI 闪存

SiFive Learn Inventor 开发系统上装载了 4MB 大小的闪存，并通过 SPI 接口与微处理器芯片连接。SPI 闪存可以用来存储 RTOS 操作系统，本地文件系统能以持久的方式存储数据，即使设备重新启动，数据也能保持完好。SiFive Learn Inventor 开发系统让开发者可以利用 E-SDK 或 RTOS 轻松控制微控制器的所有外设，如在 LED 点阵上轻松显示图像，只需在电路板上连接一个扬声器就可以演奏简单的曲调。闪存的数据手册为：http://www.issi. com/WW/pdf/25LQ025B-512B-010B-020B-040B.pdf。

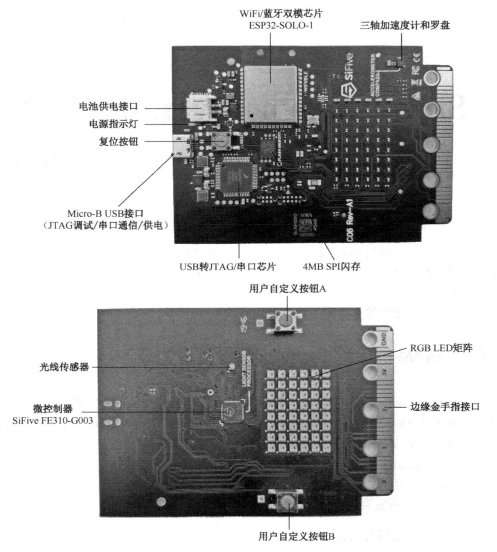

图7-1　SiFive Learn Inventor 开发系统的组件构成

⊙ 7.1.2　I/O 扩展连接器

SiFive Learn Inventor 开发系统上的 RESET 按键用于复位。SiFive Learn Inventor 开发系统把 FE310-G003 微处理器的所有外设功能全部引出，这些引脚既可以用作普通的 GPIO

口，又可以复用于特殊功能外设，如 SPI、I²C、Timer、UART 等。I²C 接口可以跟外部的 I²C 器件如传感器或 12 位 ADC 传输信号与数据。

SiFive Learn Inventor 开发系统上具有 I/O 扩展连接器（位于 SiFive Learn Inventor 开发系统边缘的金手指连接器），这是一个兼容 BBC Micro:bit 的金手指扩展接口，支持 micro:bit GPIO 金手指配套的周边外设。如图 7-2 所示，最左边一列为引脚默认功能，中间一列为数字和模拟的区分。在编辑程序时，对将要使用的引脚进行选择和过滤。需要注意的是，模拟输入引脚连接到 SiFive Learn Inventor 开发系统 ESP32-SOLO-1 模块中的 ADC。

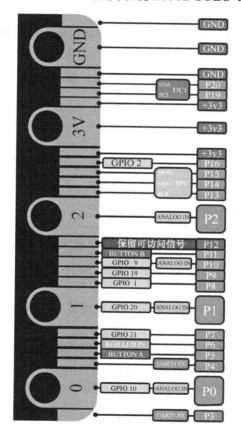

图 7-2　金手指边缘连接器引脚分布

⊙ 7.1.3　无线连接

SiFive Learn Inventor 开发系统装载一个乐鑫 ESP32-SOLO-1 模块，可用于无线标准蓝牙、低功耗蓝牙（BLE）和 WiFi 802.11n。ESP32-SOLO-1 模块包含 SoC、闪存、精密分立组件和 PCB 天线。需要注意的是，ESP32-SOLO-1 模块的闪存与 FE310-G003 微控制器的

SPI 闪存相互独立分离，可以通过串行接口对 ESP32-SOLO-1 的闪存进行配置。另外，ESP32-SOLO-1 的闪存出厂时已经刻录 esp32-at 固件，ESP32-SOLO-1 在启动时未被固件禁用，esp32-at 固件来自以下网址：https://github.com/espressif/esp32-at。

数据手册：https://www.espressif.com/sites/default/files/documentation/esp32-solo-1_datasheet_en.pdf。

ESP32-SOLO-1 模块具有多个通信接口，包括无线接口 802.11n 和蓝牙，以及有线 SPI 和串行接口。有了 ESP32-SOLO-1 模块，SiFive Learn Inventor 开发系统能让设备以低功耗蓝牙通信方式和其他设备联网，还可以通过无线 WiFi 或蓝牙无线通信方式下载程序的写入闪存功能。SiFive Learn Inventor 开发系统将串行接口用作无线模块和 FE310-G003 微控制器上运行的应用程序之间的主要数据路径，如图 7-3 所示。

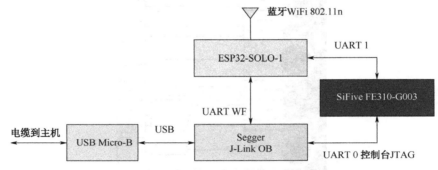

图 7-3　ESP32-SOLO-1 模块连接关系

⊙ 7.1.4　连接 USB 接口

主机系统与 SiFive Learn Inventor 开发系统的连接由具有标准 USB Type A 接口和 Micro-B 型接口的 USB 连接线实现，此接口提供对开发系统的串行控制台访问，同时提供开发系统的电源，也是对 FE310-G003 微控制器进行编程和调试的接口。连接 USB 电缆后，会看到绿色的电源指示灯点亮，这表示 SiFive Learn Inventor 开发系统的主电源处于活动状态。USB 电缆的实例：http://store.digilentinc.com/usb-a-to-micro-b-cable/。

1. USB 提供电源

SiFive Learn Inventor 开发系统可以使用 MicroUSB 和电池两种供电方式，可在 2.3～5.5V 之间的电压正常工作。如果选择电池供电方式，SiFive Learn Inventor 开发系统可以通过电池插孔连接到外部装有 3 节 AA 电池（5 号电池）的电池盒（注意输入电池的正负极）。

SiFive Learn Inventor 开发系统上的 USB 具有多种作用。SiFive Learn Inventor 开发系统外接 MicroUSB 插座，通过 USB Type A 到 Micro-B 电缆的 USB 5V 电压，经过板级电源 LDO 芯片给整个开发系统供电。这种电源输入方法很方便，USB 电源最大电流消耗限制为 500mA。

2．串口通信

USB 接口还具有通信功能，SiFive Learn Inventor 开发系统可以通过 MicroUSB 接口进行数据传输，在 FE310-G003 微控制器中运行的用户代码可以通过 USB 端口，使用板载 SEGGER 编程设备进行编程调试。该设备允许通过简单的 USB 拖放操作进行编程，对于更有经验的用户可以使用命令行替代。

SiFive Learn Inventor 开发系统装有 SEGGER J-Link OB 模块，该模块将 USB 桥接到 JTAG 及两个串行端口，分别用于 FE310-G003 微控制器控制台、JTAG 调试接口和 ESP32-SOLO-1 配置。SEGGER 相关信息请参考如下网址：https://www.segger.com/products/debug-probes/j-link/models/j-link-ob/。

在 SiFive Learn Inventor 开发系统上的 FE310-G003 微控制器，SEGGER J-Link OB 和无线模块连接如图 7-4 所示。

（1）JTAG 用于 FE310-G003 微控制器调试。

（2）串口 0 用于 FE310-G003 微控制器控制台。

（3）串口 WF 用于 ESP32-SOLO-1 芯片配置。

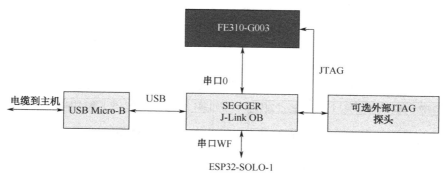

图 7-4　SEGGER J-Link OB 和无线模块连接

7.2　在 SiFive Learn Inventor 开发系统点亮 LED 灯

通过第 4 章中的"Hello World"和基准程序的例子，简单了解了 SiFive Learn Inventor 开发系统的嵌入式软件开发，下面通过一个更为具体的例子来了解如何操控 SiFive Learn Inventor 开发系统的外设——点亮 LED 灯。

7.2.1　构件化的设计思想

在具体设计程序之前，先了解一下一般的嵌入式程序设计思想。为了满足嵌入式系统设计的可复用性和可移植性，在嵌入式软件开发时通常采用"构件化"的设计思想，即将整个设计分为三层，自下而上分别为：底层驱动、应用外设构件及应用层软件。

以 SiFive Learn Inventor 开发系统为例，底层驱动与芯片紧密相关，包括 GPIO、UART、SPI、I²C 等芯片外设的驱动及 CPU 相关的中断处理操作，通常由芯片厂商提供。应用外设构件一般为应用层软件服务，用以驱动 SiFive Learn Inventor 开发系统上除芯片以外的应用外设，如 LED、BUTTON 与蓝牙等。应用层软件则是利用底层驱动和应用外设构建来实现系统级功能。

☞ 7.2.2　点亮 LED 灯

SiFive Learn Inventor 开发系统的点灯程序与一般的点灯程序稍有不同，这个特殊之处在于开发系统上配备的是由 48 个可编程的 RGB_LED 灯组成的矩阵，可以显示各种颜色和图案，但是只要理解 RGB_LED 的工作原理也就不难设计点灯程序了。RGB_LED 灯的工作原理如图 7-5 所示。通过图 7-5 可知，48 个 RGB_LED 灯串行连接至芯片的 GPIO 22 引脚，因此本质上是驱动 GPIO 22 来控制 RGB_LED 灯。

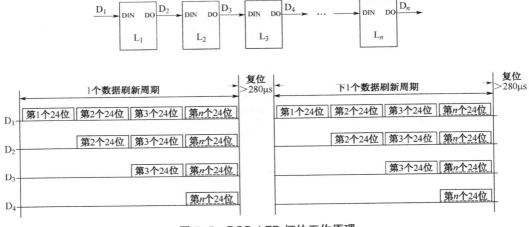

图 7-5　RGB_LED 灯的工作原理

RGB_LED 灯的连接方式为串联，数据串行输入至每个 RGB_LED 灯中，每个 RGB_LED 灯需要用 24 位数据显示其颜色。按照 GRB 的顺序，每个颜色用 8 位表示，如图 7-6 所示。RGB_LED 灯数据时序要求如表 7-1 所示。例如，SiFive Learn Inventor 开发系统有 48 个 RGB_LED 灯，每一个周期输入数据为 48×24 位。

MSB FIRST

G7	G6	G5	G4	G3	G2	G1	G0	R7	R6	R5	R4	R3	R2	R1	R0	B7	B6	B5	B4	B3	B2	B1	B0

图 7-6　RGB_LED 灯数据格式（高位先输入）

表 7-1 RGB_LED 灯数据时序要求

1 code	T1H T1L	T1H: 1 code, high voltage time	580ns~1µs
		T1L: 1 code, low voltage time	220~420ns
0 code	T0H T0L	T0H: 0 code, high voltage time	220~380ns
		T0L: 0 code, low voltage time	580ns~1µs
reset code	T0H T0L	Treset: reset code, low voltage time	>280µs

通过了解 RGB_LED 灯的工作原理，我们可以知道只要按照时序要求通过 GPIO 22 引脚发送编码 1 和 0，就可以对 RGB_LED 灯进行编程控制了。

软件开发环境是 Freedom Studio，RGB_LED 灯实验工程在 Freedom Studio 下的组织结构如表 7-2 所示。

表 7-2 RGB_LED 灯实验工程在 Freedom Studio 下的组织结构

Freedom Studio 工程组织结构	说　明
	项目资源管理器
	工程名称
	RISC-V 工具链头文件
Project Explorer rgbled-demo 　Includes 　00_doc 　　LICENSE 　　README.md 　01_bsp 　　design.dts 　　design.reglist 　　metal.default.lds 　　settings.mk 　02_freedom-metal 　　metal 　　src 　03_app_driver 　　delay.c 　　delay.h 　　rgbled.c 　　rgbled.h 　04_software 　　main.c 　　main.h	00 文档文件夹： 版权声明 应用软件功能说明
	01 板级支持包文件夹：文件芯片厂商提供，与使用的芯片有关 芯片设备树，包含对应芯片的配置信息 用于软件调试的芯片寄存器列表 连接器文件 配置文件
	02 底层驱动构件文件夹：与使用的芯片有关，通常由厂商提供 底层驱动构件的头文件：宏定义、对外接口函数声明 底层驱动构件的源文件：内部函数声明、对外接口函数实现
	03 应用外设驱动文件夹：用于外设，由用户或第三方人员设计 延时功能源文件：内部函数声明、对外接口函数实现 延时功能头文件：宏定义、对外接口函数声明 RGB_LED 灯驱动源文件：内部函数声明、对外接口函数实现 RGB_LED 灯驱动头文件：宏定义、对外接口函数声明
	04 应用软件文件夹：根据实际应用需求由用户自行设计 应用软件源文件：应用函数实现、主函数 应用软件头文件：总头文件，包含 02 和 03 文件夹的头文件

由表 7-2 可以看到，工程文件安排都是基于构件化的设计思想，最下层为底层驱动，中间层为 RGB_LED 灯外设驱动构件，最上层为应用程序。其中，最重要的 RGB_LED 灯应用外设构件由头文件和源文件组成，这样一个应用外设构件完全按照 RGB_LED 灯的工作原理进行设计。

以下宏定义语句可以控制 GPIO 22 引脚输出高低电平。

```
#define RGBLED_PIN 22
//驱动PIN 22为高电平
#define SET_PIN_HIGH __METAL_ACCESS_ONCE((__metal_io_u32 *)
(METAL_SIFIVE_GPIO0_10012000_BASE_ADDRESS + METAL_SIFIVE_GPIO0_PORT))  |= (1
<<RGBLED_PIN)
//驱动PIN 22为低电平
#define SET_PIN_LOW __METAL_ACCESS_ONCE((__metal_io_u32 *)
(METAL_SIFIVE_GPIO0_10012000_BASE_ADDRESS + METAL_SIFIVE_GPIO0_PORT))  &= ~(1
<<RGBLED_PIN)
```

接下来根据 RGB_LED 灯的时序要求完成输出编码"1"和"0"的函数设计，我们通过插入 NOP 指令（空指令，只消耗时钟周期，没有实际操作）来达到精确的延时控制。在主时钟为 64MHz 的情形下，输出编码"1"和"0"的函数如代码清单 7-1 所示。

代码清单 7-1 输出编码"1"和"0"的函数

```
//输出编码1
void rgbled_set_bit_one() {
 SET_PIN_HIGH;
 __asm__ volatile ("nop");
 __asm__ volatile ("nop");
 __asm__ volatile ("nop");
 __asm__ volatile ("nop");
 __asm__ volatile ("nop");
 __asm__ volatile ("nop");
 __asm__ volatile ("nop");
 __asm__ volatile ("nop");
 __asm__ volatile ("nop");
 __asm__ volatile ("nop");
 __asm__ volatile ("nop");
 __asm__ volatile ("nop");
 __asm__ volatile ("nop");
 __asm__ volatile ("nop");
 __asm__ volatile ("nop");
 SET_PIN_LOW;
 __asm__ volatile ("nop");
```

```
    __asm__ volatile ("nop");
    __asm__ volatile ("nop");
    __asm__ volatile ("nop");
    __asm__ volatile ("nop");
    __asm__ volatile ("nop");
    __asm__ volatile ("nop");
    __asm__ volatile ("nop");
}
//输出编码0
void rgbled_set_bit_zero() {
  SET_PIN_HIGH;
    __asm__ volatile ("nop");
    __asm__ volatile ("nop");
    __asm__ volatile ("nop");
    __asm__ volatile ("nop");
    __asm__ volatile ("nop");
    __asm__ volatile ("nop");
    __asm__ volatile ("nop");
  SET_PIN_LOW;
    __asm__ volatile ("nop");
    __asm__ volatile ("nop");
    __asm__ volatile ("nop");
    __asm__ volatile ("nop");
    __asm__ volatile ("nop");
    __asm__ volatile ("nop");
    __asm__ volatile ("nop");
    __asm__ volatile ("nop");
    __asm__ volatile ("nop");
    __asm__ volatile ("nop");
    __asm__ volatile ("nop");
    __asm__ volatile ("nop");
    __asm__ volatile ("nop");
    __asm__ volatile ("nop");
    __asm__ volatile ("nop");
    __asm__ volatile ("nop");
}
```

reset 信号的产生可以通过 RTC 定时器的延时（延时 300µs）来实现，如代码清单 7-2 所示。

代码清单 7-2　产生 reset 信号

```
void rgbled_send_reset() {
  SET_PIN_LOW;
  delay_N_30us(10);
}
```

完成基础函数后，则可以在此之上继续完成一个像素点的点亮及整体点亮。RGB_LED
灯最终效果如图 7-7 所示。

绿　　　　　　　　红　　　　　　　　蓝　　　　　　　蓝白

图 7-7　RGB_LED 灯最终效果

7.3　在 SiFive Learn Inventor 开发系统使用按键

本节进一步了解 SiFive Learn Inventor 开发系统的外设控制——按键，通过按键控制程
序可以知道芯片是如何获取外部信息输入的，以及对 RISC-V 架构下的中断系统及其工作
机制有一个初步认识。

⊙ 7.3.1　中断的基本概念

简单来说，中断是指 CPU 在执行程序过程中遇到一些特殊情况，使得正在执行的程序
被"中断"，CPU 中止正在执行的程序，转而去处理异常情况或特殊事件的程序，结束后
再返回到原被中止的程序处（断点）继续执行。

在一些小程序中，中断的存在意义可能不会特别显著，这时候的程序往往是在一个大
的循环中。但是当程序较为复杂时（如处理多个任务），中断机制可以赋予系统处理意外情
况的能力，"同时"完成多个任务。值得一提的是，嵌入式实时操作系统往往都是以中断机
制为核心的。

在 SiFive Learn Inventor 开发系统上，FE310-G003 微控制器的中断系统结构如图 7-8
所示，53 个外部中断通过平台级别中断控制器（PLIC）仲裁进入 CPU，而软件中断和定时

器中断通过局部核中断器（CLINT）产生输入 CPU。三类中断的优先级从高到低依次为：外部中断、软件中断、定时器中断。其中，外部中断内具体中断源的优先级可以通过 PLIC 来设置。

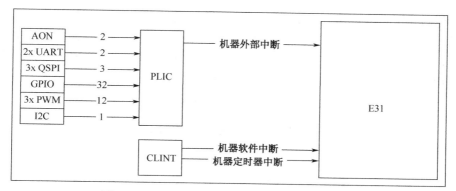

图 7-8　FE310-G003 微控制器的中断系统结构

⊗ 7.3.2　中断服务程序设计

在本程序中，按键产生的中断属于外部中断之一，外部中断的产生来自各个外设，其处理过程要先经过 PLIC 仲裁后送入 CPU，因此相比于其他两种类型的中断更为复杂。

按键中断的初始化句柄如代码清单 7-3 所示。

代码清单 7-3　按键中断的初始化句柄

```
struct metal_gpio *btn;
struct metal_interrupt *btn_ic;
btn = metal_gpio_get_device(0);
btn_ic = metal_gpio_interrupt_controller(btn);
metal_interrupt_init(btn_ic);
btnA_irq = metal_gpio_get_interrupt_id(btn, 11);
rc = metal_interrupt_register_handler(btn_ic, btnA_irq, buttonA_isr, 0);
```

其中，buttonA_isr 为中断服务程序，执行中断产生 CPU 响应后要执行的内容，按键中断的服务程序例子如代码清单 7-4 所示。

代码清单 7-4　按键中断的服务程序例子

```
void button1_isr (int id, void *data) {
    printf("Button 1 was pressed.\n");
}
```

初始化后的中断也可以通过 metal_interrupt_enable(struct metal_interrupt *controller, int id)函数和 metal_interrupt_disable(struct metal_interrupt *controller, int id)函数来控制使能或失能。

⊙ 7.3.3　让按键控制 LED 灯

下面设计一个简单的按键中断程序，SiFive Learn Inventor 开发系统上有两个用户按键 A 和 B，他们分别通过 GPIO 0 和 GPIO 11 两个引脚连接至 CPU，按键的按下和抬起对应着电平的改变。在本程序中两个按键拥有各自的中断服务程序，按键 A 控制 RGB_LED 灯显示红色，按键 B 控制 RGB_LED 灯显示蓝色。主程序中 RGB_LED 灯一直显示为白色，当按下按键将会产生中断信号，促使 CPU 转而执行中断服务程序中的内容，等待完成后继续回到主程序。首先初始化按键及其中断，如代码清单 7-5 所示。

代码清单 7-5　初始化按键及其中断

```
struct metal_gpio *btn;
struct metal_interrupt *btn_ic;
btn = metal_gpio_get_device(0);
metal_gpio_disable_output(btn, 0);
metal_gpio_disable_output(btn, 11);
metal_gpio_disable_pinmux(btn, 11);
metal_gpio_disable_pinmux(btn, 0);
metal_gpio_enable_input(btn, 11);
metal_gpio_enable_input(btn, 0);
metal_gpio_config_interrupt(btn, 11, 2);
metal_gpio_config_interrupt(btn, 0, 2);

    btn_ic = metal_gpio_interrupt_controller(btn);  //get gpio interrupt
controller
metal_interrupt_init(btn_ic);
btnA_irq = metal_gpio_get_interrupt_id(btn, 11); //BUTTON A-->GPIO 11
    rc = metal_interrupt_register_handler(btn_ic, btnA_irq, buttonA_isr, 0);
    btnB_irq = metal_gpio_get_interrupt_id(btn, 0);      //BUTTON B-->GPIO 0
rc = metal_interrupt_register_handler(btn_ic, btnB_irq, buttonB_isr, 0);
```

芯片的 GPIO 支持 4 种类型变化而产生中断（上升沿、下降沿、高电平、低电平），可以通过 metal_gpio_config_interrupt 函数来配置。这里配置为下降沿中断，对应着按键按下。两个按键的中断服务程序如代码清单 7-6 所示。

代码清单 7-6　两个按键的中断服务程序

```
void buttonA_isr (int id, void *data) {
    printf("Button 0 was pressed. Toggle Red LED.\n");
    metal_led_toggle((struct metal_led *)data);
    delay_Nms(1000);
}
```

```
void buttonB_isr (int id, void *data) {
    printf("Button 1 was pressed. Toggle Blue LED.\n");
    metal_led_toggle((struct metal_led *)data);
    delay_Nms(1000);
}
```

最后在主程序中使能按键中断即可，如代码清单 7-7 所示。

代码清单 7-7 使能按键中断

```
metal_interrupt_enable(btn_ic, btnA_irq);
metal_interrupt_enable(btn_ic, btnB_irq);
```

7.4 红外循迹小车

本节主要介绍红外传感器及其在测速系统中的应用，详细说明红外循迹的基本原理，并结合 SiFive Learn Inventor 开发系统给出相应实例。

7.4.1 红外传感器

红外传感器是一种能够感应目标辐射的红外线，利用红外线的物理性质来进行测量的传感器。红外传感技术已经在现代科技、国防和工农业等领域获得了广泛应用。

1. 红外传感器的构成

红外传感器一般由光学系统、探测器、信号调理电路及显示单元等组成。红外探测器是红外传感器的核心。

2. 红外传感器的原理

红外传感器的工作原理并不复杂，一个典型的红外传感器系统各部分的实体分别如下：

（1）待测目标。根据待测目标的红外辐射特性可进行红外系统的设定。

（2）大气衰减。待测目标的红外辐射通过地球大气层时，由于气体分子和各种气体及各种溶胶粒的散射和吸收，使得红外源发出的红外辐射发生衰减。

（3）光学接收器。它接收目标的部分红外辐射并传输给红外传感器。相当于雷达天线，常用是物镜。

（4）辐射调制器。对来自待测目标的辐射调制成交变的辐射光，提供目标方位信息，并可滤除大面积的干扰信号。它又称调制盘和斩波器，具有多种结构。

（5）红外探测器。这是红外系统的核心。它是利用红外辐射与物质相互作用所呈现出来的物理效应探测红外辐射的传感器，多数情况下是利用这种相互作用所呈现出来的电学效应。红外探测器的种类很多，按探测机理的不同，分为热探测器和光子探测器两大类。热探测器包括热释电、热敏电阻、热电偶等；光子探测器包括光敏电阻、光电管、

231

光电池等。

（6）探测器制冷器。由于某些探测器必须要在低温下工作，所以相应的系统必须有制冷设备。经过制冷，设备可以缩短响应时间，提高探测灵敏度。

（7）信号处理系统。它将探测的信号进行放大、滤波，并从这些信号中提取出信息。然后将此类信息转化成为所需要的格式，最后输送到控制设备或显示器中。

（8）显示设备。这是红外设备的终端设备。常用的显示器有示波器、显像管、红外感光材料、指示仪器和记录仪等。

依照上面的流程，红外系统可以完成相应的物理量的测量。热探测器对入射的各种波长的辐射能量全部吸收，它是一种对红外光波无选择的红外传感器。热探测器是利用辐射热效应，使探测元件接收到辐射能后引起温度升高，进而使探测器中依赖于温度的性能发生变化。检测其中某一性能的变化，便可探测出辐射，多数情况下是通过热电变化来探测辐射的。当元件接收辐射，引起非电量的物理变化时，可以通过适当的变换后测量相应的电量变化。

3．红外传感器的分类

按应用分类，红外传感器通常可分为：

（1）红外辐射测量项目。

（2）热成像遥感技术。

（3）红外搜索、跟踪目标、确定位置。

（4）通信、测距等。

4．红外传感器的应用

红外传感器可用于红外报警器、红外测温仪、热成像仪等，在工业、农业、医疗、军事等多个领域均有广泛的应用，如图7-9所示。

图7-9　红外传感器应用

5．红外传感器实例

1）概述

红外传感器由于发出的是红外光，常见光对它的干扰极小，且由于价格便宜，而被广泛应用于智能小车的循线、避障及其他机器人的物料检测、灰度检测等系统中。

2）红外光电管的工作原理

红外光电管有两种，一种是无色透明的 LED，为发射管，通电后能够产生人眼不可见的红外光；另一种为黑色的接收部分，它内部的电阻会随着接收到红外光的多少而变化。

无论是一体式还是分离式，其检测原理都相同，由于黑色吸光，当发射管照射在黑色物体上时反射回来的光就较少，接收管接收到的红外光就较少，表现为电阻大，通过外接电路就可以读出检测的状态；同理，当照射在白色表面时发射的红外线就比较多，表现为接收管的电阻较小。此时通过外接电路可以读出另外一种状态，如用电平的高低来描述上面两种现象就会出现高低电平之分，也就是会出现所谓的 0 和 1 两种状态。如图 7-10 所示，Seeed 智能小车套件所附的椭圆形小赛道是白/黑/白相间的颜色，只要将此状态信息送到微控制器的 I/O 口，微控制器就可以判断黑或白的路面，进而完成相应的功能，如循迹、避障等。

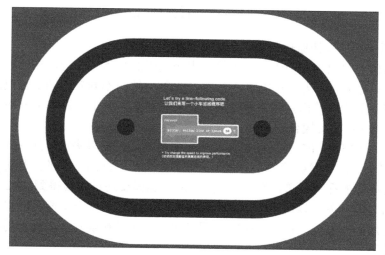

图 7-10　椭圆形小赛道

3）检测电路设计

上面介绍了红外光电管检测赛道黑线的基本原理，但只有发射管和接收管不能达到红外循迹的功能，必须加外部电路才能实现。这里可以用 4 路差动比较器 LM339，LM339 为内部集成了 4 路比较器的集成电路。因为内部的 4 个比较电路完全相同，这里仅以一路比较电路进行举例。如图 7-11 所示，在单路比较器组成的红外检测电路中，比较器有两个输入端和一个输出端，两个输入端一个称为同相输入端，用 "+" 号表示；另一个称为反相输入端，用 "−" 号表示。比较两个电路时，任意一个输入端加一个固定电压作为参考电压（也叫门限电压），另一端则直接连接需要比较的信号电压；当 "+" 端电压高于 "−" 端电压时，输出正电源电压，当 "−" 端电压高于 "+" 端电压时，输出负电源电压（需要注意，此处所说的正电源电压和负电源电压是指接比较正、负极的电压)。

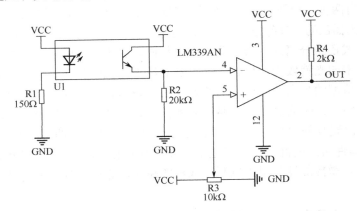

图7-11　LM339 原理图

LM339 原理图的设计原理如下：

（1）比较器的输出端相当于一只不接集电极电阻的晶体三极管，在使用时输出端到电源端需要接一只电阻（称为上拉电阻，选 3～15kΩ）。选用不同阻值的上拉电阻会影响输出端高电位的值，因为当输出晶体三极管截止时，它的集电极电压基本上取决于上拉电阻的值，一般选 10kΩ 左右比较合适。

（2）图 7-11 中 R1、R2 为限流电阻，不同大小的限流电阻决定了红外发射管的发射功率。R1 阻值越小，红外发射管的功率就越大。多个电阻并联后小车的能耗也大幅增加，但同时增加了光电管的探测距离，此处值的大小应根据需要通过实验得到。R2 的选择和采用红外接收管的内阻有关，具体的选择只需按照分压的原理进行一下简单计算就可以。一般在设计时可以加一个发光二极管，照射不同路面时，通过观察发光二极管的亮灭来看是否达到想要的效果。

（3）图 7-11 中 R3 为分压电阻，为比较器提供参考电压。具体参考电压的设定应根据R2 上端的电压来决定，此时一般通过调节此电阻阻值来适应不同的检测路面与高度。

（4）在设计时，4、5 两端的信号输入位置可以交换，如可以把传感器的信号从比较器的正端送入。需注意的是，两种不同的接法，表现在输出端的电平会出现两种相反的结果，根据需要进行设计即可。

（5）由于微控制器没有内置ADC，所以采用比较器的方式，其实比较器也相当于一个一位 ADC。对于带有 ADC 模块的微控制器，则可以通过微控制器的 ADC 端口直接读取电压信号的变化值。这么做不仅可以简化外部电路，同时还能保留红外接收管连续变化电压信号信息。通过软件算法进行位置优化，不仅可以得到更精确的位置信息，还可以消除环境光线的影响，缺点是增加了软件设计的难度。

红外循迹模块主要分为两大部分，LM339 比较器模块和红外对管模块，由于上面已经分析了其工作原理，具体的原理及接口定义可参考图 7-11 和 LM339 的资料进行分析。

⊙ 7.4.2 其他参考实例

本节介绍基于 STM32 微控制器的红外循迹小车实现原理及注意事项，并给出了部分代码作为参考。

1．红外循迹小车原理

循迹模块用的是红外传感器。赛道黑线的检测原理是红外发射管发射光线到路面，红外光遇到白底则被反射，接收管接收到反射光，经施密特触发器整形后输出低电平；当红外光遇到黑线时则被吸收，接收管没有接收到反射光，经施密特触发器整形后输出高电平。简单地说，当红外寻迹模板遇见黑线时会产生一个高电平，遇见白线时会返回一个低电平。所以根据原理的设计思路，就完成了当左侧红外传感器遇见黑线时左拐，右侧红外传感器遇见黑线时右拐。

2．循迹小车设计时的注意事项

（1）因为硬件条件有限，反应速度不是很快，会有一定的误差，所以小车的速度要尽量慢下来，从而弥补硬件的不足，让小车有足够的反应时间。

（2）在设置两个红外传感器的 I/O 口模式时要设置为浮空输入，这样才能通过程序读取 I/O 口的状态来判断。

（3）尽量在光线较暗的条件下测试小车，避免光线过亮影响测试。

（4）红外寻迹模块的 OUT 不能接在有上拉电阻的 I/O 口。

3．循迹小车程序

（1）在工程文件下新建 MOTER、TIMER、XUNJI 3 个文件夹，然后在各自文件夹下建立相关文件的.c 和.h 文件。

（2）main.c 的程序如代码清单 7-8 所示。

代码清单 7-8　main.c 的程序

```
int main(void)
{
  Stm32_Clock_Init(9);          //系统时钟设置
  uart_init(72,115200);         //串口初始化为115200
  delay_init(72);               //延时初始化
      TIM3_PWM_Init(899,0);     //不分频。PWM频率=72000/(899+1)=80kHz
  MOTER_Init();
  void XUN_Init();
  left=400;
  right=400;
```

```
    while(1)
{
    if(left_led == 1 && right_led == 1)          //左右寻迹探头识别到黑线
    {
        GO();                                     //前进
    }
    else
    {
        if(left_led == 1 && right_led == 0)       //小车右边出线，左转修正
        {
            ZUO();                                //左转
        }
        if(left_led == 0 && right_led == 1)       //小车左边出线，右转修正
        {
            YOU();                                //右转
        }
    }
}
}
```

⊙ 7.4.3 应用实例

本项目采用了 SiFive Learn Inventor 开发系统控制 Seeed 智能小车套件自带在底盘下边的红外传感器模块，并将其运用到智能小车上实现循迹功能。

1. 金手指电路设计原理

参考图 7-2 所示的金手指边缘连接器引脚分布，配合选用 Seeed 公司提供的小车，P1、P2 口分别对应左、右红外传感器。而从图上可以发现，P2 口并没有直接接入 GPIO，因此可以通过飞线的方式将 P2 与 P9 短接，再通过 GPIO 控制红外传感器。

2. 红外循迹功能实现的基本思想

事实上，要实现红外循迹功能非常简单。当红外传感器对应的端口为高电平时，传感器指示灯工作；而当红外传感器对应的端口为低电平时，指示灯熄灭。在智能车比赛中，所用的赛道通常为白色，两侧有黑色线作为边界。当传感器检测到下方为白色时，对应端口为高电平，反之则为低电平。利用这一基本原理，我们就可以比较容易地编写程序，使其沿着白色赛道行驶。

3. 代码及说明

主要程序如代码清单 7-9 所示。

代码清单 7-9　主要程序

```
void linefollow( struct metal_gpio *gpio )
```

```
{
    int LEFT, RIGHT;
    LEFT    = metal_gpio_get_input_pin( gpio, LINEFOLLOW_LEFT );
    RIGHT   = metal_gpio_get_input_pin( gpio, LINEFOLLOW_RIGHT );
    if ( LEFT == 1 && RIGHT == 0 )        //左侧为白线，右侧为黑线，此时应当左转
    {
        move_left( gpio0, 20 );
    }else if ( LEFT == 0 && RIGHT == 1 )//左侧为黑线，右侧为白线，此时应当右转
    {
        move_right( gpio0, 20 );
    }else if ( LEFT == 1 && RIGHT == 1 )//左右两侧都为白线，应当直行
    {
        move_forward( gpio0, 10 );
    }else if ( LEFT == 0 && RIGHT == 0 )//左右两侧都为黑线，应当停止（此情况一
                                        般为小车未启动状态）
    {
        move_stop( gpio0 );
    }
}

int main() {
    // Lets get the CPU and and its interrupt
    cpu0 = metal_cpu_get(0);
    if (cpu0 == NULL) {
        printf("CPU null.\n");
        return 2;
    }

    cpu_intr = metal_cpu_interrupt_controller(cpu0);
    if (cpu_intr == NULL) {
        printf("CPU interrupt controller is null.\n");
        return 3;
    }
    metal_interrupt_init(cpu_intr);
    if(delay_func_init(cpu0)){
        printf("Delay functions initialize failed\n");
        return 6;
    }

    // Lastly CPU interrupt
    if (metal_interrupt_enable(cpu_intr, 0) == -1) {
```

```
        printf("CPU interrupt enable failed\n");
        return 6;
    }

    gpio0 = metal_gpio_get_device(0);
    move_init(gpio0);
    linefollow_init(gpio0);
    while(1)
    {
      linefollow(gpio0);
      delay_N_30us(1);
    }
    return 0;
}
```

这里给出的是一种较为简单的实现红外循迹的方法，并带有 PWM 控速功能。由于惯性的影响，小车的速度不能太快，否则很容易跑飞，如果要改进的话，可以使用比例-积分-微分（PID）控制算法。

⊙ 7.4.4　PID 控制算法介绍

1．PID 控制算法的基本原理

比例-积分-微分（Proportion Integration Differentiation，PID）控制算法是控制行业最经典、最简单而又最能体现反馈控制思想的算法。对于一般的研发人员来说，设计和实现 PID 算法是完成自动控制系统的基本要求。这一算法虽然简单，但要真正实现好，也需要下一定功夫。下面从 PID 算法最基本的原理开始分析。

PID 算法的执行流程是非常简单的，即利用反馈来检测偏差信号，并通过偏差信号来控制被控量。PID 控制器本身就是比例、积分、微分 3 个环节的加总，PID 控制器功能框图如图 7-12 所示。

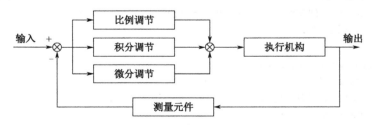

图 7-12　PID 控制器功能框图

根据图 7-12，考虑在某个特定的时刻 t，此时输入量为 in(t)，输出量为 out(t)，偏差就可计算为 err(t) = in(t) − out(t)。于是 PID 的基本控制规律就可以表示为：

$$U(t) = \mathrm{kp}[\mathrm{err}(t) + \frac{1}{T_I}\int \mathrm{err}(t)\mathrm{d}t + \frac{T_D \mathrm{derr}(t)}{\mathrm{d}t}] \qquad (7\text{-}1)$$

式中，kp 为比例带，T_I 为积分时间，T_D 为微分时间。

2．PID 算法的离散化

根据 PID 算法的基本原理，如果想要在计算机上实现 PID 控制，就必须将其离散化。在实现离散化之前，需要对比例、积分、微分的特性做一个简单的说明。

（1）比例用来对系统的偏差进行反应，所以只要存在偏差，比例就会起作用。

（2）积分主要用来消除静差。所谓静差，是指系统稳定后输入与输出之间依然存在的差值，而积分就是通过偏差的累计来抵消系统的静差。

（3）微分则是对偏差的变化趋势做出反应，根据偏差的变化趋势实现超前调节，提高反应速度。

位置型 PID 控制器的基本特点如下：

实现离散，我们假设系统采样周期为 T。假设检查第 k 个采样周期，很显然系统进行第 k 次采样。此时的偏差可以表示为 err(k) = in(k) − out(k)，那么积分就可以表示为 err(k)+err(k+1) + …，而微分就可以表示为[err(k) − err(k − 1)] / T。于是可以将第 k 次采样时，PID 算法的离线形式表示为：

$$U(k) = K_p\,\mathrm{err}(k) + K_i \sum \mathrm{err}(k) + K_d[\mathrm{err}(k) - \mathrm{err}(k-1)] \qquad (7\text{-}2)$$

式中，K_p、K_i、K_d 分别为比例系数、积分系数和微分系数，这种形式为位置型 PID。

位置型 PID 控制的输出与整个过去的状态有关，用到了偏差的累加值，容易产生累积偏差。位置型 PID 适用于执行机构不带积分部件的对象。位置型的输出直接对应对象的输出，对系统的影响比较大。

增量型 PID 控制器的基本特点如下：

除了上述的位置型 PID 外，还有一种为增量型 PID，主要是用前后输出的差值来实现的，公式为：

$$\Delta U(k) = U(k) - U(k-1) \qquad (7\text{-}3)$$

$$\Delta U(k) = K_p[\mathrm{err}(k) - \mathrm{err}(k-1)] + K_i\mathrm{err}(k) + K_d[\mathrm{err}(k) - 2\mathrm{err}(k-1) + \mathrm{err}(k-2)] \qquad (7\text{-}4)$$

增量型 PID 算法不需要做累加，控制量增量的确定仅与最近几次偏差值有关，计算偏差的影响较小。增量型 PID 算法得出的是控制量的增量，对系统的影响相对较小。采用增量型 PID 算法易于实现手动到自动的无扰动切换。

3．PID 控制实例

下面用一个实例来介绍 PID 控制的简单实现。按照 Seeed 智能小车套件所附的椭圆形小赛道白/黑/白相间颜色，小车沿着纸上黑线呈顺时针寻迹时用 PID 对速度进行调控，以达到使小车速度更加平稳的目的。

由于所配套的智能小车在未加其他红外传感器时，只在小车前面的底部有两个位置对称的红外传感器。小车上红外传感器对黑为 0，对白为 1。另外，由于红外传感器的数量较少，故用前一周期的位置来确定误差值，从而计算出下一周期速度的值，即主要采用位置型 PID 算法。

调控原理：在小车检测到弯道时，先获取左右两红外传感器的值，根据速度进行转弯寻迹，然后又获取左右两红外传感器的值。根据后获取的左右两红外的值来确定误差值。我们将小车放到赛道纸上寻迹初始位置，将两个红外传感器都对着白色赛道。

（1）若转弯后，两个红外传感器还是对着白，即速度合适。

（2）若转弯后左边红外传感器为黑（即为 0），右边红外传感器为白（即为 1），则说明偏移较大，即速度较大，需减小速度。

（3）若左边红外传感器为白（即为 1），右边红外传感器为黑（即为 0），则说明偏移较小，即速度较小，需增大速度。

故可确定 $err(k)$ 的值，从而确定下一周期转弯的速度，进而实现 PID 控制。

相关参数定义如代码清单 7-10 所示，PID 算法如代码清单 7-11 所示，误差值的确定如代码清单 7-12 所示，主函数部分如代码清单 7-13 所示。

上面所列出的代码只演示与 PID 算法相关的部分，供读者参考如何实现 PID 控制的功能。而其他一些参数的定义、函数的定义、I/O 口的初始化和使能、CPU 的初始化等都没有在代码中显示。

代码清单 7-10 相关参数定义

```
float Kp = 5;//比例系数
float Ki=0.015;//积分系数
float Kd=30;//微分系数
//3个系数的值可以根据实际试验来进行调整
float error=0;//误差值
float P=0;//err(k)
float I=0;//∑err(k)
float D=0;//err(k)
float PID_value;//U（k），即速度所需的改变量
float previous_error = 0;//err(k-1)
```

代码清单 7-11 PID 算法

```
void calculate_pid()//速度所需的改变量的计算
{
  P = error;
  I = I + error;
  D = error - previous_error;
  PID_value = (Kp * P) + (Ki * I) + (Kd * D);//计算速度所需的改变量
  PID_value = constrain(PID_value, -100, 100);//限制速度所需的改变量的大小
  previous_error = error;
}
```

代码清单 7-12　误差值的确定

```
void read_ir_values() //确定err(k)，即确定小车偏移量
{
    if((n1!=m1)&&(n2==0)&&(m2==1))//左黑右白，即速度较大，需减小速度
        error=-2.5;
    else if((n1!=m1)&&(n2==1)&&(m2==0))//左白右黑，即速度较小，需增大速度
        error=2.5;
    Else//左右都为白，速度合适
        error=0;
}
```

代码清单 7-13　主函数部分

```
int main() {
    while(1)
{
    p1=metal_gpio_get_input_pin(gpio0,PWM1_GPIO_PIN_F_L1);//获取左红外的值
    p2=metal_gpio_get_input_pin(gpio0,PWM1_GPIO_PIN_F_R2);//获取右红外的值
    if((p1==1)&&(p2==0))                    //左白右黑，右转
{
    speed_L=speed_L+(int)PID_value;          //确定左轮速度
    speed_R=speed_R-(int)PID_value;          //确定右轮速度
    speed_L=speed_L>255?255:speed_L;
    speed_L=speed_L<-255?-255:speed_L;
    speed_R=speed_R>255?255:speed_R;
    speed_R=speed_R<-255?-255:speed_R;       //限制速度大小
    n1=metal_gpio_get_input_pin(gpio0,PWM1_GPIO_PIN_F_L1);
    m1=metal_gpio_get_input_pin(gpio0,PWM1_GPIO_PIN_F_R2);
                                    //获取转弯前两个红外的值
        go(gpio0,speed_L,speed_R);
        n2=metal_gpio_get_input_pin(gpio0,PWM1_GPIO_PIN_F_L1);
        m2=metal_gpio_get_input_pin(gpio0,PWM1_GPIO_PIN_F_R2);
                                    //获取转弯后两个红外的值
        read_ir_values();              //确定误差值
        calculate_pid();               //计算速度所需的改变量
}
    else
    {
        go(gpio0,init_speed,init_speed); //直走
    }
    delay_N_ms(10);
}
return 0;
}
```

7.5　超声波避障小车

避障小车是智能小车的常见项目，使用简单，精度较高，可应用于扫地机器人、无人驾驶等诸多领域。本节的避障小车采用了超声波测距原理，通过超声波传感器不断发送超声波，并接受反射回来的信号，根据两者的时间差和声速计算出对应的距离，然后控制电动机自动转弯避障。

本节将详细介绍超声波测距、避障的基本原理、程序框图及示例程序。

7.5.1　超声波测距原理

超声波测距原理是超声波传感器不断向某个方向发射频率为 40kHz 的超声波，超声波碰到障碍物后会反射回来，传感器能自动检测超声波的回波，并输出一个高电平持续时间与障碍物距离成正比的脉冲信号，通过测量脉冲信号高电平的持续时间 Δt，再根据超声波在空气中的速度 v，就能计算出发射点距障碍物的距离 S，公式为：

$$S = v \cdot \Delta t \tag{7-5}$$

这就是所谓的时间差测距法。只要得到超声波传感器反馈回来的脉冲信号的高电平信号宽度及超声波在空气中的速度，就能计算出相应的距离。

7.5.2　温度对测距的影响

超声波本质上是一种频率很高的声波，故还是会受到外界环境的影响。在不同的温度、压强、湿度、风速下，其速度会发生不同程度的改变，尤其是温度对声速有很大的影响。如表 7-3 所示，在不同的温度下，超声波在空气中传播的速度不同。常温下超声波的传播速度是 334m/s，在超声波使用环境温度变化不大的情况下，可近似认为超声波的速度不变。如果测距精度要求很高，则应通过温度补偿的方法加以校正。已知现场环境温度 T 时，超声波传播速度 v 的计算公式为：

$$v = 331.45 + 0.607T \tag{7-6}$$

表 7-3　速度与温度的关系

温度/℃	−30	−20	−10	0	10	20	30	100
声速/m/s	313	319	325	332	338	344	349	386

7.5.3　超声波传感器介绍及使用

Ultrasonic Ranger 是一种非接触式距离测量模块，工作在 40kHz，适用于需要对中等距离进行测量的项目。Ultrasonic Ranger 实物如图 7-13 所示，Ultrasonic Ranger 电气参数如表 7-4 所示。

表7-4 Ultrasonic Ranger 电气参数

图 7-13 Ultrasonic Ranger 实物

电 气 参 数	Ultrasonic Range
工作电压	3.2～5.2V
工作电流	8mA
超声波频率	40kHz
测量范围	2～350cm
精度	1cm
输出	PWM
尺寸	50mm×25mm×16mm
质量	13g

使用该传感器需要先给传感器输入一个 10μs 以上的脉冲触发信号，传感器内部会自动发出多个 40kHz 的超声波信号，超声波信号遇到障碍物会反弹回来，传感器会自动检测回波，并输入一个持续时间与障碍物距离成正比的高电平信号。只需检测高电平信号的持续时间，根据声速就能计算出障碍物的距离。

⊙ 7.5.4 软件程序设计

带有超声波传感器的避障小车如图 7-14 所示，小车初始时全速前进，同时超声波传感器不断探测前方障碍物，计算与前方障碍物的距离。当障碍物离小车的距离小于 10cm 时，小车立即减速，同时转向，实现避障功能。当小车避开前方障碍物时，小车即继续全速向前行驶。系统结构框图如图 7-15 所示。避障主程序如代码清单 7-14 所示，pwm.h 如代码清单 7-15 所示。

图 7-14 带有超声波传感器的避障小车

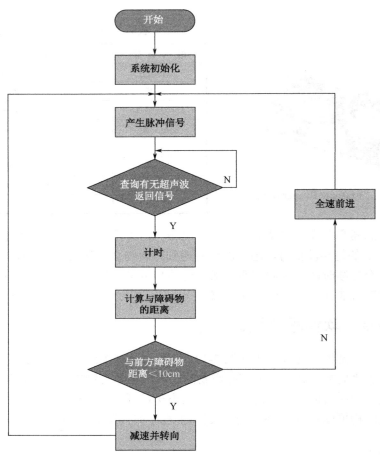

图 7-15   系统结构框图

代码清单 7-14   避障主程序

```
#include <stdio.h>
#include <metal/cpu.h>
#include <metal/led.h>
#include <metal/button.h>
#include <metal/switch.h>
#include <metal/gpio.h>
#include <metal/pwm.h>

/*除studio.h、pwm.h外，以上均为metal库中包含的头文件  注1*/

#define  SONIC   13            //定义超声波传感器的输入输出口位gpio_13
```

```
#define RTC_FREQ    32768    //定义时钟频率

struct metal_cpu *cpu0;
struct metal_interrupt *cpu_intr, *tmr_intr;
struct metal_gpio *gpio_test;

int tmr_id;
volatile uint32_t timer_isr_flag;

long MeasureInCentimeters(void);                    //测距
uint32_t pulseIn(void);                             //发射脉冲信号，触发传感器
void setup_pwm();                                   //设置pwm
void wait_for_timer_delay(int ms);                  //ms级延时
void wait_for_timer(int us);                        //μs级延时
void pwm_dimm(uint8_t  cmp1, uint8_t  cmp2);        //左转、右转
void pwm_init();                                    //pwm初始化

int main (void)
{

 int rc;
 uint32_t centimeter;

 cpu0 = metal_cpu_get(0);

 if (cpu0 == NULL) {
     printf("CPU null.\n");
     return 2;
 }

 cpu_intr = metal_cpu_interrupt_controller(cpu0);

 if (cpu_intr == NULL) {
     printf("CPU interrupt controller is null.\n");
     return 3;
 }

 metal_interrupt_init(cpu_intr);
 tmr_intr = metal_cpu_timer_interrupt_controller(cpu0);

 if (tmr_intr == NULL) {
```

```
            printf("TIMER interrupt controller is  null.\n");
            return 4;
      }

      metal_interrupt_init(tmr_intr);
      tmr_id = metal_cpu_timer_get_interrupt_id(cpu0);
      rc = metal_interrupt_register_handler(tmr_intr, tmr_id, timer_isr,
cpu0);

      if (rc < 0) {
            printf("TIMER interrupt handler registration failed\n");
            return (rc * -1);
      }

      if (metal_interrupt_enable(cpu_intr, 0) == -1) {
            printf("CPU interrupt enable failed\n");
            return 6;
      }

      gpio_test= metal_gpio_get_device(0);
      metal_gpio_enable_output(gpio_test, SONIC);

        pwm_init();

        while (1) {
          centimeter=MeasureInCentimeters(); //测距
          wait_for_timer_delay(1);              //延时1ms
            if(centimeter<10){
              pwm_dimm(0,100);                    //如果障碍物距离小于10cm，右转
            }                                     //否则，直行
            else
              pwm_dimm(0,0);

        }
        return 0;
}
void timer_isr (int id, void *data) {

      // Disable Timer interrupt
      metal_interrupt_disable(tmr_intr, tmr_id);
```

```
        // Flag showing we hit timer isr
        timer_isr_flag = 1;
    }
    /*延时函数,可实现ms级的延时*/
    void wait_for_timer_delay(int ms) {

        // clear global timer isr flag
        timer_isr_flag = 0;
        // Set timer
        metal_cpu_set_mtimecmp(cpu0,metal_cpu_get_mtime(cpu0)+
ms*0.001*RTC_FREQ);
        //设置mtimecmp寄存器的值,当值超过设定值时将产生中断
        // Enable Timer interrupt
        metal_interrupt_enable(tmr_intr, tmr_id);

        // wait till timer triggers and isr is hit
        while (timer_isr_flag == 0){};

        timer_isr_flag = 0;
    }


/*测量障碍物距离函数*/
long MeasureInCentimeters(void){
    unsigned int  duration;
    metal_gpio_enable_input(gpio_test, SONIC);     //使能gpio_13输入
    metal_gpio_enable_output(gpio_test,SONIC);     //使能gpio_13输出
    metal_gpio_set_pin(gpio_test, SONIC,0);        //设置gpio_13值为0
    wait_for_timer(5);                             //延时
    metal_gpio_set_pin(gpio_test, SONIC,1);        //设置gpio_13值为1
        wait_for_timer(15);                        //延时
    metal_gpio_set_pin(gpio_test, SONIC,0);        //设置gpio_13值为0

/*通过以上操作,可通过gpio_13发射一个脉冲信号,触发超声波传感器*/

    for(int i=0;i<5;i++);
    metal_gpio_disable_output(gpio_test, SONIC);
    *g_iof_en &= 0xffefffff;
    *g_pullup_en  &= 0xffefffff;
    duration = pulseIn();                          //注2
    return duration;
}
```

```
/*检测超声波传感器返回信号，并计算其高电平持续的时钟周期*/
uint32_t pulseIn(void){
    unsigned int i=0;
    while (!metal_gpio_get_input_pin(gpio_test, SONIC)) ;
     //未检测到返回信号，继续等待
    while (metal_gpio_get_input_pin(gpio_test, SONIC)){
        i=i+1;
    } ;
     //检测到返回信号，计算高电平持续时间
    return i;

}
/*设置pwm*/
void setup_pwm() {

  *g_pwm1_count = 0x00;
  *g_pwm1_s = 0x00;


  *g_pwm1_cmp0 = 0xff;

  *g_pwm1 = PWM_CFG_ENALWAYS
     | PWM_CFG_ONESHOT

     | PWM_CFG_ZEROCMP

     | PWM_CFG_DEGLITCH
  ;
}
void wait_for_timer(int us) {

    setup_pwm();
    while(*g_pwm1_s<=16*us);
}

/*pwm初始化函数*/
void  pwm_init(){
    gpio_test=metal_gpio_get_device(0);
    metal_gpio_enable_output(gpio_test, 1);
    metal_gpio_enable_output(gpio_test, 3);
    *g_input_en    &= ~((0x00000001<< 1)|(0x00000001<< 3));
```

```
    *g_output_en    |= (0x00000001<< 1)|(0x00000001<< 3);
    *g_output_vals  |= (0x00000001<< 1)|(0x00000001<< 3);
    *g_iof_en       |= (0x00000001<< 1)|(0x00000001<< 3);
    *g_iof_sel      |= 0x0000000A;


    *g_pwm0_count = 0x00;
    *g_pwm0_s = 0x00;
    *g_pwm_cmp0 = 200;
    *g_pwm0 = PWM_CFG_ENALWAYS
        | PWM_CFG_ONESHOT

        | PWM_CFG_ZEROCMP

        | PWM_CFG_DEGLITCH
    ;
    *g_pwm_cmp1=0;
    *g_pwm_cmp3 =0;
}


/*通过设置pwm，实现转弯功能*/
void pwm_dimm(uint8_t  cmp1, uint8_t  cmp2) {
  *g_pwm_cmp1   = cmp1;
  *g_pwm_cmp3 = cmp2;
}
```

注 1：metal 是 SiFive 开发的一个底层驱动库，用于为 SiFive 的所有 RISC-V 内核 IP、RISC-V FPGA 评估板和 SiFive Learn Inventor 开发系统编写可移植应用软件。程序中多次用到了 metal 提供的 API。

注 2：按前文的逻辑，距离应等于声速乘以传感器返回信号持续时间再除以 2，由于超声波传感器存在一定误差，故 centimeter=MeasureInCentimeters()需要自行调整系数，以达到一定的精度，在本例中系数为 1。

代码清单 7-15　pwm.h

```
#ifndef _SIFIVE_PWM_H
#define _SIFIVE_PWM_H

/* Register offsets */

#define PWM_CFG   0x00
#define PWM_COUNT 0x08
#define PWM_S     0x10
```

```
#define PWM_CMP0  0x20
#define PWM_CMP1  0x24
#define PWM_CMP2  0x28
#define PWM_CMP3  0x2C


/* Register offsets */


#define METAL_SIFIVE_PWM0_0_BASE_ADDRESS 268521472UL
#define METAL_SIFIVE_PWM0_1_BASE_ADDRESS 268587008UL
#define METAL_SIFIVE_PWM0_2_BASE_ADDRESS 268652544UL
#define GPIO_BASE_ADDR                   268509184UL
#define GPIO_INPUT_VAL   (0x00)
#define GPIO_INPUT_EN    (0x04)
#define GPIO_OUTPUT_EN   (0x08)
#define GPIO_OUTPUT_VAL  (0x0C)
#define GPIO_PULLUP_EN   (0x10)
#define GPIO_DRIVE       (0x14)
#define GPIO_RISE_IE     (0x18)
#define GPIO_RISE_IP     (0x1C)
#define GPIO_FALL_IE     (0x20)
#define GPIO_FALL_IP     (0x24)
#define GPIO_HIGH_IE     (0x28)
#define GPIO_HIGH_IP     (0x2C)
#define GPIO_LOW_IE      (0x30)
#define GPIO_LOW_IP      (0x34)
#define GPIO_IOF_EN      (0x38)
#define GPIO_IOF_SEL     (0x3C)
#define GPIO_OUTPUT_XOR  (0x40)
/* Constants */

#define PWM_CFG_SCALE       0x0000000F

#define PWM_CFG_STICKY      0x00000100

#define PWM_CFG_ZEROCMP     0x00000200

#define PWM_CFG_DEGLITCH    0x00000400

#define PWM_CFG_ENALWAYS    0x00001000

#define PWM_CFG_ONESHOT     0x00002000

#define PWM_CFG_CMP0CENTER  0x00010000
```

```
#define PWM_CFG_CMP1CENTER  0x00020000

#define PWM_CFG_CMP2CENTER  0x00040000

#define PWM_CFG_CMP3CENTER  0x00080000

#define PWM_CFG_CMP0GANG    0x01000000

#define PWM_CFG_CMP1GANG    0x02000000

#define PWM_CFG_CMP2GANG    0x04000000

#define PWM_CFG_CMP3GANG    0x08000000

#define PWM_CFG_CMP0IP      0x10000000

#define PWM_CFG_CMP1IP      0x20000000

#define PWM_CFG_CMP2IP      0x40000000

#define PWM_CFG_CMP3IP      0x80000000
    volatile unsigned int * const g_output_vals = (unsigned int *)
(GPIO_BASE_ADDR + GPIO_OUTPUT_VAL);
    volatile unsigned int * const g_input_vals  = (unsigned int *)
(GPIO_BASE_ADDR + GPIO_INPUT_VAL);
    volatile unsigned int * const g_output_en   = (unsigned int *)
(GPIO_BASE_ADDR + GPIO_OUTPUT_EN);
    volatile unsigned int * const g_pullup_en   = (unsigned int *)
(GPIO_BASE_ADDR + GPIO_PULLUP_EN);
    volatile unsigned int * const g_input_en    = (unsigned int *)
(GPIO_BASE_ADDR + GPIO_INPUT_EN);
    volatile unsigned int * const g_iof_en      = (unsigned int *)
(GPIO_BASE_ADDR + GPIO_IOF_EN);
    volatile unsigned int * const g_iof_sel     = (unsigned int *)
(GPIO_BASE_ADDR + GPIO_IOF_SEL);
    volatile unsigned int * const g_out_xor     = (unsigned int *)
(GPIO_BASE_ADDR + GPIO_OUTPUT_XOR);

    volatile unsigned int * const g_pwm0        = (unsigned int *)
METAL_SIFIVE_PWM0_0_BASE_ADDRESS;
    volatile unsigned int * const g_pwm0_s      = (unsigned int *)
(METAL_SIFIVE_PWM0_0_BASE_ADDRESS + PWM_S);
```

```
      volatile unsigned int * const g_pwm0_count = (unsigned int *)
(METAL_SIFIVE_PWM0_0_BASE_ADDRESS + PWM_COUNT);
      volatile unsigned int * const g_pwm_cmp0  = (unsigned int *)
(METAL_SIFIVE_PWM0_0_BASE_ADDRESS + PWM_CMP0);
      volatile unsigned int * const g_pwm_cmp1  = (unsigned int *)
(METAL_SIFIVE_PWM0_0_BASE_ADDRESS + PWM_CMP1);
      volatile unsigned int * const g_pwm_cmp2  = (unsigned int *)
(METAL_SIFIVE_PWM0_0_BASE_ADDRESS + PWM_CMP2);
      volatile unsigned int * const g_pwm_cmp3  = (unsigned int *)
(METAL_SIFIVE_PWM0_0_BASE_ADDRESS + PWM_CMP3);

      volatile unsigned int * const g_pwm1      = (unsigned int *)
METAL_SIFIVE_PWM0_1_BASE_ADDRESS;
      volatile unsigned int * const g_pwm1_s    = (unsigned int *)
(METAL_SIFIVE_PWM0_1_BASE_ADDRESS + PWM_S);
      volatile unsigned int * const g_pwm1_count = (unsigned int *)
(METAL_SIFIVE_PWM0_1_BASE_ADDRESS + PWM_COUNT);
      volatile unsigned int * const g_pwm1_cmp0  = (unsigned int *)
(METAL_SIFIVE_PWM0_1_BASE_ADDRESS + PWM_CMP0);
      volatile unsigned int * const g_pwm1_cmp1  = (unsigned int *)
(METAL_SIFIVE_PWM0_1_BASE_ADDRESS + PWM_CMP1);
      volatile unsigned int * const g_pwm1_cmp2  = (unsigned int *)
(METAL_SIFIVE_PWM0_1_BASE_ADDRESS + PWM_CMP2);
      volatile unsigned int * const g_pwm1_cmp3  = (unsigned int *)
(METAL_SIFIVE_PWM0_1_BASE_ADDRESS + PWM_CMP3);

      volatile unsigned int * const g_pwm2      = (unsigned int *)
METAL_SIFIVE_PWM0_2_BASE_ADDRESS;
      volatile unsigned int * const g_pwm2_s    = (unsigned int *)
(METAL_SIFIVE_PWM0_2_BASE_ADDRESS + PWM_S);
      volatile unsigned int * const g_pwm2_count = (unsigned int *)
(METAL_SIFIVE_PWM0_2_BASE_ADDRESS + PWM_COUNT);
      volatile unsigned int * const g_pwm2_cmp0  = (unsigned int *)
(METAL_SIFIVE_PWM0_2_BASE_ADDRESS + PWM_CMP0);
      volatile unsigned int * const g_pwm2_cmp1  = (unsigned int *)
(METAL_SIFIVE_PWM0_2_BASE_ADDRESS + PWM_CMP1);
      volatile unsigned int * const g_pwm2_cmp2  = (unsigned int *)
(METAL_SIFIVE_PWM0_2_BASE_ADDRESS + PWM_CMP2);
      volatile unsigned int * const g_pwm2_cmp3  = (unsigned int *)
(METAL_SIFIVE_PWM0_2_BASE_ADDRESS + PWM_CMP3);

      #endif /* _SIFIVE_PWM_H */
```

附录 A

Amazon FreeRTOS 认证

亚马逊 FreeRTOS 认证（Amazon FreeRTOS Qualification，AFQ）定义了使用 Amazon FreeRTOS 端口的开发人员必须遵循的过程，以及端口必须通过的一组测试。Amazon 只分发并支持通过资格认证计划的 Amazon FreeRTOS 端口。AFQ 的目的是让开发人员验证 Amazon FreeRTOS 端口是否能够正常工作并完成资格鉴定。

AWS 为 Amazon FreeRTOS 提供了一个名为 AWS IoT 的自动化免费测试框架，开发人员可以使用它来自动运行鉴定测试。若想进一步了解设置的详细信息，请参考网址：https://aws.amazon.com/freertos/device-tester。

本附录将指导读者设置 Amazon FreeRTOS 项目、使用 Amazon FreeRTOS Qualification 测试端口、移植 Amazon FreeRTOS 功能库。建议仅在 MCU 上测试，最小处理速度为 25MHz，最小 RAM 为 64KB，每个存储在 MCU 上的可执行图像的最小程序内存为 128KB。

A.1 搭建测试项目

本节将介绍如何搭建 FreeRTOS Qualification 基本测试项目，是下面进行功能库移植的基础。

⊙ A.1.1 下载测试代码

测试代码下载地址：https://github.com/aws/amazon-freertos。如果使用的是 Windows 系统，请尽量保证文件路径较短（如 C:\AFreeRTOS），以避免 Windows 对较长路径名的限制。在下文里，下载所选的文件夹被称作$AFR_HOME。

⊛ A.1.2　测试项目设置

1. 准备下载文件夹

所有合格的 Amazon FreeRTOS 端口都使用相同的目录结构。必须在正确的文件夹位置创建新文件，包括 IDE 项目中的文件。文件夹结构如图 A-1 所示。在实际操作时，必须将标注出的示例名更改为相应的名称，并将对应的文件放置到正确的文件夹中。下文中用图中的示例名代替实际名称。

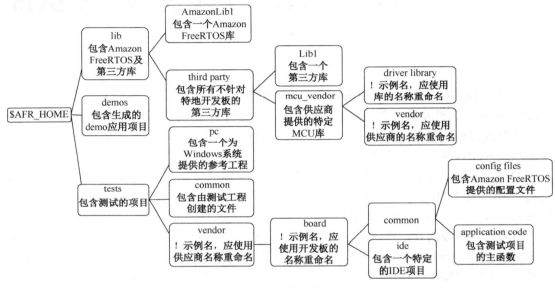

图 A-1　文件夹结构

2. 创建测试项目

从 IDE 中查看所有合格的 Amazon FreeRTOS 测试项目，都有一致的结构及对应关系，如表 A-1 与表 A-2 所示。本节描述并演示所需的项目结构。在本节结束时，读者将有一个带有 FreeRTOS 内核库的项目可以运行。

注意：

（1）项目中的所有文件都必须在文件夹结构中文件的原始位置生成，它们通过链接文件导入到项目中。不要直接将文件复制到项目文件夹或使用绝对文件路径。

（2）如果使用的是基于 Eclipse 的 IDE，不要将项目配置为在任何给定文件夹中生成所有文件。相反，通过分别链接到每个源文件，将源文件添加到项目中。

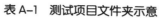
表 A-1 测试项目文件夹示意

示 意 图	注 意 事 项

FreedomStudio
File Edit Navigate Search Project Run SiFiveTools
 	
Project Explorer ⋈ ⫼ Registers
⌄ aws_demos
  › Includes
  › application_code
  › config_files
  › lib
	自动生成 Includes 文件夹，无须链接

aws_test/application_code/main.c - FreedomStudio
File Edit Source Refactor Navigate Search Projec
 	
Project Explorer ⋈ ⫼ Registers
⌄ aws_test
  › Includes
  › config_files
  › lib
  ⌄ application_code
    ⌄ common_test
      › framework
      › include
      › memory_leak
      › test_runner
      › utils
    › vendor_code
    main.c
	main.c 与 vendor_code 位于：
	$AFR_HOME/tests/[vendor]/[board]/common/ application_code

FreedomStudio
File Edit Navigate Search Project Run SiFiveTools
 	
Project Explorer ⋈ ⫼ Registers
⌄ aws_demos
  › Includes
  › application_code
  › config_files
  ⌄ lib
    › aws
    › third_party
	aws 与 third_party 是 IDE 中的虚拟文件夹

FreedomStudio
File Edit Navigate Search Project Run SiFiveTools
 	
Project Explorer ⋈ ⫼ Registers
⌄ aws_demos
  › Includes
  › application_code
  ⌄ config_files
    › aws_bufferpool_config.h
    › aws_demo_config.h
    › aws_iot_network_config.h
    › aws_mqtt_agent_config.h
    › aws_mqtt_config.h
    › aws_ota_agent_config.h
    › aws_secure_sockets_config.h
    › aws_shadow_config.h
    › aws_wifi_config.h
    › esp_config.h
    › FreeRTOSConfig.h
    › FreeRTOSIPConfig.h
    › iot_config.h
    › iot_mqtt_agent_config.h
    › iot_pkcs11_config.h
  › lib
	config_files 中的文件位于：
	$AFR_HOME/tests/[vendor]/[board]/common/config_files

续表

示 意 图	注 意 事 项
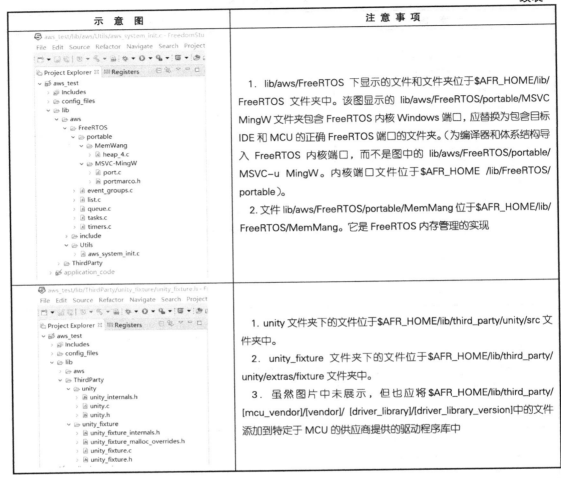	1. lib/aws/FreeRTOS 下显示的文件和文件夹位于 $AFR_HOME/lib/FreeRTOS 文件夹中。该图显示的 lib/aws/FreeRTOS/portable/MSVC MingW 文件夹包含 FreeRTOS 内核 Windows 端口,应替换为包含目标 IDE 和 MCU 的正确 FreeRTOS 端口的文件夹。(为编译器和体系结构导入 FreeRTOS 内核端口,而不是图中的 lib/aws/FreeRTOS/portable/MSVC-u MingW。内核端口文件位于 $AFR_HOME /lib/FreeRTOS/portable)。 2. 文件 lib/aws/FreeRTOS/portable/MemMang 位于 $AFR_HOME/lib/FreeRTOS/MemMang。它是 FreeRTOS 内存管理的实现
	1. unity 文件夹下的文件位于 $AFR_HOME/lib/third_party/unity/src 文件夹中。 2. unity_fixture 文件夹下的文件位于 $AFR_HOME/lib/third_party/unity/extras/fixture 文件夹中。 3. 虽然图片中未展示,但也应将 $AFR_HOME/lib/third_party/[mcu_vendor]/[vendor]/ [driver_library]/[driver_library_version]中的文件添加到特定于 MCU 的供应商提供的驱动程序库中

表 A-2　其他 IDE 文件夹与磁盘文件的对应关系

磁盘上的文件夹	编译器中对应的文件夹
$AFR_HOME/tests/common/include	aws_tests/application_code/common_tests/include
$AFR_HOME/lib/include	aws_tests/lib/aws/include
$AFR_HOME/lib/FreeRTOS/portable/ [compiler]/[architecture]	aws_tests/lib/aws/FreeRTOS/portable/ [compiler]/[architecture]
$AFR_HOME/lib/third_party/unity/src,	aws_tests/lib/third_party/unity
$AFR_HOME/lib/third_party/unity/extras/fixture/src	aws_tests/lib/third_party/unity_fixture
$AFR_HOME/demos/vendor/board/common/config_files	aws_tests/config_files
$AFR_HOME/lib/include/private	aws_tests/lib/aws/include/private

Visual Studio 2017 中编译器设置示例：Project Properties→Preprocessor→Preprocessor Definitions，如图 A-2 所示。

图 A-2　编译器设置

⊙ A.1.3　移植功能库准备

准备好文件夹结构和测试项目后，就可以开始移植和测试 Amazon FreeRTOS 功能库了。但在移植前，必须先启用 AFQ 测试组。

（1）$AFR_HOME/tests/[vendor]/[board]/common/config_files/aws_test_runner_config.h 包含下面定义的宏。取消注释：

/*#define testrunnerAFQP_ENABLED */

（2）在$AFR_HOME/demos/[vendor]/[board]/common/config_files/FreeRTOSConfig.h 中的下列宏定义语句里将"Unknown"替换为所使用的开发板名称：

#define mqttconfigMETRIC_PLATFORM　"Platform=Unknown"

（3）$AFR_HOME/tests/[vendor]/[board]/common/config_files/aws_test_runner_config.h 文件中有一些常量，被用来当作测试库的开关（见表 A-3）。当需要移植与测试库时，将该库对应的常量设置为"1"。（如果已经为 Amazon FreeRTOS 设置了 AWS IoT 设备测试程序，则运行测试项目不需要修改此文件）

表 A-3　开关常量

常 量 名 称	默认值（当测试该库时设为 1）	是否为 AFQ 所需
testrunnerFULL_CBOR_ENABLED	0	
testrunnerFULL_OTA_AGENT_ENABLED	0	Y (if supports OTA)
testrunnerFULL_OTA_PAL_ENABLED	0	Y (if supports OTA)

续表

常 量 名 称	默认值（当测试该库时设为 1）	是否为 AFQ 所需
testrunnerFULL_MQTT_ALPN_ENABLED	0	
testrunnerFULL_MQTT_STRESS_TEST_ENABLED	0	
testrunnerFULL_MQTT_AGENT_ENABLED	0	
testrunnerFULL_TCP_ENABLED	0	Y
testrunnerFULL_GGD_ENABLED	0	
testrunnerFULL_GGD_HELPER_ENABLED	0	
testrunnerFULL_SHADOW_ENABLED	0	
testrunnerFULL_MQTT_ENABLED	0	Y
testrunnerFULL_PKCS11_ENABLED	0	Y
testrunnerFULL_CRYPTO_ENABLED	0	
testrunnerFULL_TLS_ENABLED	0	Y
testrunnerFULL_WIFI_ENABLED	0	Y
testrunnerFULL_BLE_ENABLED	0	Y (if supports BLE)

A.2 串口输出

configPRINT_STRING()是 AFQ 测试框架用于将测试结果输出为可读的 ASCII 字符串的宏。它必须在 AFQ 移植和测试开始之前实现。完成本节的操作后，即可实现通过 UART 串行端口输出信息。

A.2.1 准备内容

（1）开发板需支持 UART 或虚拟 COM 端口输出。

（2）完成 A.1 中测试项目的建立。

（3）UART 的初始化和输出不能依赖于 FreeRTOS。

A.2.2 操作步骤

（1）在函数 prvmiscsinitialization()中找到对 configPRINT_STRING（"Test Message"）的调用，该函数位于文件：

$AFR_HOME/tests/[vendor]/[board]/common/application_code/main.c。

（2）在调用 configPRINT_STRING（"Test Message"）之前，添加使用供应商提供的 UART 驱动程序，将 UART 初始化为 115 200bps。

（3）$AFR_HOME/tests/[vendor]/[board]/common/config_files/FreeRTOSConfig.h 包含

configPRINT_STRING() 的空定义。宏将以空结尾的 ASCII C STRING 作为其唯一参数。更新 configPRINT_STRING() 的空定义，以便它调用供应商提供的 UART 输出函数。例如，如果 UART 输出函数具有以下原型：

void MyUARTOutput(char *DataToOutput, size_t LengthToOutput)

那么，需要将函数填充为：

#define configPRINT_STRING(X) MyUARTOutput((X), strlen((X)))

（4）生成并执行应用程序。如果"Test Message"出现在 UART 控制台中，则说明控制台已正确连接和配置，并且 configPRINT_STRING() 的行为符合预期。之后，对 configPRINT_STRING（"Test Message"）的调用可以从 prvmiscilization() 中删除。

A.3　FreeRTOS 内核移植

Amazon FreeRTOS 使用 FreeRTOS 内核进行多任务和任务间通信。本节讲解了如何将 FreeRTOS 内核的一个端口集成到 AFQ 测试项目中。FreeRTOS.org 网站包含所有可用内核端口的列表。将 FreeRTOS 内核移植到一个新的体系结构超出了本书的范围。如果体系结构中不存在端口，则无法实现该移植。

A.3.1　准备内容

（1）目标 MCU 架构的官方 FreeRTOS 内核端口。

（2）完成 A.1 中测试项目的建立，包括所用 MCU 和编译器的正确 FreeRTOS 内核端口文件。

（3）实现 A.2 的串口输出。

A.3.2　操作步骤

（1）配置 FreeRTOS 内核。$AFR_HOME/tests/[vendor]/[board]/common/config_files/FreeRTOSConfig.h 中包含了特定于应用程序的 FreeRTOS 内核配置设置。FreeRTOS.org 网站提供了每个配置选项的描述。如表 A-4 所示为 FreeRTOS 内核配置常量。

（2）MQTT 库和 Secure Sockets 库尚未移植，因此需要注释掉调用 BUFFERPOOL_Init()、MQTT_AGENT_Init() 的行，以及函数系统中的 SOCKETS_Init()（位于 $AFR_HOME/lib/utils/aws_system_init.c 中）。

表 A-4 FreeRTOS 内核配置常量

定 义 名 称	注 释
configCPU_CLOCK_HZ	用来产生刻度中断的时钟频率
configMINIMAL_STACK_SIZE	初始时，可以将其设置为在使用的 FreeRTOS 内核端口的官方 FreeRTOS 演示中使用的任何值。官方的 FreeRTOS 演示是从 FreeRTOS.org 网站发布的。确保堆栈溢出检查值设置为 2，如果发生溢出，则增加 configMINIMAL_STACK_SIZE。要保存 RAM，需将堆栈大小设置为不会导致堆栈溢出的最小值
configTOTAL_HEAP_SIZE	设置 FreeRTOS 堆栈的大小。与任务堆栈大小一样，可以调整堆栈大小以确保未使用的堆栈空间不会消耗 RAM

（3）建立并执行项目。如果 UART 控制台中每 5s 出现一个 "."，那么 FreeRTOS 内核按预期运行。在 $AFR_HOME/tests/[vendor]/[board]/common/config_files/FreeRTOSConfig.h 中将 configUSE_IDLE_HOOK 设置为 0，然后转到下一节。将 configUSE_IDLE_HOOK 设置为 0 将停止 FreeRTOS 内核执行 vApplicationIdleHook()，因此在以后的测试执行期间停止输出 "."。

注意：如果在任何其他频率出现 "."，则检查在 $AFR_HOME/tests/[vendor]/[board]/common/config_files/FreeRTOSConfig.h 文件中 configCPU_CLOCK_HZ 的值，必须将 configCPU_CLOCK_HZ 设置为与开发板匹配的正确值。

A.4 蓝牙低功耗功能

Amazon FreeRTOS 的蓝牙低功耗（BLE）功能允许通过 BLE 进行 WiFi 供应和 MQTT。它还为用户提供了更高级的 API，简化了 BLE 堆栈的使用，如图 A-3 所示。

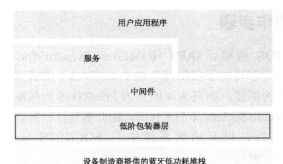

图 A-3 AFR 蓝牙库

AFQ 测试的目标是低阶包装器层，在原始设备制造商提供的蓝牙低功耗堆栈之上（图示的黑框部分）。通过 AFQ 测试可以确保 BLE 上的连接正常工作。关于如何在应用程序中使用 Amazon FreeRTOS BLE 库可以参阅信息网址为 https://docs.aws.amazon.com/freertos/latest/ userguide/freertos-ble-library.html。

相关代码可从 GitHub 上下载，网址为 https://github.com/aws/amazon- freertos/tree/feature/ble-beta。

➤ A.4.1　准备内容

（1）完成第 2 章中测试项目的建立，该项目构建供应商提供的 BLE 驱动程序。
（2）实现第 3 章中的串口输出。
（3）实现第 4 章中 FreeRTOS 内核的配置。
（4）一个树莓派 3b+设备。

➤ A.4.2　操作步骤

1．准备 IDE 项目

（1）将$AFR_HOME/lib/bluetooth_low_energy/portable/[vendor]/[board]/文件夹中的所有文件添加到 IDE 项目中的[project_top_level]/lib/aws/bluetooth_low_energy 文件夹。

（2）将$AFR_HOME/lib/include/bluetooth_low_energy 文件夹加入 IDE 项目的[project_top_level]/lib/aws/include 文件夹。

（3）将 $AFR_HOME/tests/common/ble/aws_test_ble.c 加入 IDE 项目的[project_top_level]/application_code/common_tests/ble 文件夹。

（4）在$AFR_HOME/tests/[vendor]/[board]/common/application_code/main.c 中启用必要的 BLE 驱动程序驱动测试项目中相关项目的初始化。

2．实现 API

BLE 专属的 API 定义在$AFR_HOME/lib/include/bluetooth_low_energy 的下列 3 个文件中。

（1）bt_hal_manager.h
（2）bt_hal_manager_adapter_ble.h
（3）bt_hal_gatt_server.h

有关 API 的功能描述请参阅文件中的注释部分，表 A-5、表 A-6 和表 A-7 列出了必须实现的 API。

表 A-5 需实现的 API1

GAP Common (bt_hal_manager.h)		
pxBtManagerInit	pxEnable	pxDisable
pxGetDeviceProperty	pxSetDeviceProperty (All options mandatory except eBTpropertyRemoteRssi, eBTpropertyRemoteVersionInfo)	pxPair
	Y(All options mandatory expect eBTpropertyRemoteRssi, eBTpropertyRemoteVersionInfo)	
pxRemoveBond	pxGetConnectionState	pxPinReply
pxSspReply	pxGetTxpower	pxGetLeAdapter
pxDeviceStateChangedCb	pxAdapterPropertiesCb	pxSspRequestCb
pxPairingStateChangedCb	pxTxPowerCb	

表 A-6 需实现的 API2

GAP BLE (bt_hal_manager_adapter_ble.h)		
pxRegisterBleApp	pxUnregisterBleApp	pxBleAdapterInit
pxStartAdv	pxStopAdv	pxSetAdvData
pxConnParameterUpdateRequest	pxRegisterBleAdapterCb	pxAdvStartCb
pxSetAdvDataCb	pxConnParameterUpdateRequestCb	pxCongestionCb

表 A-7 需实现的 API3

GATT Server (bt_hal_gatt_server.h)		
pxRegisterServer	pxUnregisterServer	pxGattServerInit
pxAddService	pxAddIncludedService	pxAddCharacteristic
pxSetVal	pxAddDescriptor	pxStartService
pxStopService	pxDeleteService	pxSendIndication
pxSendResponse	pxMtuChangedCb	pxCongestionCb
pxIndicationSentCb	pxRequestExecWriteCb	pxRequestWriteCb
pxRequestReadCb	pxServiceDeletedCb	pxServiceStoppedCb
pxServiceStartedCb	pxDescriptorAddedCb	pxSetValCallbackCb
pxCharacteristicAddedCb	pxIncludedServiceAddedCb	pxServiceAddedCb
pxConnectionCb	pxUnregisterServerCb	pxRegisterServerCb

3. 树莓派设置

BLE AFQ 测试的设置需要一个树莓派 3b+作为外部设备来运行 BLE 测试。

测试计算机将测试的 python 文件发送到树莓派，并通过 SSH 远程执行它们。测试结果通过 SSH 客户机返回。同时，测试计算机在 DUT 上运行测试，测试结果会自动返回。在树莓派上，需要进行如下设置：

（1）使用树莓派 3b+版本（以前版本的设备不支持蓝牙），还需要一个存储卡与一个硬盘驱动器。

（2）按照网址中的步骤来设置树莓派和树莓操作系统：https://projects.raspberrypi.org/en/projects/raspberry-pi-setting-up。

（3）下载 bluez5.50：https://git.kernel.org/pub/scm/bluetooth/bluez.git。

（4）按照 README 的根目录安装在树莓派上。

（5）在树莓派上启用 SSH：https://www.raspberrypi.org/documentation/remote- access/ssh/。

4．测试计算机设置

在脚本$AFR_HOME/tests/common/framework/bleTestsScripts/runPI.sh 中临时修改使用的树莓派的 IP 地址，如图 A-4 所示。

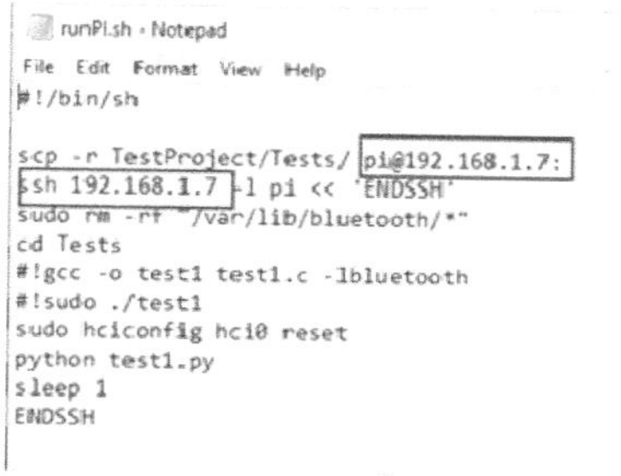

图 A-4　修改 IP 地址

5．启动测试

启动脚本 runPI.sh 并启动测试项目。测试必须通过树莓派在 DUT 上执行。

成功的测试如图 A-5 所示。

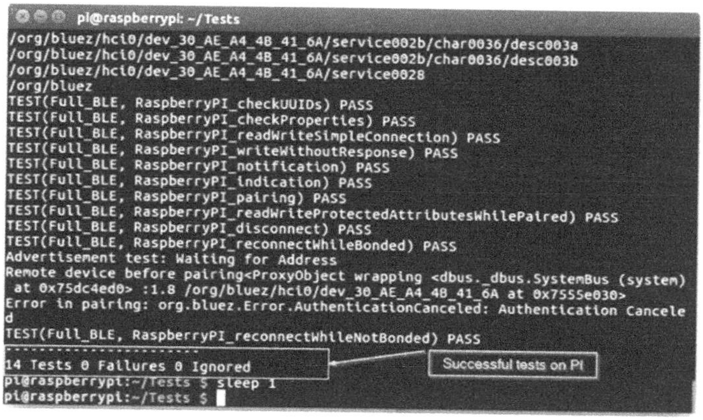

图 A-5　成功的测试

失败的测试如图 A-6 所示。

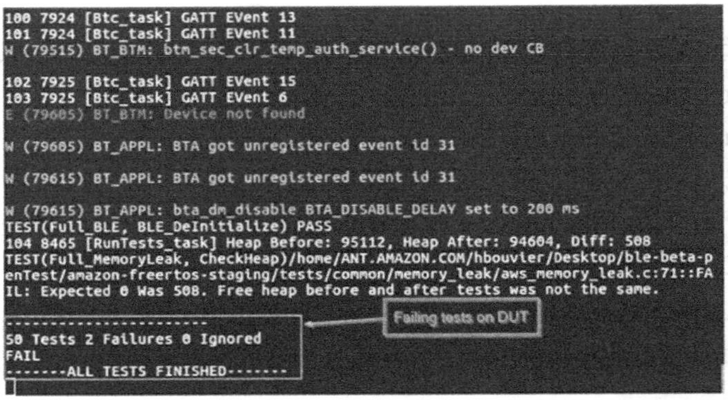

```
100 7924 [Btc_task] GATT EVent 13
101 7924 [Btc_task] GATT EVent 11
W (79515) BT_BTM: btm_sec_clr_temp_auth_service() - no dev CB

102 7925 [Btc_task] GATT EVent 15
103 7925 [Btc_task] GATT EVent 6
E (79685) BT_BTM: Device not found

W (79685) BT_APPL: BTA got unregistered event id 31

W (79615) BT_APPL: BTA got unregistered event id 31

W (79615) BT_APPL: bta_dm_disable BTA_DISABLE_DELAY set to 200 ms
TEST(Full_BLE, BLE_DeInitialize) PASS
104 8465 [RunTests_task] Heap Before: 95112, Heap After: 94604, Diff: 508
TEST(Full_MemoryLeak, CheckHeap)/home/ANT.AMAZON.COM/hbouvier/Desktop/ble-beta-p
enTest/amazon-freertos-staging/tests/common/memory_leak/aws_memory_leak.c:71::FA
IL: Expected 0 Was 508. Free heap before and after tests was not the same.

------------------------
50 Tests 2 Failures 0 Ignored         [Failing tests on DUT]
FAIL
-------ALL TESTS FINISHED-------
```

图 A-6　失败的测试

附录 B

Amazon FreeRTOS 移植

Amazon FreeRTOS 是一个实时操作系统，它为 FreeRTOS 内核增加了用于连接、安全和无线（OTA）更新的库。Amazon FreeRTOS 也包括了在合格的开发板上展现 Amazon FreeRTOS 功能的演示应用程序，它是一个开源项目，可以在商业和个人项目中使用。

要将 Amazon FreeRTOS 移植到设备上，需要先下载最新版本的 Amazon FreeRTOS，然后配置下载的 Amazon FreeRTOS 中的文件和文件夹并移植 Amazon FreeRTOS 库到设备上。

本附录将介绍移植 Amazon FreeRTOS 的基本系统要求，指导读者下载 Amazon FreeRTOS，配置其中的文件、文件夹和移植 Amazon FreeRTOS 库。

B.1 系统要求

B.1.1 硬件要求

要移植 Amazon FreeRTOS 的微控制器板必须满足以下最低要求：
（1）25MHz 处理速度。
（2）64KB 内存。
（3）每个存储在 MCU 上的可执行映像有 128KB 的程序内存空间。
（4）有两个存储在 MCU 上的可执行映像（如果移植 OTA 库）。

B.1.2 网络连接要求

要运行 Amazon FreeRTOS 端口测试，需要的网络连接如表 B-1 所示。

表 B-1　需要的网络连接

端　　口	协　　议
443,8883	MQTT
8443	Greengrass Discovery

B.2　下载 Amazon FreeRTOS 进行移植

本节主要介绍下载 Amazon FreeRTOS 进行移植的两种方法。

（1）下载 Amazon FreeRTOS。

（2）从 GitHub 克隆 Amazon FreeRTOS 仓库。

推荐克隆 Amazon FreeRTOS 仓库，这样更容易在主分支更新被推送到仓库时及时获取。

B.2.1　下载 Amazon FreeRTOS

（1）导航到 amazon-freertos GitHub 仓库。

（2）单击 Branch::master，将签出模式从 Branches 切换到 Tags，选择最新发布的标签。

（3）签出最新版本后，单击 Clone or download，然后选择 download ZIP 以 ZIP 文件的形式下载 Amazon FreeRTOS 版本。

B.2.2　从 GitHub 克隆 Amazon FreeRTOS 仓库

（1）在机器上安装 git。

（2）导航到 amazon-freertos GitHub 仓库。

（3）单击 Clone or download，然后复制 Clone with HTTPS 下面列出的 URL。

（4）打开终端或命令行窗口，将目录更改为希望保存 Amazon FreeRTOS 仓库文件的本地副本的位置。

（5）将仓库克隆到当前目录。

（6）将目录更改为 amazon-freertos 文件夹，并签出最新版本。

B.3　设置用于移植的 Amazon FreeRTOS 源代码

完成 Amazon FreeRTOS 的下载后，需要配置 Amazon FreeRTOS 中的一些文件和文件夹后才能开始移植。为了为已下载的 Amazon FreeRTOS 数据资料做好移植准备，需要配置 Amazon FreeRTOS 下载的目录结构以适合设备。

如果要测试以调试为目的的被移植的库，还需要在调试之前配置一些测试文件。

➤ B.3.1　配置已下载的 Amazon FreeRTOS 数据资料

1．为 MCU 系列中常见的供应商提供的库设置目录

（1）在<driver_library_version>文件夹中保存目标开发板的 MCU 系列中所有必需的供应商提供的库。

（2）将<vendor>文件夹重命名为供应商的名称，并将<driver_library>和<driver_library_version>文件夹重命名为驱动程序库及其版本的名称。

2．设置项目目录

（1）将<ide>文件夹重命名为用于构建测试项目的 ide 的名称。

（2）将<vendor>文件夹重命名为供应商的名称，将<board>文件夹重命名为开发板的名称。

3．在 FreeRTOSConfig.h 中配置开发板名称

（1）打开<amazon-freertos>/vendors/<vendor>/boards/<board>/aws_tests/config_files/FreeRTOSConfig.h.

（2）在#define configPLATFORM_NAME "<Unknown>" 一行中，更改<Unknown>与板名匹配。

➤ B.3.2　设置用于测试的 Amazon FreeRTOS 源代码

Amazon FreeRTOS 包括每个移植的库的测试。aws_test_runner.c 文件定义了一个运行在 aws_test_runner_config.h 头文件中指定的每个测试的名为 RunTests 的函数。在移植每个 Amazon FreeRTOS 库时，可以通过构建移植的 Amazon FreeRTOS 源代码来测试端口，将编译后的代码烧到板上，并在板上运行。构建用于测试的 Amazon FreeRTOS 源代码有以下两种方法：

（1）创建 IDE 项目。

（2）创建一个 CMake 列表文件。

1．创建 IDE 项目

（1）打开 IDE，在<amazon-freertos>/projects/ vendors/<vendor>/boards/<board>/<ide >目录中创建一个名为 aws_tests 的项目。

（2）在 IDE 中，在 aws_tests 项目下创建两个虚拟文件夹：

● application_code。

● config_files。

（3）将<amazon-freertos>/vendors/<vendor>/boards/<board>/ aws_tests/application_code 及其子目录下的所有文件导入 IDE 中的虚拟文件夹 aws_tests/application_code。

（4）将<amazon-freertos>/test/src 及其子目录下的所有文件导入 IDE 中的虚拟文件夹 aws_tests/application_code。

（5）将<amazon-freertos>/vendors/<vendor>/boards/<board>/aws_tests/config_files 目录中的所有头文件导入 IDE 中的虚拟文件夹 aws_tests/config_files。

注意：如果不移植特定的库，就不需要将该库的文件导入项目中。例如，如果不移植 OTA 库，可以省略 aws_ota_agent_config.h 和 aws_test_ota_config.h 文件。

（6）将<amazon-freertos>/libraries 及其子目录中的所有文件导入 aws_tests IDE 项目中。

（7）将<amazon-freertos>/freertos_kernel 及<amazonfreertos>/freertos_kernel/include 目录中的所有源文件导入 aws_tests IDE 项目中。

（8）将与编译器和平台架构相对应的<amazon-freertos>/freertos_kernel/portable 的子目录导入 aws_tests IDE 项目。

（9）将设备使用的 FreeRTOS 内存管理器导入 aws_tests IDE 项目中。

<amazon-freertos>/freertos_kernel/portable/MemMang 包含 FreeRTOS 内存管理器，推荐使用 heap_4.c 或 heap_5.c。

（10）打开项目的 IDE 属性，并将以下路径添加到编译器的 include 路径中：

● <amazon-freertos>/vendors/<vendor>/boards/<board>/aws_tests/config_files。

● <amazon-freertos>/freertos_kernel/include。

● <amazon-freertos>/freertos_kernel/portable/<compiler>/<architecture>。

● 供应商提供的驱动程序库所需的任何路径。

在项目属性中将 UNITY_INCLUDE_CONFIG_H 和 AMAZON_FREERTOS_ENABLE_UNIT_TESTS 定义为项目级宏。

2. 创建 CMake 列表文件

（1）从 cmaklists.txt 模板中为平台创建一个列表文件。

CMakeLists.txt 模板文件由 Amazon FreeRTO 提供，在<amazon-freertos>/vendors/<vendor>/boards/<board>/CMakeLists.txt 下。

CMakeLists.txt 模板文件由 4 部分组成：Amazon FreeRTOS 控制台的元数据、编译器设置、Amazon FreeRTOS 可移植层、Amazon FreeRTOS 演示和测试。需要编辑列表文件的这 4 个部分以匹配平台。

① Amazon FreeRTOS 控制台的元数据。模板文件的第一部分定义用于在 Amazon FreeRTOS 控制台中显示板信息的元数据，用函数 afr_set_board_metadata(<name> <value>) 定义模板中列出的每个字段。

② 编译器设置。模板文件的第二部分定义板的编译器设置。调用函数 afr_mcu_port 用 compiler 替换<module_name>来创建一个名为 AFR::compiler::mcu_port 的 INTERFACE

目标。内核公开连接到该 INTERFACE 目标，这样编译器设置就可以过渡到所有模块。使用标准的内置 CMake 函数来定义列表文件该部分中的编译器设置。

如果开发板支持多个编译器，可以使用 AFR_TOOLCHAIN 变量来动态选择编译器设置。此变量被设置为正在使用的编译器的名称，该名称应该与<amazon-freertos>/tools/cmake/toolchains >下找到的工具链文件的名称相同。

如果希望进行更高级的编译器设置，如基于编程语言设置编译器标志，或者更改不同版本和调试配置的设置，可以使用 CMake 生成器表达式。

③ Amazon FreeRTOS 可移植层。模板文件的第三部分定义了 Amazon FreeRTOS 的所有可移植层目标（即库）。必须使用 afr_mcu_port(<module_name>)函数为计划实现的每个 Amazon FreeRTOS 模块定义一个可移植的层目标。可以使用任何想要的 CMake 函数，只要 afr_mcu_port 调用创建一个名称提供构建相应的 Amazon FreeRTOS 模块所需的信息的目标。

要创建内核移植目标(AFR::kernel::mcu_port)，使用模块名 kernel 调用 afr_mcu_port。调用 afr_mcu_port 时，为 Amazon FreeRTOS 可移植层和驱动程序代码制定目标。具体步骤为：先为驱动程序代码创建一个目标，然后配置 Amazon FreeRTOS 可移植层，再创建内核移植层目标。要测试列表文件和配置，可以编写一个使用 FreeRTOS 内核端口的简单应用程序。创建演示之后，将 add_executable 和 target_link_libraries 调用添加到列表文件，并将内核编译为一个静态库，来验证内核可移植层配置正确。

在为内核添加可移植层目标之后，可以为其他 Amazon FreeRTOS 模块添加可移植层目标。如为 WiFi 模块添加可移植层：

```
afr_mcu_port(wifi)
target_sources(
AFR::wifi::mcu_port
INTERFACE
"${AFR_MODULES_DIR}/vendors/<vendor>/boards/<board>/ports/wifi/aws_wifi.c"
)
```

④ Amazon FreeRTOS 演示和测试。模板文件的最后一部分定义了 Amazon FreeRTOS 的演示和测试目标。CMake 目标是为满足依赖项需求的每个演示和测试自动创建的。使用 add_executable 函数定义一个可执行目标。如果正在编译测试，则使用 aws_tests 作为目标名称，如果正在编译演示，则使用 aws_demos 作为目标名。可能需要提供其他项目设置，如连接器脚本和建置后命令。然后调用 target_link_libraries 将可用的 CMake 演示或测试目标连接到可执行目标。

（2）使用 CMake 构建 Amazon FreeRTOS。构建一个基于 CMake 的项目，并运行 CMake 为本地构建系统生成构建文件，如 Make 或 Ninja。可以使用 CMake 命令行工具或 CMake GUI 来为本地构建系统生成构建文件，然后调用本机构建系统将项目转换为可执行文件。

① 用 CMake 命令行工具生成构建文件。使用 CMake 命令行工具（cmake）可以从命令行生成 Amazon FreeRTOS 的构建文件。

要生成构建文件，必须指定目标板、编译器及源代码和生成目录的位置，使用 -DVENDOR 选项指定目标板，使用-DCOMPILER 选项指定编译器，使用-S 切换指定源代码的位置，使用-B 切换指定生成的构建文件的位置。

② 使用 CMake GUI 生成构建文件的步骤如下：

● 在命令行中，发出 cmake-gui 命令来启动 GUI。

● 选择 Browse Source 并指定源输入，然后选择 Browse Build 并指定构建输出。

● 选择 Configure，单击 "Specify the build generator for this project"，找到并选择要用来构建生成的构建文件的构建系统。

● 选择 Specify toolchain file for cross-compiling，然后选择单击 Next 按钮。

● 选择工具链文件（如 amazon-freertos/tools/cmake/toolchains/arm- ti.cmake），然后选择单击 Finish 按钮。

● 选择 AFR_BOARD，选择板子，然后再次选择 Configure。

● 选择 Generate。在 CMake 生成本机构建系统文件之后，文件会出现在第一步中指定的输出二进制文件目录中。

③ 从生成的构建文件构建 Amazon FreeRTOS。通过从输出二进制文件目录中调用构建系统命令，可以用本地构建系统构建 Amazon FreeRTOS。例如，如果构建文件输出目录是 build，并且使用 Make 作为本地构建系统，那么运行如下所示的命令构建 Amazon FreeRTOS。

```
cd build
make -j4
```

B.4 移植 Amazon FreeRTOS 库

要将 Amazon FreeRTOS 移植到设备上，需要执行宏 configPRINT_STRING ()，配置 FreeRTOS 内核端口，移植 WiFi 库、安全套接字库、PKCS #11 库、TLS 库、OTA 库、蓝牙低能耗库和配置用于测试的 MQTT 库。如图 B-1 所示为移植过程。

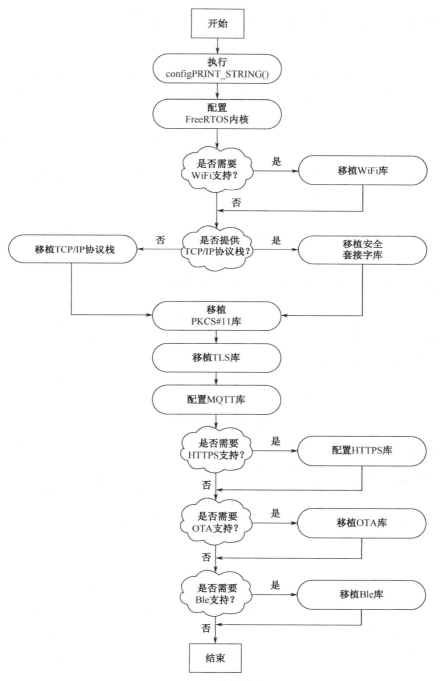

图 B-1 移植过程

⊙ B.4.1　执行宏 configPRINT_STRING()

（1）将设备连接到终端模拟器以输出测试结果。

（2）打开文件<amazon-freertos>/vendors/<vendor>/boards/<board>/aws_tests/application_code/main.c，并在 prvmiscinitialized()函数中找到对 configPRINT_STRING("Test Message")的调用。

（3）在调用 configPRINT_STRING("Test Message")之前，添加用供应商提供的 UART 驱动程序将 UART 波特率级别初始化为 115200 的代码。

（4）打开<amazon-freertos>/vendors/<vendor>/boards/<board>/aws_tests/config_files/FreeRTOSConfig.h，定位 configPRINT_STRING()的空定义的位置。该宏把一个以 null 结尾的 ASCII C 字符串作为唯一参数。

（5）更新 configPRINT_STRING()的空定义，以便调用供应商提供的 UART 输出函数。

（6）构建并执行测试演示项目。

⊙ B.4.2　配置 FreeRTOS 内核端口

头文件<amazon-freertos>/vendors/<vendor>/boards/<board>/aws_tests/config_files/FreeRTOSConfig.h 为 FreeRTOS 内核指定针对特定应用程序的配置设置。有关每个配置选项的描述参见 FreeRTOS.org 上的 Customisation。

要配置 FreeRTOS 内核与设备一起工作，先打开 FreeRTOSConfig.h，并验证表 B-2 中的配置选项根据平台正确地指定。

表 B-2　配置选项

配 置 选 项	描　　　述
configCPU_CLOCK_HZ	指定用于生成滴答中断的时钟频率
configMINIMAL_STACK_SIZE	指定最小堆栈大小。作为起点，可以将其设置为官方 FreeRTOS 演示中 FreeRTOS 内核端口使用的值。FreeRTOS 的官方演示是在 FreeRTOS.org 网站上发布的。确保将堆栈溢出检查设置为2，如果发生溢出，则增加 configMINIMAL_STACK_SIZE。为了节省 RAM，将堆栈大小设置为不会导致堆栈溢出的最小值
configTOTAL_HEAP_SIZE	设置 FreeRTOS 堆栈的大小。与任务堆栈大小一样，可以调优堆栈大小以确保未使用的堆栈空间不会占用 RAM

（1）打开/libraries/freertos_plus/standard/utils/src/iot_system_init.c，在函数 SYSTEM_Init()中注释掉调用 BUFFERPOOL_Init()、MQTT_AGENT_Init()和 SOCKETS_Init()的行。这些初始化函数属于尚未移植的库。这些库的移植部分包括取消注释这些函数的指令。

（2）构建测试项目，然后将它烧写到设备上执行。

（3）如果"."每 5s 出现在 UART 控制台中，那么 FreeRTOS 内核配置正确，测试完成。

打开 <amazon-freertos>/vendors/<vendor>/boards/<board>/aws_tests/config_files/FreeRTOSConfig.h 并将 configUSE_IDLE_HOOK 设置为 0，以阻止内核执行 vApplicationIdleHook() 和输出 "."。

（4）如果 "." 出现的频率不是 5s，则打开 FreeRTOSConfig.h，并验证 configCPU_CLOCK_HZ 设置为对应板的正确值。

◉ B.4.3 移植 WiFi 库

Amazon FreeRTOS 的 WiFi 库与供应商提供的 WiFi 驱动程序相配。

1. 移植

使用供应商提供的 WiFi 驱动程序库来实现函数 WIFI_On、WIFI_ConnectAP、WIFI_Disconnect、WIFI_Scan、WIFI_GetIP、WIFI_GetMAC、WIFI_GetHostIP 的功能。

2. 测试

（1）设置 IDE 测试项目。添加源文件 <amazon-freertos>/vendors/<vendor>/boards/<board>/ports/wifi/aws_wifi.c 到 aws_tests IDE 项目，并添加源文件 aws_test_wifi.c 到 aws_tests IDE 项目。

（2）配置 CMakeLists.txt 文件。

（3）设置本地测试环境。

① 打开 <amazon-freertos>/vendors/<vendor>/boards/<board>/aws_tests/application_code/main.c，并删除 vApplicationDaemonTaskStartupHook(void) 和 prvWifiConnect(void) 函数定义中的 #endif 编译器指令。

② 打开 <amazon-freertos>/libraries/freertos_plus/standard/utils/src/iot_system_init.c，在函数 SYSTEM_Init() 中注释掉调用 BUFFERPOOL_Init() 和 MQTT_AGENT_Init() 的行。

③ 打开 <amazonfreertos>/tests/include/aws_clientcredential.h，并为第一个 AP 设置宏，如表 B-3 所示。

表 B-3　第一个 AP 设置

宏	值
clientcredentialWIFI_SSID	WiFi SSID 为 C 字符串（引号内）
clientcredentialWIFI_PASSWORD	WiFi 密码为 C 字符串（引号内）
clientcredentialWIFI_SECURITY	下列之一： ● eWiFiSecurityOpen ● eWiFiSecurityWEP ● eWiFiSecurityWPA ● eWiFiSecurityWPA2 推荐 eWiFiSecurityWPA2

④ 打开<amazon-freertos>/libraries/abstractions/wifi/test/aws_test_wifi.h，并为第二个 AP 设置宏，如表 B-4 所示。

表 B-4 第二个 AP 设置

宏	值
testWIFI_SSID	WiFi SSID 为 C 字符串（引号内）
testWIFI_PASSWORD	WiFi 密码为 C 字符串（引号内）
testWIFI_SECURITY	下列之一： ● eWiFiSecurityOpen ● eWiFiSecurityWEP ● eWiFiSecurityWPA ● eWiFiSecurityWPA2 推荐 eWiFiSecurityWPA2

⑤ 要启用 WiFi 测试，打开<amazon-freertos>/vendors/<vendor>/boards/<board>/aws_tests/config_files/aws_test_runner_config.h，并将 testrfull_wifi_enabled 设置为 1。

（4）执行 WiFi 测试。构建测试项目，然后将其烧到设备上执行，并在 UART 控制台中检查测试结果。

➢ B.4.4 移植安全套接字库

1. 移植

如果平台将 TCP/IP 功能卸载到一个单独的网络芯片上，那么需要实现位于<amazon-freertos>/vendors/<vendor>/boards/<board/ports/secure_sockets/aws_secure_sockets.c 中的存根的所有功能。

2. 测试

（1）设置 IDE 测试项目。

① 如果使用 FreeRTOS+TCP TCP/IP 栈，添加<amazon-freertos>/libraries/abstractions/secure_sockets/freertos_plus_tcp/aws_secure_sockets.c 到 IDE 项目 aws_tests 中。

② 如果使用 lwIP TCP/IP 栈，添加<amazon-freertos>/libraries/abstractions/secure_sockets/lwIP /aws_secure_sockets.c 到 IDE 项目 aws_tests 中。

③ 如果使用自己的 TCP/IP 端口，添加<amazon-freertos>/vendors/<vendor>/boards/<board>/ports/secure_sockets/aws_secure_sockets.c 到 IDE 项目 aws_tests 中。

④ 添加 secure_sockets/test/aws_test_tcp.c 到 IDE 项目 aws_tests 中。

（2）配置 CMakeLists.txt 文件。

（3）设置本地测试环境。

① 为安全套接字测试配置源文件和头文件。

● 打开<amazon-freertos>/libraries/freertos_plus/standard/utils/src/iot_system_init.c，在函数 SYSTEM_Init()中，注释掉调用 BUFFERPOOL_Init()和 MQTT_AGENT_Init()的行。

● 启动一个回显服务器。如果还没有将 TLS 库移植到平台上，只能使用一个不安全的回显服务器(<amazon-freertos>/tools/echo_server/echo_server.go)来测试安全套接字端口。

● 在 aws_test_tcp.h 中，将服务器的 IP 地址设置为正确的值。

● 打开 aws_test_tcp.h，将 tcptestSECURE_SERVER 宏值设为 0，运行没有 TLS 的安全套接字测试。

● 打开 <amazon-freertos>/vendors/<vendor>/boards/<board>/aws_tests/config_files/aws_test_runner.config.h，将 testrunnerFULL_TCP_ENABLED 宏值设置为 1 以启动套接字测试。

● 打开<amazon-freertos>/vendors/<vendor>/boards/<board>/aws_tests/application_code/main.c，删除在 vApplicationIPNetworkEventHook（void）中的编译程序指令#if 0 和#endif c，启用测试任务。

② 在移植 TLS 库之后设置对安全套接字的测试。

● 启动一个安全的回显服务器。

● 在<amazon-freertos>/tests/include/aws_test_tcp.h 中设置 IP 地址和端口，纠正服务器的值。

● 打开<amazon-freertos>/tests/include/aws_test_tcp.h，设置 tcptestSECURE_ SERVER 宏值为 1 以运行 TLS 测试。

● 下载一个受信任的根证书，建议使用 Amazon Trust Services 证书。

● 在浏览器窗口中打开 <amazon-freertos>/tools/certificate_configuration/PEMfileToCString.html。

● 在 PEM Certificate or Key 下，选择下载的根 CA 文件。

● 选择 Display formatted PEM string to be copied into aws_clientcredential_keys.h，然后复制证书字符串。

● 打开 aws_test_tcp.h，将格式化后的证书字符串粘贴到 tcptestECHO_HOST_ROOT_CA 的定义中。

● 使用<amazon-freertos>/tools/echo_server/ readme-gencer.txt 中的第二组 OpenSSL 命令生成由证书颁发机构签名的客户端证书和私钥。客户端证书和私钥允许自定义回显服务器信任设备在 TLS 身份验证期间提供的客户端证书。

● 用<amazon-freertos>/tools/certificate_configuration/PEMfileToCString.html格式化工具

格式化客户端证书和私钥。

● 在设备上构建和运行测试项目之前，打开 aws_clientcredential_keys.h，并将客户端证书和私钥（以 PEM 格式）复制到 keyCLIENT_CERTIFICATE_PEM 和 keyCLIENT_PRIVATE_KEY_PEM 的定义中。

（4）进行测试。

构建测试项目，然后将其烧到设备上执行，并在 UART 控制台中检查测试结果。

3．设置回显服务器

（1）设置 TLS 回显服务器。

① 复制<amazon-freertos>/tools/echo_server/tls_echo_server.go 到选择的目录（如<echo_dir>）。

② 在<echo_dir>下，创建一个名为 certs 的子文件夹。

③ 生成 TLS 服务器自签名证书和私钥。有关生成自签名服务器证书和私钥的 OpenSSL 命令，参见<amazon-freertos>/tools/echo_server/readme-gencert.txt。

④ 将自签名证书和私钥.pem 文件复制到 certs 目录。

⑤ 从<echo_dir>目录运行命令来启动 TLS 服务器：服务器默认监听端口 9000。要更改此端口，打开 tls_echo_server.go，并将 sEchoPort 字符串重新定义为所需的端口号。

（2）设置回显服务器（没有 TLS）。

① 复制<amazon-freertos>/tools/echo_server/echo_server.go 到选择的目录（如<echo_dir>）。

② 从<echo_dir>目录运行以下命令启动服务器：服务器默认监听端口 9001。要更改此端口，打开 echo_server.go，并将 sUnSecureEchoPort 字符串重新定义为所需的端口号。

◎ B.4.5　移植 PKCS #11 库

1．移植

（1）移植 PKCS #11 API 函数。

（2）为特定于设备的证书和密钥存储移植 PKCS #11 平台抽象层（PAL）。

（3）在端口中添加对加密随机熵源的支持。

2．测试

（1）设置 IDE 测试项目。

① 添加源文件<amazon-freertos>/vendors/<vendor>/boards/<board>/ports/pkcs11/iot_pkcs11_pal.c 到 IDE 测试项目 aws_tests 中。

② 将<amazon-freertos>/libraries/abstractions/pkcs11 目录和子目录中的所有文件添加到 IDE 测试项目 aws_tests 中。

③ 将<amazon-freertos>/libraries/freertos_plus/standard/pkcs11 目录和子目录中的所有文件添加到 IDE 测试项目 aws_tests 中。这些文件实现了通常分组的 PKCS #11 函数集的包装器。

④ 添加源文件<amazon-freertos>/libraries/freertos_plus/standard/crypto/src/aws_crypto.c 到 IDE 测试项目 aws_tests 中。这个文件实现了 mbedTLS 的加密抽象包装。

⑤ 将<amazon-freertos>/libraries/3rdparty/mbedtls 目录和子目录中的源文件和头文件添加到 IDE 测试项目 aws_tests 中。

⑥ 将<amazon-freertos>/libraries/3rdparty/mbedtls/include 和<amazonfreertos>/libraries/abstractions/pkcs11 添加到编译器的包含路径中。

（2）配置 CMakeLists.txt 文件。

（3）设置本地测试环境。

① 打开<amazon-freertos>/libraries/freertos_plus/standard/utils/src/iot_system_init.c, and in the function SYSTEM_Init()，在函数 SYSTEM_Init()中注释到调用 BUFFERPOOL_Init() 和 MQTT_AGENT_Init()行。如果已经移植了安全套接字库，仅取消 SOCKETS_Init()的注释调用。

② 打开<amazon-freertos>/vendors/<vendor>/boards/<board>/aws_tests/config_files/aws_test_runner_config.h，将 testrunnerFULL_PKCS11_ENABLED 的宏设为 1 以启动 PKCS#11 测试。

（4）进行测试。构建测试项目，然后将其烧到设备上执行，并在 UART 控制台中检查测试结果。

➤ B.4.6 移植 TLS 库

1．移植

如果要将目标硬件 TLS 功能卸载到单独的网络芯片上，则需要实现 TLS 抽象层函数：TLS_Init、TLS_Connect、TLS_Recv、TLS_Send。

2．将设备连接到 AWS IoT

（1）创建 AWS IoT 策略。

① 浏览到 AWS IoT 控制台。

② 在导航窗格中，选择 Secure→Policies→Create。

③ 输入一个名称来标识策略。

④ 在 Add statements 栏中，选择 Advanced mode。复制并粘贴以下 JSON 到策略编辑器窗口。

⑤ 选择 Create。

（2）为设备创建 AWS IoT 事物、私钥和证书。

① 浏览到 AWS IoT 控制台。

② 在导航窗格中，选择 Manage→Things。

③ 如果账户中没有任何已注册的事物，将显示"你还没有任何事物"页。如果看到这个页面，选择 Register a thing；否则，选择 Create。

④ 在 Creating AWS IoT things 页，选择 Create a single thing。

⑤ 在 Add your device to the thing registry 页，输入事物的名字，然后单击 Next 按钮。

⑥ 在 Add a certificate for your thing 页的 One-click certificate creation 中，选择 Create certificate。

⑦ 通过选择下载链接来下载私钥和证书。

⑧ 选择 Activate 激活证书。证书必须在使用前激活。

⑨ 选择 Attach a policy 附加策略到证书，授予设备访问 AWS 物联网操作。

⑩ 选择刚刚创建的策略，然后选择 Register thing。

（3）配置<amazon-freertos>/tests/include/aws_clientcredential.h。

① 浏览到 AWS IoT 控制台。

② 在导航窗格中选择 Settings。

AWS IoT 终端显示在 Endpoint 中。它形似<1234567890123>-ats.iot.<us-east-1>. amazonaws. com，记下这个终端。

③ 在导航窗格中，选择 Manage→Things。设备应该有一个 AWS 物联网名称。把这个名字记下来。

④ 在 IDE 中，打开<amazon-freertos>/test/include/aws_clientcredential.h，并为下列常数指定值。

static const char clientcredentialMQTT_BROKER_ENDPOINT[] = "<Your AWS IoTendpoint>";
#define clientcredentialIOT_THING_NAME "<The AWS IoT thing name of yourboard>"

3．为 TLS 测试设置证书和密钥

（1）TLS_ConnectRSA()。对于 RSA 设备身份验证，可以使用在注册设备时从 AWS IoT 控制台下载的私钥和证书。

Amazon FreeRTOS 是一个 C 语言项目。在将证书和私钥添加到头文件<amazon-freertos>/tests/include/aws_clientcredential_keys.h 之前，必须对它们进行格式化。

（2）TLS_ConnectEC()。对于椭圆曲线数字签名算法（ECDSA）身份验证，需要生成私钥、证书签名请求（CSR）和证书。可以使用 OpenSSL 生成私钥和 CSR，还可以使用 CSR 在 AWS 物联网控制台中生成证书。

（3）TLS_ConnectMalformedCert()。此测试验证是否可以使用格式不正确的证书与服务器进行身份验证。在发送连接请求之前，证书的随机修改可能会被 X.509 证书验证拒绝。要设置格式不正确的证书，建议修改证书的颁发者。

（4）TLS_ConnectBYOCCredentials()。将策略附加到证书中。

（5）TLS_ConnectUntrustedCert()。

4．创建一个 BYOC (ECDSA)

（1）生成根 CA。

（2）生成一个中间 CA。

（3）生成设备证书。

（4）注册两个 CA 证书。

（5）注册设备证书。

5．测试

（1）设置 IDE 测试项目。

① 添加 aws_tls.c 到 aws_tests IDE 项目。

② 将源文件 aws_test_tls.c 添加到虚拟文件夹 aws_tests/application_code/common_tests/tls。

（2）配置 Cmakelists.txt 文件。

（3）设置本地测试环境。

① 打开<amazon-freertos>/vendors/<vendor>/boards/<board>/aws_tests/config_files/aws_test_runner_config.h，并将宏 testrunnerFULL_TLS_ENABLED macro 设为 1。

② 注释<amazon-freertos>/libraries/freertos_plus/standard/utils/src/iot_system_init.c 中的相关行。

（4）运行测试。构建测试项目，然后将其烧到设备上执行，并在 UART 控制台中检查测试结果。

➤ B.4.7　配置用于测试的 MQTT 库

设备可以使用 MQTT 协议与 AWS 云通信。AWS IoT 托管一个 MQTT 代理，用于向边缘连接的设备发送和接收消息。

MQTT 库为运行 Amazon FreeRTOS 的设备实现 MQTT 协议。MQTT 库不需要进行移植，但是设备的测试项目必须通过所有 MQTT 测试才能合格。

（1）设置 IDE 测试项目。将<amazon-freertos>/libraries/c_sdk/standard/mqtt 及其子目录中的所有测试源文件添加到 aws_tests IDE 项目中。

（2）配置 CMakeLists.txt 文件。

（3）设置本地测试环境。要启动 MQTT 测试，打开<amazon-freertos>/vendors/<vendor>/boards/<board>/aws_tests/config_files/aws_test_runner_config.h，将宏 testrunnerFULL_MQTTv4_ENABLED 设为 1。

（4）执行 MQTT 测试。构建测试项目，然后将其烧到设备上执行。

在 UART 控制台中检查测试结果，如果所有测试都通过，那么测试就完成了。

➤ B.4.8　配置用于测试的 HTTPS 客户端库

HTTPS 客户端库通过 TLS 为运行 Amazon FreeRTOS 的设备实现 HTTPS/1.1 协议。

（1）设置 IDE 测试项目。将<amazon-freertos>/libraries/c_sdk/standard/https 及其子目录

中的源文件添加到 aws_tests IDE 项目中。

（2）配置 Cmakelists.txt 文件。

（3）设置本地测试环境。要启动 HTTPS 客户端库测试，打开<amazon-freertos>/vendors/
<vendor>/boards/<board>/aws_tests/config_files/aws_test_runner_config.h，将宏 testrunnerFULL_
HTTPS_CLIENT_ENABLED 设为1。

（4）运行测试。构建测试项目，然后将其烧到设备上执行。在 UART 控制台中检查测
试结果，如果所有测试都通过，那么测试就完成了。

◎ B.4.9 移植 OTA 库

1. 移植

<amazon-freertos>/vendors/<vendor>/boards/<board>/ports/ota/aws_ota_pal.c 包含了平台
抽象层函数的空定义，至少实现以下函数的功能：

- prvPAL_Abort
- prvPAL_CreateFileForRx
- prvPAL_CloseFile
- prvPAL_WriteBlock
- prvPAL_ActivateNewImage
- prvPAL_SetPlatformImageState
- prvPAL_GetPlatformImageState

2. 物联网设备引导装载程序

（1）移植引导加载程序演示。

（2）物联网设备引导加载程序的威胁建模。

作为一个工作定义，该威胁模型引用的嵌入式物联网设备是基于微控制器的产品，与
云服务交互。举例如下。

威胁：攻击者劫持设备与服务器的连接，以传递恶意固件镜像。

缓和方案：引导时，引导加载程序使用已知证书验证图像的密码签名。如果验证失败，
引导加载程序将回滚到前一个映像。

3. 测试

（1）设置 IDE 测试项目。将源文件<amazon-freertos>/vendors/<vendor>/boards/<board>/
ports/ota/aws_ota_pal.c 添加到 aws_tests IDE 项目中。

将以下测试源文件添加到 aws_tests IDE 项目中：

- <amazon-freertos>/libraries/freertos_plus/aws/ota/test/aws_test_ota_cbor.c
- <amazon-freertos>/libraries/freertos_plus/aws/ota/test/aws_test_ota_agent.c
- <amazon-freertos>/libraries/freertos_plus/aws/ota/test/aws_test_ota_pal.c

● /demos/ota/aws_iot_ota_update_demo.c

（2）配置 Cmakelists.txt 文件。

（3）设置本地测试环境，分别进行 OTA 代理、OTA PAL 测试和 OTA 的端到端测试。

对于 OTA 代理和 OTA PAL 测试，需要打开<amazon-freertos>/vendors/<vendor>/boards/<board>/aws_tests/config_files/aws_test_runner_config.h，并将宏 testrunnerFULL_OTA_AGENT_ENABLED and testrunnerFULL_OTA_PAL_ENABLED 设为 1。

再从 ota/test 中为设备选择一个签名证书，该证书用于验证 OTA 测试。

对于端对端测试，遵循 README 中的说明。

（4）运行测试。构建测试项目，然后将其烧到设备上执行，并在 UART 控制台中检查测试结果。

控制台显示如图 B-2 所示。

```
-----STARTING TESTS--------
TEST(Full OTA PAL, prvPAL_CloseFile_Val idsignature) PASS
TEST(Full OTA PAL, prvPAL_CloseFile_InvalidsignatureBlockWritten) PASS
TEST(Full OTA PAL, prvPAL_CloseFile_InvalidSignatureNoBlockWritten)
PASS
TEST(Full OTA PAL, prvPAL_CloseFile_NonexistingCodeSignerCertificate)
PASS
TEST(Full OTA PAL, prvPAL_CreateFileForRx_CreateAnyFile) PASS
......
TEST(Full OTA PAL, prvPAL_CheckFileSignature_ValidSignature) PASS
TEST(Full OTA PAL, prvPAL_CheckFileSignature_Invalids1 gnatureBlock
Written)PASS
TEST(Full OTA PAL, prvPAL_CheckFileSignature _InvalidSignatureNoBlock
Written) PASS
TEST(FUI1 OTA PAL, prvPAL_CheckFilesignature_Ncnexist ingCodeSigner
Certificate) PASS
----------------------
23 Tests 0 Failures 0 Ignored
-------ALL TESTS FINISHED-------
```

图 B-2　控制台显示

⊙ B.4.10　移植蓝牙低功耗库

1. 移植

<amazon-freertos>/libraries/abstractions/ble_hal/include 文件夹中的 3 个文件定义了蓝牙低能耗 API，每个文件都包含描述 API 的注释。必须实现 bt_hal_manager.h、bt_hal_gatt_server.h、bt_hal_manager_adapter_ble.h 中的 API。

2．测试

蓝牙低功耗测试框架如图 A-3 所示。

（1）设置 IDE 测试项目。

① 将<amazon-freertos>/vendors/<vendor>/boards/<board>/ports/ble 中的所有文件添加到 aws_tests IDE 项目中。

② 将 <amazon-freertos>/libraries/abstractions/ble_hal/include 中 的 所 有 文 件 添 加 到 aws_tests IDE 项目中。

③ 将<amazon-freertos>/libraries/c_sdk/standard/ble 中的所有文件添加到 aws_tests IDE 项目中。

④ 打开<amazon-freertos>/vendors/<vendor>/boards/<board>/aws_tests/application_code/main.c，启动蓝牙低功耗驱动程序。

（2）配置 Cmakelists.txt 文件。

（3）设置本地测试环境。

① 按照设置树莓派的说明，用 Raspbian 操作系统设置树莓派。

② 从 kernel.org 存储库下载 bluez 5.50。

③ 按照 kernel.org 存储库中的自述文件中的说明，在 Raspberry Pi 上安装 bluez 5.50。

④ 在 Raspberry Pi 上启用 SSH。

⑤ 打开脚本<amazon-freertos>/tests/bleTestsScripts/runPI.sh，将前两行的 IP 地址更改为树莓派的 IP 地址。

（4）运行测试。执行 runPI.sh 脚本。构建测试项目，然后将其烧到设备上执行，并在 UART 控制台中检查测试结果。

附录 C

自制竞赛用智能车

Seeed 智能小车套件可以让读者很快上手第 7 章所提到的红外循迹小车与超声波避障小车等应用。但是对于读者想自行设计用于竞赛的小车，在附录 C 中介绍了相关的设计方法供参考，内容分别为机械结构设计、电子电路设计与控制程序设计 3 部分，单独且完整地呈现给读者如何发挥团队协作精神，完成竞赛用智能车的设计要求。

C.1 机械结构设计

依据比赛规则并分析比赛要求，得出 RISC-V 竞赛用智能车主要的性能指标是智能车的准确性和速度。经过笔者缜密计算，反复设计验证，调整与优化机械结构，最终定型了整体模型，如图 C-1 所示。

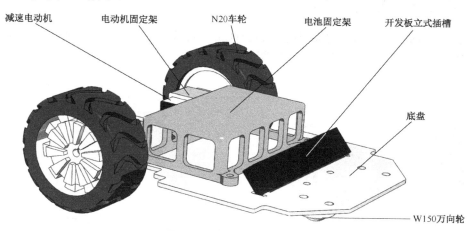

图 C-1　智能车整体模型

⊙ C.1.1 底盘设计

为减小转弯半径及增加 RISC-V 竞赛用智能车的灵活性、美观度，以及综合考虑重心分配问题，我们将 3 个轮子与地面的接触点设计成正三角形。同时综合考虑各部分安装，我们定位打了一定的孔，如图 C-2 所示。

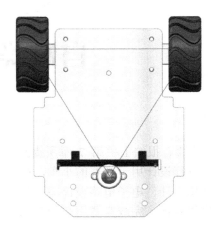

图 C-2 底盘等边三角形设计图

⊙ C.1.2 驱动设计

为实现 RISC-V 竞赛用智能车的快速启动及灵活驱动，同时保证智能车的扭矩，我们采用后驱设计，采用两个减速电动机带动 N20 车轮，底盘驱动模型如图 C-3 所示。

⊙ C.1.3 电源布局

为实现 RISC-V 竞赛用智能车的重心合理布局及解决电池固定的问题，同时综合考虑车模整体尺寸问题，电池固定架模型如图 C-4 所示。

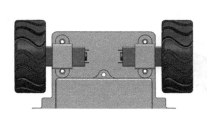

图 C-3 底盘驱动模型

图 C-4 电池固定架模型

⊗ C.1.4 SiFive Learn Inventor 开发系统立式插槽布局

综合考虑车模尺寸、重心位置、模型稳定性及一定的美观度，我们将 SiFive Learn Inventor 开发系统立式插槽与底盘成 45° 倾斜放置，如图 C-5 所示。

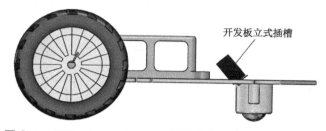

图 C-5 SiFive Learn Inventor 开发系统立式插槽安放位置图

C.2 电子电路设计

本节设计的电子电路主要包括电源稳压电路、电动机驱动电路、感光电路和外围接口电路。除此之外，还需考虑整个系统的布线方案，确保控制信号的正确与可靠传输。印刷电路板实物如图 C-6 所示。

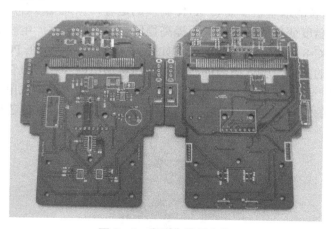

图 C-6 印刷电路板实物

⊗ C.2.1 电源稳压电路

电源稳压电路原理图如图 C-7 所示，稳压芯片的选型为 TPS5450 与 AMS1117。TPS5450 是一种开关稳压芯片，AMS1117 是一种低压降稳压器。板载电路所需要的电压变换一共两种，分别为输入电源转 5V、5V 转 3.3V。

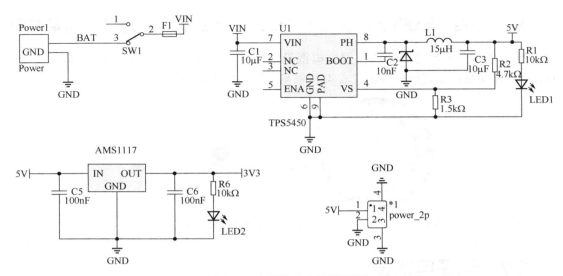

图 C-7　电源稳压电路原理图

　　在电源输入部分的设计中，考虑到 TPS5450 的单片芯片的最大电流为 4A，需要合理选取电源输入端的熔断器的型号，从而对稳压电路起到保护作用。参考 TPS5450 的芯片手册，可以合理地对输入电源转 5V 的稳压电路配置外围元件。其中，电阻的计算方法如公式（C-1）所示。电容的选型至少需要 X7R 材质的电容，保证稳压芯片在工作发热时，电容的大小不会受到温度变化的影响，从而提高稳压电路的稳定性。电感的选型为带屏蔽层的贴片电感，如图 C-8 所示，电感值的计算如公式（C-2）所示。在 PCB 布线中需要考虑输入电源接入芯片的方式，输入电源的布线必须横穿输出电容和二极管，或者不与输出电容及二极管布在同一层上。同时，为了保证芯片过电流的能力，输入电源走线与输出电源走线采用放置填充的方式来实现。在芯片的底部打上散热孔，可以使芯片工作更加稳定。

图 C-8　贴片电感实物图

$$R_2 = 1.221 R_1 / (U_{\text{out}} - 1.221) \qquad\qquad (\text{C-1})$$

式中，R_1 和 R_2 为控制输出电压的比例电阻，U_{out} 为所需要的输出电压。

$$L_{\text{min}} = U_{\text{out(MAX)}}(U_{\text{in(MAX)}} - U_{\text{out}})/(U_{\text{in(MAX)}}K_{\text{ind}}I_{\text{out}}F_{\text{sw(MAX)}}) \tag{C-2}$$

式中，K_{ind} 一般取 $0.2{\sim}0.3$；I_{out} 一般取 $3{\sim}4\text{A}$；F_{sw} 一般取 2kHz。

⊙ C.2.2 电动机驱动电路

本设计采用的减速电动机是 7.4V 额定电压，因此使用过电流能力强的 DRV8870 的方案。电动机驱动电路原理图如图 C-9 所示。

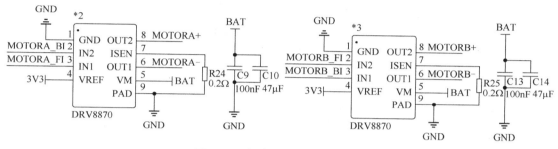

图 C-9 电动机驱动电路原理图

电动机驱动电路需要考虑信号的处理及隔离。隔离电路原理图如图 C-10 所示，需要两个非门电路与 4 个二输入与门电路完成控制逻辑。

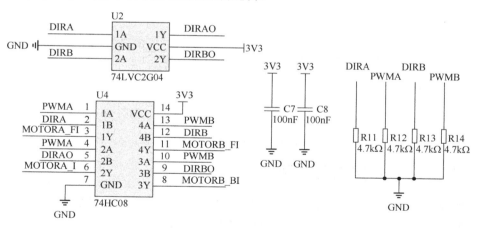

图 C-10 隔离电路原理图

⊙ C.2.3 感光电路

感光电路包括传感感应部分和信号编码部分，在传感感应部分采用收发一体的反射式光电传感器 ITR20001。在赛道上黑白两个不同的区域，反射程度不同，光敏工作在可变电阻区，输出电压不同。在信号编码部分，采集的数据首先被数字化，然后变换为串行输出。

如图 C-11 所示，需要 1 个 4 输入比较器、1 个两输入比较器和一个 8 输入移位寄存器电路来实现以上功能。控制总线包括数据总线、采样信号总线、时钟总线及地线，为便于扩展感光电路，预留了供电和控制接口。

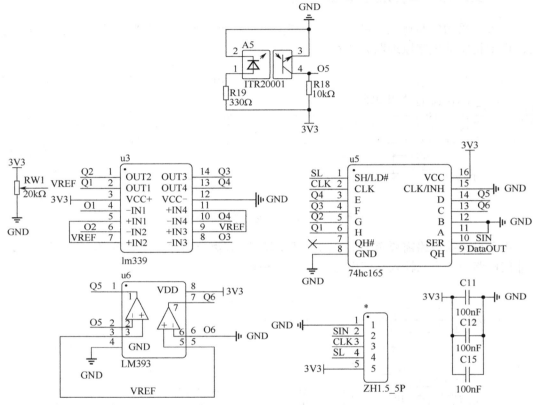

图 C-11 控制总线原理图

⊙ C.2.4 外围接口电路

在外围接口的设计中，需要充分开发应用单片机的接口资源。需要使用的功能包括：支持 ICM20602 陀螺仪模块和 IO 扩展电路的 I²C 接口、超声波电路的 UART 接口及其他与控制相关的 GPIO。

1. IO 扩展电路

考虑到 SiFive Learn Inventor 开发系统接口电路中 IO 较少，我们采用 I²C 扩展芯片 MCP23017 便于将 IO 留给更重要的场合。IO 扩展电路如图 C-12 所示。

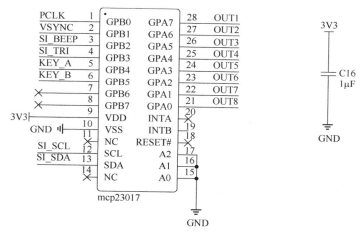

图 C-12　IO 扩展电路

2．陀螺仪模块接口

如图 C-13 所示，为了采集并精准控制小车的运动方向，采用了 ICM20602 陀螺仪模块，并且预留了 I²C 接口便于将来扩展传感器。

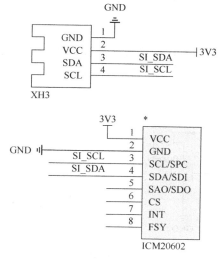

图 C-13　陀螺仪和 I²C 扩展电路

3．超声波模块接口

超声波模块接口电路如图 C-14 所示。

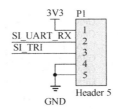

图 C-14　超声波模块接口电路

4．电动机及编码器接口

由于主控没有正交解码功能，通过软件 GPIO 来实现编码器功能。如图 C-15 所示，由于编码器所采用的是霍尔式的，不需要外部上下拉电路的设计。

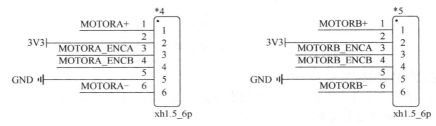

图 C-15　电动机及编码器接口

5．其他控制电路

其他和控制相关的 GPIO 接口包括蜂鸣器控制电路，两个按键输入部分，采用 IO 扩展电路进行控制，如图 C-16 所示。引脚分配如表 C-1 所示。

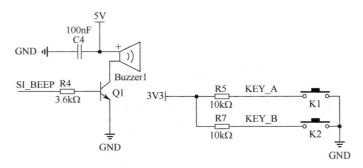

图 C-16　其他 GPIO 原理图

表 C-1　引脚分配

ID	引 脚 号	功　　能
MOTORA_ENCB	GPIO0	A 电动机编码器 B 相输入
DataOUT	GPIO1	感光电路数据接收端

续表

ID	引 脚 号	功 能
DIRA	GPIO2	A 电动机方向控制
DIRB	GPIO3	B 电动机方向控制
PWMA	GPIO4	A 电动机转速控制
PWMB	GPIO5	B 电动机转速控制
MOTORA_ENCA	GPIO9	A 电动机编码器 A 相输入
MOTORB_ENCB	GPIO10	B 电动机编码器 B 相输入
SI_SDA	GPIO12	I^{2}C 控制数据信号
SI_SCL	GPIO13	I^{2}C 控制时钟信号
SI_UART_RX	GPIO16	超声波模块接收端
MOTORB_ENCA	GPIO19	B 电动机编码器 A 相输入
SI_Light_CLK	GPIO20	感光电路时钟控制端
SI_Light_SEL	GPIO21	感光电路并行串行控制
LED_maix	GPIO22	板载 LED 矩阵控制

C.3 控制程序设计

SiFive Learn Inventor 作为主控板搭载的 FE310-G003 微控制器专为嵌入式、物联网和可穿戴应用而设计。内置的 SiFive E31 CPU 是一款高性能 32 位处理器内核，同时具有丰富的片上外设，可以满足控制小车底盘电路的需求。

⊙ C.3.1 驱动程序设计

1. 巡线传感器驱动程序

硬件电路对采集的数据首先进行数字化，之后将其变换为串行输出。如图 C-17 与图 C-18 所示，在设计程序只需要根据 74HC165 芯片的数据手册上的真值表和时序图，将数据从移位寄存器中读取即可。这里笔者使用 3 个 GPIO 模拟时序实现读取感光传感器数据用以巡线。

INPUTS			功能
SH/$\overline{\text{LD}}$	CLK	CLK INH	
L	X	X	并行加载
H	H	X	没有变化
H	X	H	没有变化
H	L	↑	移位
H	↑	L	移位

（1）移位=每个内部寄存器的内容向串行输出QH移动。

图 C-17　74HC165 真值表

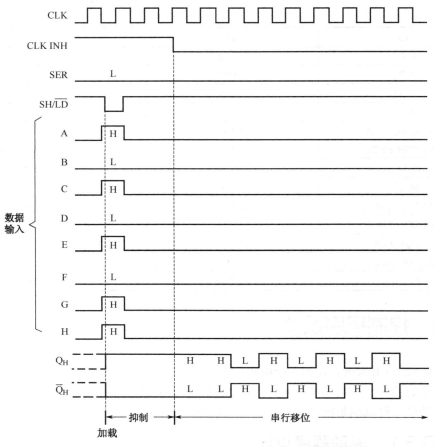

图 C-18　74HC165 典型的移位、加载和抑制时序

2.测速传感器驱动程序

　　这里选用的 N20 直流电动机带有霍尔正交编码器，可以通过正交编码器测量小车的行驶速度。正交编码器通过两个脉冲信号（通道 A 和通道 B）进行位置测量，如信号 A 位于信号 B 之前，则编码器按顺时针方向旋转；反之，编码器按逆时针方向旋转。

　　如图 C-19 所示，信号 A 在信号 B 之前，计数器在信号 A 的上升沿增加计数；如信号 B 在信号 A 之前，计数器在信号 A 的下降沿减少计数。

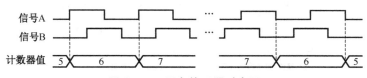

图 C-19　正交编码器时序图

测速传感器驱动程序可以使用 FE310-G003 微控制器的 GPIO 外部中断进行脉冲计数，以获得编码器的计数值，如代码清单 C-1 所示。

代码清单 C-1　测速传感器驱动程序

```
#define INPUT_PIN_B 0
#define INPUT_PIN 1

int count = 0;

void gpio_int_handler(int id, void *priv) {
    struct metal_gpio* gpio = (struct metal_gpio *)priv;

    metal_gpio_clear_interrupt(gpio, INPUT_PIN, METAL_GPIO_INT_RISING);
    if(metal_gpio_get_input_pin(gpio, INPUT_PIN_B) == 0){
        count ++;
    }
    else {
        count --;
    }
    count += 1;
}

int setup_enc() {

    /* 初始化CPU中断控制器 */
    struct metal_cpu *cpu = metal_cpu_get(metal_cpu_get_current_
hartid());
    struct metal_interrupt *cpu_int = metal_cpu_interrupt_controller
(cpu);
    metal_interrupt_init(cpu_int);
    /* 初始化GPIO设备和中断控制器 */
    struct metal_gpio *gpio = metal_gpio_get_device(0);
    struct metal_interrupt *gpio_int = metal_gpio_interrupt_
controller(gpio);
    metal_interrupt_init(gpio_int);
    int gpio_id = metal_gpio_get_interrupt_id(gpio, INPUT_PIN);

    /* 设置输入和输出引脚 */
    metal_gpio_enable_input(gpio, INPUT_PIN);

    /* 配置上升中断并注册处理程序 */
```

```
        metal_gpio_config_interrupt(gpio, INPUT_PIN, METAL_GPIO_INT_RISING);
        metal_interrupt_register_handler(gpio_int, gpio_id, gpio_int_handler,
gpio);

        /* 启用中断 */
        metal_interrupt_enable(gpio_int, gpio_id);
        metal_interrupt_enable(cpu_int, 0);

        return 0;
    }
```

笔者使用的霍尔编码器为11PPR，减速比为1:20，所以小车车轮旋转一周就会产生220个脉冲，以此可以测量小车移动的距离，并进一步得到小车的速度。

3. 电动机驱动程序

由于笔者设计的电动机驱动电路使用 PWM 调速，只需要使用微控制器生成某个占空比的 PWM 波，就可以实现控制电动机转速。FE310-G003 微控制器内部集成了 PWM 控制模块，只需要配置 PWM 模块即可产生 PWM。Freedom-E-SDK 中有相应的代码，此处不再赘述。

⊛ C.3.2　控制算法设计

对于小车方向和速度的控制可以采用 7.4.4 节介绍的 PID 算法。已知"比例 Proportional""积分 Integral""微分 Derivative"是构成 PID 算法的三项基本要素，每一项完成不同任务，对系统功能产生不同的影响。它的结构简单，参数易于调整，是控制系统中经常采用的控制算法。如图 7-12 所示，PID 控制器功能框图说明了比例单元（P）、积分单元（I）和微分单元（D）的组成，下面笔者用另一个视角来说明 PID 算法。

1. 位置式 PID 算法控制小车方向

位置式 PID 适用于执行机构不带积分部件的对象，如舵机和平衡小车的直立和温控系统的控制，同样适合开发者用来控制小车的方向。位置式 PID 的计算程序如代码清单 C-2 所示，笔者根据巡线传感器得到的小车偏离中线的程度，通过 PID 算法得到小车两轮的差速，从而实现转向。

代码清单 C-2　位置式 PID 的计算程序

```
typedef struct PID
{
  float P,I,D,limit;
}PID;

typedef struct Error
{
```

```
        float Current_Error;                        //当前误差
        float Last_Error;                           //上一次误差
        float Previous_Error;                       //上上次误差
    }Error;


    /*!
     * @brief         位置式PID
     * @since         v1.0
     * *sptr : 误差参数
     * *pid:   PID参数
     * NowPlace: 当前位置
     * Point:    预期位置
     */
    // 位置式PID控制
    float PID_Realize(Error *sptr,PID *pid, int32 NowPlace, float Point)
    {

        int32 iError,                               //当前误差
              Realize;                              //实际输出

        iError = Point - NowPlace;                  //计算当前误差
        sptr->Current_Error += pid->I * iError; //误差积分
          sptr->Current_Error = sptr->Current_Error > pid->limit?pid->limit:
sptr->Current_Error;                                //积分限幅
          sptr->Current_Error = sptr->Current_Error <-pid->limit?-pid->
limit:sptr->Current_Error;
        Realize = pid->P * iError                   //比例P
                + sptr->Current_Error               //积分I
                + pid->D * (iError - sptr->Last_Error);     //微分D
        sptr->Last_Error = iError;                  //更新上次误差
        return Realize;                             //返回实际值

    }
```

2. 增量式 PID 算法控制小车速度

增量式 PID 算法中不需要累加。控制增量 $\Delta u(k)$ 的确定仅与最近 3 次的采样值有关，容易通过加权处理获得比较好的控制效果。另外，在系统发生问题时，增量式 PID 算法不会严重影响系统的工作，所以开发者也可以使用增量式 PID 算法来控制小车的速度。增量式 PID 算法程序如代码清单 C-3 所示。通过正交编码器测算小车速度，可以得到小车速度和目标速度的差值，从而通过 PID 算法实现小车保持接近目标速度的匀速行驶。

代码清单 C-3　增量式 PID 算法程序

```c
typedef struct PID
{
  float P,I,D,limit;
}PID;
typedef struct Error
{
  float Current_Error;              //当前误差
  float Last_Error;                 //上一次误差
  float Previous_Error;             //上上次误差
}Error;

/*!
 *   @brief          增量式PID
 *   @since          v1.0
 *   *sptr : 误差参数
 *   *pid:   PID参数
 *   NowPlace: 实际值
 *   Point:      期望值
 */
// 增量式PID电动机控制
int32 PID_Increase(Error *sptr, PID *pid, int32 NowPlace, int32 Point)
{

    int32 iError,                   //当前误差
        Increase;                   //最后得出的实际增量

    iError = Point - NowPlace;      //计算当前误差

    Increase =  pid->P * (iError - sptr->Last_Error)    //比例P
            + pid->I * iError                            //积分I
            + pid->D * (iError - 2 * sptr->Last_Error + sptr->
Previous_Error);                                         //微分D

    sptr->Previous_Error = sptr->Last_Error;            //更新前次误差
    sptr->Last_Error = iError;                          //更新上次误差

    return Increase;                                    //返回增量
  }
```

附录 D

SiFive Learn Inventor 开发系统
常见问题解答

D.1　在 Ubuntu 上的例程

　　调试器将向操作系统提供两个 ttyACM 设备和一个 USB 存储设备。操作系统将标记这些设备，如/dev/ttyACM0、/dev/ttyACM1、and /dev/sdb。

　　在 Linux 上使用终端模拟器（如 GNU）打开主机到 SiFive Learn Inventor 开发系统的控制台连接，设置如表 D-1 所示的参数。

表 D-1　参数设置

Speed	115 200
Parity	None
Data bits	8
Stop bits	1
Hardware Flow	None

　　例如，在 Linux 上使用 GNU，输入命令行：

```
> sudo screen /dev/ttyACM0 115200
```

可以使用 Ctrl-a k 命令"杀死"（退出）正在运行的屏幕进程。根据主机的设置，可能需要额外的驱动程序或权限来访问 USB 端口。

　　下面举一个例子，如果主机运行在 ubuntu 版的 Linux 下，可以遵循以下例子的步骤，未使用 sudo 权限而访问基于 USB 端口的控制台。

（1）与 SiFive Learn Inventor 开发系统的调试接口连接，使用 lsusb 命令验证 SiFive Learn Inventor 开发系统显示。

```
> lsusb
...
> Bus XXX Device XXX: ID 1366:1051 SEGGER
...
```

（2）设置 udev 规则，允许 plugdev 组访问设备。

```
> sudo vi /etc/udev/rules.d/99-jlink.rules
```

在文件最后一行"SUBSYSTEM==…"后面加上"LABEL="jlink_rules_end"，示例如下：

```
SUBSYSTEM=="tty",ATTRS{idVendor}=="1366",ATTRS{idProduct}=="1051",MODE=
"664",GROUP="plugdev"
LABEL="jlink_rules_end"
```

（3）检查 SiFive Learn Inventor 开发系统是否作为一个属于 plugdev 组的串行设备出现。

```
> ls -l /dev/ttyACM*
crw-rw-r-- 1 root plugdev 166, 0 May 15 15:57 /dev/ttyACM0
crw-rw-r-- 1 root plugdev 166, 1 May 15 15:57 /dev/ttyACM1
```

如果有其他的串行设备或连接了多个 SiFive Learn Inventor 开发系统，则可能有更多的设备列出。对于与控制台 UART 的串行通信，应选择两个中的第一个，在该例中是 /dev/ttyACM0。

```
> ls -l /dev/ttyACM0
crw-rw-r-- 1 root plugdev 166, 0 Mar 19 20:30 /dev/ttyACM0
```

（4）将用户名添加到 plugdev 组，以消除访问设备的 sudo 需求。可以使用 whoami 命令来确定用户名。

```
> whoami
<user_name>
> sudo usermod -a -G plugdev <user_name>
```

（5）注销并重新登录，然后检查现在是否是 plugdev 组的成员。

```
> groups
... plugdev ...
```

现在能够在没有 sudo 权限的情况下访问串行控制台（UART）和调试接口了。

如果已经正确地设置了串行控制台，将在一个出厂预编程的 SiFive Learn Inventor 开发系统的控制台上看到如图 D-1 所示的显示，这是示例程序的输出。单击"Reset"按钮重新启动程序，从而看到输出，并注意到有命令输出来关闭之前提到的无线模块。

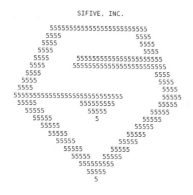

图 D-1　预编程的 SiFive Learn Inventor 开发系统控制台输出界面

D.2　SEGGER J-Link OB 调试器未接入

　　控制台、程序和调试功能通过调试硬件和软件的组合来实现。调试硬件和软件的这种组合统称为"调试器"。SiFive Learn Inventor 开发系统使用 SEGGER J-Link OB 调试器。SEGGER J-Link OB 多合一调试器解决方案包括 GDB 调试软件。

　　SEGGER J-Link OB 调试器具有通过 USB 大容量存储功能传输文件的功能。当连接到主机系统时，SiFive Learn Inventor 开发系统会弹出一个 USB 大容量存储设备（类似 U 盘），并且可以通过图形拖放的操作，方便地将编程文件刷新到 SiFive Learn Inventor 开发系统。

⊛ D.2.1　SEGGER J-Link OB 调试器配置

　　唯一需要的硬件连接是从主机到 SiFive Learn Inventor 开发系统之间的 USB Type A 转 Micro-B 连接线。如果使用 Freedom Studio 集成开发环境进行软件设计，开发环境中内置了 SEGGER J-Link OB 调试器的配置，因此无须单独配置。如果使用 USB 线将 SiFive Learn Inventor 开发系统接入后，在 Freedom Studio 中调试时报错，显示 SEGGER J-Link OB 调试器未接入，如图 D-2 所示请检查是否没有插入 USB 端口，导致调试失败。如果正确插入 USB 端口，那么原因在于虽然 Freedom Studio 内置了 SEGGER J-Link OB 调试器，但

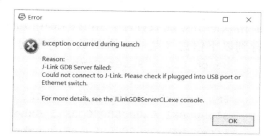

图 D-2　报错显示 SEGGER J-Link OB 调试器未接入

没有识别器，此时需要在主机软件上单独安装 SEGGER J-Link OB 相关驱动，使得主机识别到 SEGGER J-Link OB 调试器，以便在 SiFive Learn Inventor 开发系统上进行编程和调试。从 J-link 官网上选择主机操作系统类型，然后从以下位置下载文档包并安装：

https://www.segger.com/downloads/jlink/#J-LinkSoftwareAndDocumentationPack

⊙ D.2.2　控制台配置

在配置完 SEGGER J-Link OB 调试器后，并使用 USB 连接线将主机与 SiFive Learn Inventor 开发系统成功连接后，便可以从主机上访问 SiFive Learn Inventor 开发系统的控制台了。

D.3　恢复 SiFive Learn Inventor 开发系统出厂设置

SiFive Learn Inventor 开发系统出厂时预刻录了一个简单的引导加载程序和一个演示软件程序，该演示程序可打印信息到主机的串口终端控制台并以彩虹图案循环点亮RGB_LED矩阵。当在 SiFive Learn Inventor 开发系统上编程一个新程序时，该默认程序将在 SPI 闪存中被覆盖，但引导加载程序代码将不会被修改。

图 D-3　aws_demo 的残留信息

SiFive Learn Inventor 开发系统反复加载数据如 aws_demo 文件可能会导致 SiFive Learn Inventor 开发系统的引导加载程序被覆盖，通过拖曳方式无论刻录任何程序都无法正常运行，只能看到 aws_demo 的残留信息，如图 D-3 所示。即使想刻录之前的程序，结果一样无法正常运行，此现象为引导程序损坏。

SiFive Learn Inventor 开发系统没有自动恢复机制，需要使用正确的引导加载程序 boot115200.hex。用拖放到 PC 上 U 盘的方式刻录到 SiFive Learn Inventor 开发系统，覆盖之前错误的引导加载程序，SiFive Learn Inventor 开发系统就可以正常工作了。在重置时将看到以下信息（某些十进制数字将不同）：

```
Bench Clock Reset Complete

PMU IE 0x0000000f CAUSE 0x00000100 BK1 0x00000000 BK15 0x00000000
Sleep BK1 0x00000000 BK15 0xbed0bed0
After BK1 0x00000000 BK15 0xbed0bed0

HFOSC Freq is 16.0MHz
LFOSC Freq is 32.990kHz
```

```
CPU Freq is 100.355MHz
```

程序闪存的前 64KB 是为引导加载程序保留的，应用程序的连接器脚本应将起始地址设置为 0x20010000（距闪存起始点的 64KB 偏移量）。注：如有需要利用引导加载程序（boot115200.hex）恢复 SiFive Learn Inventor 开发系统的出厂设置，请在电子工业出版社官方网站本书页面获取。

D.4　无法刻录程序

SiFive Learn Inventor 开发系统含有 SPI 闪存，正常情况下连接好 SiFive Learn Inventor 开发系统，在 Freedom Studio 中单击 run 按钮后即可顺利刻录，下一次重新上电后便可自动执行已刻录的程序。但一些用户可能存在掉电后程序即丢失的情况，此问题是由于代码文件中对 SPI 闪存的地址定义错误，可以用以下方法解决：

```
flash (rxai!w) : ORIGIN = 0x20010000, LENGTH = 0x6a120
```

修改为：

```
flash (rxai!w) : ORIGIN = 0x20000000, LENGTH = 0x6a120
```

如图 D-4 所示，在 Project Explorer 中打开 bsp 文件夹下的 metal.default.lds 文件，修改后单击 run 按钮重新刻录即可。

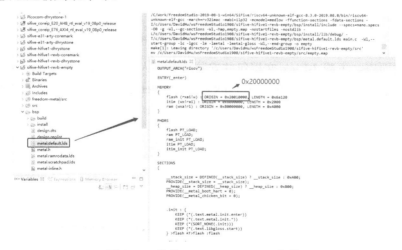

图 D-4　修改 metal.default.lds 文件

D.5　恢复开发系统出厂设置后仍无法刻录程序

（1）若有 build 过程中取消的历史，可清空 Project Explorer 后关闭 Freedom Studio，再

重新打开导入。

（2）若有 disconnect terminal 历史，而且之后如何操作都显示 Closed COM，可在这台电脑→管理→设备管理器→端口→驱动程序设置禁用与启动，如图 D-5 所示。

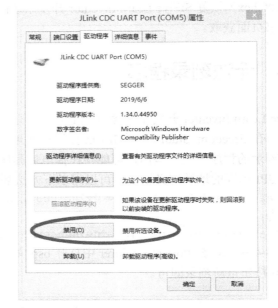

图 D-5　设置禁用与启动

（3）一般而言，下载 J-Link 文档包并安装后不必人为进行设置，Freedom Studio 若提示 GDB 出错，如图 D-6 所示，可于 J -Link GDB Server 手动选择芯片型号后重启。

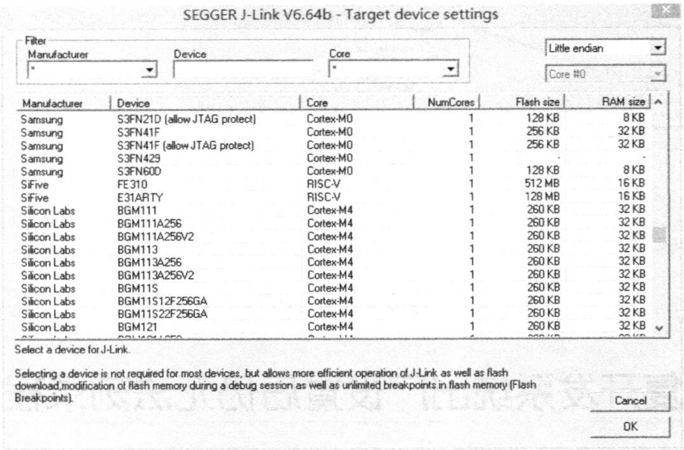

图 D-6　J -Link GDB Server 手动选择芯片型号

（4）若存在 zombie debug 进程，可在 Windows 任务管理器清除。

D.6　调试参考信息

https://gnu-mcu-eclipse.github.io/debug/jlink/install/
https://www.segger.com/downloads/jlink/UM08001
https://www.gnu.org/software/gdb/documentation/
https://github.com/riscv/riscv-debug-spec

D.7　一般信息

有关 RISC-V 的一般信息请访问网站 http://riscv.org。

参 考 文 献

[1] A Waterman and K Asanović, Eds. The RISC-V Instruction Set Manual, Volume I: UserLevel ISA, Version 2.2, May 2017. [Online]. Available: https://riscv.org/specifications/.

[2] The RISC-V Instruction Set Manual Volume II: Privileged Architecture Version 1.10, May 2017 [EB/OL]. Available: https://riscv.org/specifications/.

[3] K Asanović, Eds. SiFive Proposal for a RISC-V Core-Local Interrupt Controller (CLIC) [EB/OL]. https://github.com/sifive/clic-spec.

[4] SiFive Inc. SiFive E31 Core Complex Manual v19.02 [EB/OL]. https://www.sifive.com/cores/e31, 2017.

[5] SiFive Inc. SiFive FE310-G003 Manual v1p0 [EB/OL]. https://www.sifive.com, 2019.

[6] Richard Barry.Mastering the FreeRTOS Real Time Kernel.http://www.FreeRTOS.org.

[7] Amazon FreeRTOS Qualification Developer Guide – V.1.1.6. https://github.com/aws/amazon-freertos.

[8] 工业和信息化部人才交流中心. 嵌入式微控制器固件开发与应用[M]. 北京：电子工业出版社，2018.

[9] 刘滨，王琦，刘丽丽. 嵌入式操作系统 FreeRTOS 的原理与实现[J]. 单片机与嵌入式系统应用，2005(7):8-11.

[10] 张龙彪，张果，王剑平，王刚. 嵌入式操作系统 FreeRTOS 的原理与移植实现[J]. 信息技术，2012，36(11):31-34.

[11] FreeRTOS source for freedom-e-sdk. https://github.com/sifive/FreeRTOS-metal.

[12] RT-Thread 文档中心. https://www.rt-thread.org/document/site.